普通高等学校"十四五"规划
数据科学与大数据技术专业特色教材

大数据技术基础

主 编 王 志

华中科技大学出版社
中国·武汉

内 容 简 介

　　大数据技术让我们以一种前所未有的方式对海量数据进行分析,从中获得有巨大价值的产品和服务。本书围绕 Hadoop 技术进行讲解,主要内容包括大数据技术和架构的介绍、Hadoop 环境搭建、Hadoop 分布式文件系统(HDFS)、Hadoop 分布式计算框架 MapReduce、Hadoop 资源调度框架 Yarn、Hadoop 分布式数据库 HBase、数据仓库 Hive、分布式实时计算框架 Storm 等知识。最后,本书紧密结合实际应用,基于几个综合案例说明和实践提炼出含金量十足的开发经验。

　　本书涉及知识技术较广、内容丰富,解析清楚详细,讲述明确,通俗易懂,适合作为计算机、大数据等相关专业的教材使用,也可作为从事大数据分析与运维人员的业务参考书。

图书在版编目(CIP)数据

　　大数据技术基础/王志主编. —武汉:华中科技大学出版社,2021.1(2025.1重印)
　　ISBN 978-7-5680-4936-8

　　Ⅰ.①大…　Ⅱ.①王…　Ⅲ.①数据处理-高等学校-教材　Ⅳ.①TP274

中国版本图书馆 CIP 数据核字(2021)第 012489 号

大数据技术基础　　　　　　　　　　　　　　　　　　　　　　　王　志　主编
Dashuju Jishu Jichu

策划编辑:范　莹
责任编辑:陈元玉　李　昊
封面设计:原色设计
责任校对:李　弋
责任监印:徐　露
出版发行:华中科技大学出版社(中国·武汉)　　　电话:(027)81321913
　　　　　武汉市东湖新技术开发区华工科技园　　　邮编:430223
录　　排:武汉市洪山区佳年华文印部
印　　刷:广东虎彩云印刷有限公司
开　　本:787mm×1092mm　1/16
印　　张:16
字　　数:386 千字
版　　次:2025 年 1 月第 1 版第 3 次印刷
定　　价:48.00 元

前　　言

当今大数据技术是热门的计算机技术之一,互联网已进入大数据、人工智能时代。大数据技术已广泛应用于各行各业并将继续影响人类生产生活的方方面面,深刻改变着人类的思维、生产、生活、学习方式,深刻展示了世界发展的前景。2015 年 9 月 5 日,国务院正式下发《国务院关于印发促进大数据发展行动纲要的通知》。

在大数据时代,数据的存储与挖掘至关重要。企业资本则以 BAT 互联网公司为首,不断追求高可靠性、高扩展性及高容错性的大数据处理平台的同时还希望能够降低成本进行大数据创新,实现大数据的商业价值。而 Hadoop 为实现这些需求提供了解决方案。

Hadoop 作为大数据生态系统中的典型核心框架,专为离线和大规模数据处理而设计。Hadoop 的核心组件 HDFS 为海量数据提供了分布式存储并具备高拓展性,通过数据冗余保证数据不丢失和提升计算效率;而 MapReduce 组件则为海量数据提供了分布式计算。许多互联网企业公司都使用 Hadoop 及配合数据挖掘的一系列算法来实现其核心业务,如阿里云、京东云、腾讯云、华为云等云平台都提供了各类系统级的大数据计算处理。

本书以 Hadoop 为核心,系统阐述了基于这种通用大数据处理平台的应用开发技术,由浅入深,逐步扩展组件构建一个完整的 Hadoop 生态圈。在这个生态圈中,通过 HDFS 认识分布式存储系统;以 MapReduce 详解分布式计算的步骤;利用 HBase 分析适合 NOSQL 数据存储的分布式数据库;利用 Hive 数据仓库分析 SQL 查询转换为分布式计算;利用 Storm 进行 Hadoop 生态圈中的分布式实时计算。最后通过几个典型的综合应用案例来讲解如何利用 Hadoop 生态体系的技术来解决实际问题。通过整本书的学习,读者应该能熟练掌握系统架构以及业务流程,并使用 Hadoop 集成环境进行数据采集、数据预处理、数据仓库的设计、数据分析以及可视化处理以实现完整的大数据项目的开发。

本书努力将难以理解的思想具体化、简单化,让初学者能够轻松理解并快速掌握。本书对每个知识点也以图文并茂的方式进行了深入系统的分析,力求让读者在实际工作中能理解这些知识点并将其加以运用。

本书由王志编写,在成书过程中得到了文华学院的支持,并由郭胜、詹玲两位老师提供大量的数据和项目支撑,俞侃教授也给予了鼎力支持,在此表示衷心的感谢。

由于作者水平有限,不足之处在所难免,恳请读者指正。

编　者

2020 年 11 月

目　　录

第1章 大数据技术简介

1.1 大数据的产生和发展背景

21世纪以来,随着计算机和信息技术的迅猛发展和普及应用,特别是互联网和物联网技术、信息传播技术以及社交网络等技术的突飞猛进,各个领域所产生的数据都呈现出了爆炸式的增长。在过去的20年时间里,诸如交通运输业、制造业、服务业、医疗业等各个领域积累的数据规模已经达到PB级,实现几何级数的增长。例如,根据意大利社交媒体研究机构 Vincenzo Cosenza 公布的数据显示,截至2012年12月,社交网络 Facebook 拥有超过10亿名注册用户,每天需要处理10 TB的数据,目前已存储超过500亿张照片,每天生成数百TB的日志数据;Twitter 每天发布超过2亿条消息,数据总量高达7 TB,约为50亿个单词量,相当于《纽约时报》出版60年的单词量;全球大型连锁超市沃尔玛维护着一个数据量达到PB级别的数据库,每小时需要处理的用户请求数量高达百万条;百度目前的网页数据日处理量以PB为单位,数据总量甚至达到EB级别;淘宝的注册用户即将突破4亿户,累计的交易数据量高达100 PB,每天交易产生的数据约为20 TB。

2011年,国际数据公司IDC对全球大数据储量规模进行了详细调查,其结果如图1-1所示。该调查结果显示,2011年全球大数据储量规模高达1.8 ZB(1 ZB=10^{21} B),而2008年全球大数据储量规模仅为0.5 ZB,其增长速度相当于每两年翻一倍,并且这个增长速度至少会持续到2020年。国际数据公司(IDC)还预测2015年全球大数据储量规模会增长到7.9 ZB,2020年全球大数据储量规模会达到35 ZB。

图 1-1 IDC 全球大数据储量规模调查报告

图1-2所示的是2011~2015年全球大数据储量规模的走势,其调查结果甚至比国际数据公司(IDC)在2011年的研究报告中预测的数据还高,如2015年全球大数据储量规模达到8.61 ZB,比国际数据公司(IDC)在2011年的研究报告中预测的数据要高出近10%。而国际数据公司(IDC)也在2014年的调查报告中重新对未来全球大数据储量规模的增长速度进行了预测,预计2020年全球大数据储量规模将达到44 ZB,而不是2011年的研究报告

中预测的 35 ZB,达到 2013 年(4.32 ZB)的 10 倍。

图 1-2　2011～2015 年全球大数据储量规模的走势

在全球数据爆炸式增长的背景下,大数据这一概念逐渐形成。传统数据与大数据的不同之处在于,大数据包含的数据类型多样以及对数据实时分析的需求等,如图 1-3 所示。在互联网行业,大数据通常用来指互联网公司在日常运营中产生和累积的用户网络行为数据。这些数据的规模庞大,起始计量单位是 PB(1 PB＝10^{15} B)级、EB(1 EB＝10^{18} B)级甚至是 ZB 级。如果计量单位无法形象地描述大数据究竟有多大,那么可以用这样一组数据来形象地说明大数据的规模:互联网每天产生的数据需要 1.68 亿张 DVD 才能存储;每天在互联网中传递的邮件数量是美国两年纸质信件数量的总和,其总量高达 2940 亿封;每天各社区发出的帖子数的文字量则等同于《时代》杂志 770 年的文字总量。

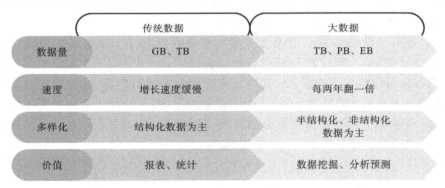

图 1-3　传统数据与大数据的区别

大数据的演化过程始终和高效的数据集存储管理技术密切联系在一起,而数据集存储管理技术的不断发展往往会促进计算机处理能力的提升。从客观的角度出发,IT 界面临大数据的挑战已经超过 40 年,各个时期面临的挑战主要在于该阶段对大数据规模的定义。所以,大数据的演化过程大致可以划分为以下几个阶段,如图 1-4 所示。

第一阶段,20 世纪 70 年代到 20 世纪 80 年代的 10 年时间里,商业数据的规模实现了从 MB 级别到 GB 级别的跳跃,为了建立商业数据仓库并对商业数据进行业务上大型关系查询的分析和报告,IT 界迎来了第一次大数据挑战。数据库计算机正是在这样的背景下产生的。早期的数据库计算机通过硬件和软件的集成,以较小的代价获得较好的处理性能,设计并实现了最原始的并行数据的查询处理技术。

第二阶段,1986 年 6 月 2 日,大数据的另一个里程碑诞生,美国天睿资讯公司为零售公

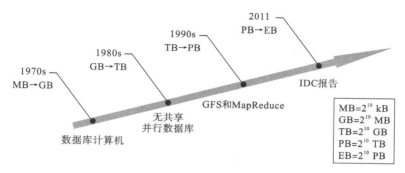

图 1-4　大数据的主要历史里程碑

司凯马特组装了第一个存储容量达 1 TB 规模的并行数据库系统,这也意味着商业数据的规模从 GB 级别到 TB 级别的突破。

第三阶段,20 世纪 90 年代末,随着 Web 技术的迅猛发展,全球开始进入互联网时代,半结构化和非结构化的网页数据的规模达到惊人的 PB 级别。网页数据的查询和快速响应的需求让大数据成为分布式行业的主要挑战,虽然数据库技术,包括并行数据库技术,能够较好地处理结构化数据,但是对于半结构化和非结构化的网页数据并不适合。为了应对 Web 规模的数据存储挑战,Google 研发了 GFS,该系统在数据库技术的基础上,开启了现代大数据新的系统革命。同时,为了更好地处理 Web 规模的数据,Google 还率先推出了 Map Reduce 编程模型和平台。GFS 是一个可扩展的分布式文件系统,用于大型的、分布式的、对大量数据进行访问的应用。它运行在廉价的普通硬件上,并提供容错功能。它可以给大量的用户提供总体性能较高的服务。Map Reduce 编程模型的特点是"虚拟化的并行编程",使 Google 开发人员通过编写两个用户定义的函数 map 和 reduce 来处理大量的数据。

第四阶段,2011 年以后的几年时间里,IT 进入黄金发展时期,无论是技术还是数据规模都出现了飞跃式的突破,其中数据规模从 PB 级别到 EB 级别的跨越只是时间上的问题。然而,现有的比较成熟的数据处理和存储技术还停留在 PB 级别阶段。毋庸置疑,未来肯定需要具有革命性的新技术来处理 EB 级别乃至更大的数据规模。

大数据对于金融、电商等行业以及生物学、天文学等领域来说并不陌生,但是真正引起人们关注的是大数据在近几年的互联网行业中的应用。大数据概念雏形的产生最早出现于 20 世纪 80 年代末,著名未来学家阿尔文·托夫勒便将大数据热情地赞颂为"第三次浪潮的华彩乐章"。在 Google 成立 10 周年之际,著名的《自然》杂志出版了一期专刊,用来研究大规模数据的相关处理技术和方法,并正式提出 Big Data 的概念。

毋庸置疑,大数据时代已经来临。"数据,已经渗透到当今每个行业和业务职能领域,成为重要的生产因素。人们对于海量数据的挖掘和运用,预示着新一波生产率的增长和消费者盈余浪潮的到来。"全球知名咨询公司麦肯锡对于大数据时代的到来做出了这样一番阐述。2012 年 2 月,《纽约时报》也对大数据时代的来临进行了详细分析,"大数据"时代已经降临,在商业、经济及其他领域中,决策将基于数据和分析而作出,而并非基于经验和直觉。哈佛大学社会学教授加里·金认为大数据时代的降临是一场革命,是各个领域在数据资源上的量化进程,是不可避免的。现在,大数据的含义已经不再局限于狭义上的定义,更多的是这个时代赋予它的多重的、革命性的意义。大数据时代是一个挑战与机遇并存的时代,各个行业领域在应对大规模数据处理分析问题的同时,也在不断改进大数据处理和分析技术,同时还能不断挖掘出数据当中蕴藏的经济财富和社会财富。美国政府甚至将大数据定义为"未来的新石油"。由此可见,大数据在未来将成为一个国家综合国力的一种衡量标准。

1.2　大数据的本质和特征

大数据这一概念产生于全球数据规模爆炸式增长以及数据模式高度复杂化的背景下,并且随着时间的推移不断为人们所熟知。但是,大数据究竟是什么意思?或者说,什么样的数据才能算是大数据呢?仅从字面上出发的话,大数据即为规模巨大的数据集合。所以大数据在本质上仍然是属于数据库或数据集合,与传统数据集合相比,主要区别在于数据集合规模的级别。中文维基百科也对大数据的定义做出了如下阐述:"大数据,又称巨量资料,指的是所涉及的数据量规模巨大到无法通过人工,在合理时间内截取、管理、处理,并整理成为人类所能解读的信息。"2010 年,Apache Hadoop 组织将大数据定义为"普通的计算机软件无法在可接受的时间范围内捕捉、管理、处理规模庞大的数据集合"。麦肯锡公司也在 2011 年的咨询报告中将大数据定义为"大小超出常规的数据库工具获取、存储、管理和分析能力的数据集。"

随着大数据这一概念的普及,大数据的定义也越来越趋于多样化,如图 1-5 所示。但是大数据的本质和属性无法单纯从基本概念上来把握,除去数据规模庞大这一基本特征,大数据必定还存在能与"规模巨大的数据""海量数据"这些概念之间体现本质区别的一些重要特征。为此,国内外研究机构以及个人学者都在大数据概念的基础上对大数据的基本特征进行了深入的探讨和研究,从中提取出了大数据最具代表意义的 3V 特征模型或 4V 特征模型。3V 特征模型是在 2001 年由美国的 META 集团(现为高德纳公司)的分析师道格·莱尼在研究报告中提出的,而且这一描述最先并不是用来定义大数据的。道格·莱尼在报告中定义了三维式,即数据量(Volume)、速度(Velocity)和种类(Variety),并以此来表示数据增长所引发的机遇和挑战。但是,在此后的 10 年时间里,包括高德纳、IBM、微软在内的许多公司,都使用 3V 特征模型来描述大数据。

图 1-5　大数据定义的多样化

在 2001 年后续的 10 年时间里,大数据的概念和理论逐渐成熟,从而形成更加完整的理论体系。2011 年,在大数据研究领域极具权威和领导力的国际数据公司(IDC)发布的报告中,对大数据的定义进行了进一步的完善:"大数据技术描述了新一代的技术和架构体系,通过高速采集、发现或分析,提取各种各样的大量数据的经济价值。"此次对大数据定义的完善,也是对大数据的 3V 特征模型进一步的完善。该定义将大数据的特征模型总结为 4 个 V,即在数据量(Volume)、速度(Velocity)和种类(Variety)的 3V 特征模型的基础上,增加了价值(Value)这一特征,如图 1-6 所示。

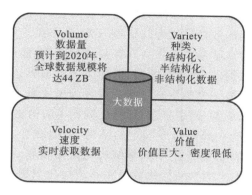

图 1-6　大数据的 4V 特征模型

大数据的 4V 特征模型定义相较于 3V 特征模型定义,得到了业界更为广泛的认同和肯定。如果说 3V 特征模型定义是一种较为专业化的定义,那么 4V 特征模型定义则在专业化定义的基础上突出了大数据的价值和意义。Facebook 的副总工程师杰伊·帕瑞克就曾经指出,大数据和"海量数据"的区别主要在于对数据潜藏价值的挖掘和利用。大数据的 4V 特征模型定义明确了大数据最为核心的问题,即从规模巨大、种类繁多、生成快速的低价值密度数据中挖掘出重要的价值。

1.2.1　Volume

大数据的第一个基本特征:Volume,即数据规模巨大。仅从大数据字面上的概念出发,大数据的特征首先就体现为数量巨大,因此大数据的第一个基本特征就是对大数据规模的描述和定义。

随着信息技术的高速发展和互联网技术的广泛普及,各个领域的数据规模呈现爆炸式的增长,存储单位从一开始的 MB 级别到 GB 级别,再到 TB 级别,直至现在的 PB 级别、EB 级别,在未来甚至会达到 ZB 级别。就比如人类生产的印刷材料,累积到 2012 年的数据总量约为 200 PB。如果将全人类历史上产生的所有语言记录下来,其数据总量则为 5 EB。智利的大型视场全景巡天望远镜在 5 天时间内就能搜集到相当于过去 10 年信息档案总和的信息量。当前,典型的个人计算的存储容量在 GB 级别到 TB 级别之间,而一些大型的企业,特别是互联网公司,其数据量基本都在 EB 级。比如阿里巴巴,通过淘宝网交易平台积累了巨大的数据,截至 2014 年 3 月,阿里巴巴已经处理的数据量就达到 100 PB,相当于 4 万个西雅图中央图书馆的 580 亿本藏书的数据量。随着大数据时代的来临,各个领域产生的数据量仍然会呈现爆炸式的增长。国际数据公司（IDC）的研究报告表明，全球大数据储量规模大约每两年就会翻一倍，并且这个增长速度至少会持续到 2020 年。

1.2.2 Variety

大数据的第二个基本特征：Variety，即数据类型丰富。大数据的基本特征除了数据规模巨大，更为重要的是数据种类多样。在大数据时代，广泛的数据来源决定了大数据的数据类型多样性。

随着智能设备、社交网络以及物联网的快速发展，大数据的数据格式开始呈现多样化。从结构层面上区分，大数据的数据格式可以分为三类：第一类是以文本为主的结构化数据，即传统的关系型数据，其特点就是数据之间具有某种关联性，能形成某种固定的结构，因果关系较强，比如医疗系统数据、个人档案数据、财务系统数据等；第二类是非结构化数据，与结构化数据相反，非结构化数据之间没有任何关联或因果关系，也没有形成固定的结构，如视频、音频、文档资料、地理位置、网络日志等；第三类是半结构化数据，即部分数据之间存在关联，但是关联度较小，只能在局部形成固定的结构，比如网页、电子邮件等。在大数据时代，结构化数据往往是有限的，相比之下的半结构化数据和非结构化数据几乎是无穷无尽的，包括视频、音频、图片、网页等半结构化数据和非结构化数据在大数据中占极大比例，而且它们的数据量增长速度要远超结构化数据的数据量增长速度。当所有结构化、半结构化和非结构化的数据都被纳入大数据范围时，大数据的数据类型多样性也就成为大数据的基本特征之一。同时，越来越丰富的数据类型也是大数据的数据规模呈现爆炸式增长的根源之一。

1.2.3 Velocity

大数据的第三个基本特征：Velocity，即数据的快速高效性。大数据在采集、存储、处理和传输等一系列过程中对速度和时效有极高的要求。这一基本特征也是大数据处理技术和传统数据挖掘技术最为显著的区别。其中，秒级定律是体现大数据这一基本特征的重要表现。所谓秒级定律就是对数据处理速度的要求，一般要求在秒级时间范围内给出分析结果，否则数据就失去价值。国际数据公司（IDC）的预测，全球大数据储量规模在 2020 年将达到 44 ZB，在如此海量的数据面前，如何快速高效处理数据就显得尤为关键。

在传统数据时代，人工采集是数据采集的最主要手段，比如地质测量数据、天文观测数据、人口普查数据等。但是人工采集数据往往具有很大的限制和缺陷，例如，在一些环境较为恶劣的地区进行地质数据测量，其测量精度和测量频率都会受影响；再比如人口普查，由于涉及面广、效率低等原因，导致最后的人口普查结果都缺乏时效性。而在大数据时代，信息技术、互联网技术以及物联网技术都较为成熟，数据的采集、存储、处理和传输等各个环节都实现了智能化、网络化，数据的来源逐渐从人工采集走向了自动采集。例如，同样是地质数据测量，在大数据时代可以通过卫星或无人机等技术实现数据的自动采集，再通过网络和云平台实现数据的自动存储、处理和传输，其最终的结果无论是在数据精度还是数据时效性方面都要远优于传统的数据采集、存储、处理和传输模式。数据采集设备的自动化和智能化不仅是大数据形成的重要原因之一，同时也使全球数据化成为可能，即通过对人类社会和自然界的各种现象、行为和变化的全程记录,形成所谓的"全数据模式"。通过快速高效的数据采集、存储、处理和传输,数据的系统可以实现快速的在线响应和反馈,从而保证数据的时效性。除此之外,数据采集的自动化、数据存储的云存储化,数据处理的云计算化以及数据传输的网络化,使所有数据从离线变为在线,从静态变为动态。

1.2.4　Value

大数据的第四个特征:Value,即数据的低价值密度。这也是大数据的核心特征——数据价值密度的高低往往与数据总量的大小成反比,而大数据的数据规模决定了大数据低价值密度这个基本特征。例如,在 1 小时的监控视频或音频中,有用数据可能仅有一两秒。因此,如何快速高效地从海量的大数据中提取有价值的数据是目前在大数据背景下面临的重大挑战之一。

随着物联网的广泛应用,信息感知无处不在,数据采集更加智能化,这使得人类获得的数据出现爆炸式增长。大数据的数据集规模在不断扩大的同时,不相关的数据或者无用的数据在数据集中的比例也在增加,因此大数据的价值密度要远低于传统的关系型数据库中的数据。如果用石油行业来类比大数据行业的话,那么在整个 IT 行业中,最重要的不是如何炼油,即分析处理数据,而是如何提取优质原油,即有价值的数据。虽然大数据的价值密度较低,但是大数据的潜在价值却是毋庸置疑的,通过分析和处理不相关的各类数据,从中挖掘出新的知识和规律,最终运用于各个行业领域,从而创造出相应的价值。

1.3　大数据的技术现状

随着大数据处理技术的不断成熟,大数据逐渐成为信息时代的重要新兴产业。如今,全球范围内的学术界和工业界都对大数据的研究和分析应用这一领域产生了巨大的兴趣,其隐藏的意义和价值难以估量。著名的"大数据时代预言家"维克托·迈尔-舍恩伯格认为:"大数据开启了一次重大的时代转型。"他在《大数据时代》一书中指出,大数据将使我们的思维方式、工作模式和生活习惯发生巨大的变化,对政治、经济、社会和科技等各个层面同样会产生难以想象的影响。维克托·迈尔-舍恩伯格还在书中提出了一些关于大数据的重要观点,对各种大数据应用案例进行了详细说明、分析了大数据的发展现状、预测了大数据的未来趋势,并以此为论据提出相应的发展方案。

美国和欧洲的一些发达国家在大数据发展初期就开始聚焦于大数据领域,为推动学术界、工业界和政府机构在大数据领域的探索研究,提出了一系列具有重大科技战略意义的大数据技术研发计划。

2009 年,联合国启动了"全球脉动"倡议项目,该项目旨在推动数字数据快速数据的收集和分析方式的创新,同时希望通过大数据推动落后国家或地区的发展。2012 年 5 月,作为"全球脉动"倡议项目的研究成果,联合国在纽约总部发布了一份大数据政务的白皮书《大数据促发展:挑战与机遇》,引发了全球范围内的大数据研究和分析应用热潮。在《大数据促发展:挑战与机遇》白皮书中,联合国明确指出,大数据,无论是对于各国政府还是对于联合国来说,都是一个历史性的机遇。白皮书全面分析了各国特别是发展中国家在大数据浪潮中所面临的机遇和挑战,总结了各国政府应如何运用大数据来促进社会各方面的发展、指导经济运行,并系统地给出了正确的大数据运用策略和建议。白皮书还对与全球发展有关的大数据的特征进行了说明,将其划分为数据尾气、在线信息、物理传感器信息、市民报告或来源于群众的数据。同时,白皮书以世界经济论坛提出的数据生态系统为例,说明个人、公共部门和私营个体在数据生态系统中扮演的角色,如图1-7所示。在数据生态系统中,个人可能会因为价格因素或渴望更好的服务,提供个人数据,但是对个人数据的隐私权和自主权会有要求;公共部门会为了改善服务质量或提升效益,提供户口普查资料、健康指标或公共设施信息等数据,但是对数据的隐私权和自主权同样会有要求;而私营个体则会为了提升对客户的认知度和预测客户消费趋势,提供自身的交易汇总或客户的消费使用信息等数据,但是对自身商业模式和一些敏感数据的保密工作更加关注。白皮书还指出,大数据对于社会科学和公共政策领域的预测有着十分巨大的作用。约翰霍普金斯大学对美国在2009年5月至2010年10月期间与健康有关的微博进行了分析,最终得出的流感率和官方发布的流感率之间的相关系数高达0.958。

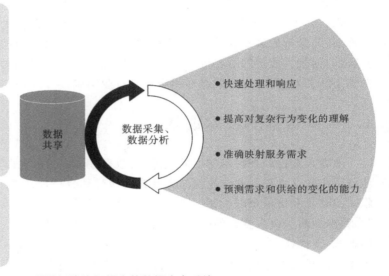

图1-7　世界经济论坛提出的数据生态系统

自2009年美国为推动大数据发展而开放政府数据门户网站data.gov之后,美国相关技术委员会于2010年12月再次提交了一份《规划数字化未来》的战略报告,将大数据的研究和应用分析提升到国家科技战略层面。该报告指出,大数据的采集、存储、处理和传输是目前面临的最大挑战,建议联邦政府的各个部门机构都应该针对性制定相应的大数据研究和应用分析策略。2012年3月,美国奥巴马政府公布"大数据研究和发展计划"(Big Data Research and Development Initiative)。该计划中,美国国防部、国土安全部、退伍军人管理部、能源部、卫生和人类服务部以及国家安全局6大部门和机构联合宣布新的2亿美元投资启动大数据技术研发应用,旨在提高人们从海量复杂的数据中提取知识和观点的能力,同时帮助加强国家安全、加快科学研究步伐、改变教学研究模式。美国的"大数据研究和发展计划"标志着大数据技术已经从商业行为提升至国家科技战略层次。美国政府还将数据定义为"未来的新石油"。大数据技术领域的竞争,不仅关乎科学前沿技术的研究探索,还关乎国家安全和未来。

2012 年 5 月底,世界上首个非营利性开放式数据研究所 ODI(The Open Data Institute)在英国政府的支持下建立,首批注资十万英镑。ODI 将全世界人们提供的数据通过互联网技术汇总到一个平台上,再利用云存储等新兴技术对数据进行存储。ODI 的建立是英国政府在研究和利用开放式数据领域的一次里程碑式发展。未来,英国政府将通过 ODI 来挖掘公开数据的商业潜力,推动英国学术机构以及相关部门的创新发展,并为国家可持续发展政策提供进一步的帮助。同时,ODI 可以融合来自不同国家、不同行业、不同类型的数据。2013 年初,英国商业、创新和技能部宣布将投资 6 亿英镑用于发展 8 类高新技术产业,其中对大数据研究和分析应用的投资就高达 1.89 亿英镑,约占总投资的三分之一。同时,英国政府发布了一系列大数据战略举措,比如开放有关天气、健康方面以及交通运输的核心公共数据库,并在五年内投资 1000 万英镑用于"开放数据研究所"的建设。

毫无疑问,欧美等国家对大数据的研究和分析应用已经处于世界领先水平,各国政府已将大数据研究发展从普通的商业行为提升至国家科技战略层次,并不断大力促进和推动大数据产业的发展。

随着全球大数据技术研究发展热潮的不断酝酿,我国政府、学术界和工业界也迅速行动起来。它们对大数据予以了高度的关注,并广泛开展大数据技术的研究和分析应用。

自 2011 年以来,我国科技部发布的《中国云科技发展"十二五"专项规划》以及工信部发布的《物联网"十二五"发展规划》都将大数据技术作为重点规划内容,给予高度的重视和支持。其中工信部在《物联网"十二五"发展规划》中把信息处理技术列入关键技术创新工程范围,而信息处理技术包含了数据挖掘、图像视频智能分析以及海量数据存储等大数据技术的重要组成部分。2012 年,为了推动我国大数据技术的研究发展,中国政府在美国提出"大数据研究和发展计划"之后,也发布了《"十二五"国家政务信息化工程建设规划》。该规划总投资金额高达几百亿元,为人口、法人单位、空间地理、宏观经济和文化五大信息资源库设立五大建设工程。该规划的发布标志着我国智能、开放和共享的大数据时代的到来。同年,中国计算机学会组织建立了大数据专家委员会,大数据专家委员会还特别成立了一个"大数据技术发展战略报告"撰写组,并已撰写发布了《中国大数据技术与产业发展白皮书(2013 年)》。

在政府部门数据对外开放方面,上海在 2014 年 5 月开始推动各级政府部门将数据对外开放,涉及数据内容高达 190 项,涵盖 28 个市级部门,包括经济建设、资源环境、教育科技、道路交通、社会发展、公共安全、文化休闲、卫生健康、民生服务、机构团体和城市建设等 11 个领域,鼓励研究市场结构和社会企业对其进行开发、加工和运用。

在学术研究层面,2013 年中国国际经贸大数据研究院成立,这是我国第一所以大数据研究为核心的国家级智库型科研机构。2014 年,清华大学和北京大学先后成立了数据科学研究院以及大数据技术研究院,致力于大数据的研究和分析应用,推动大数据在中国学术界的发展。同时,近年来我国也开展了许多大数据的学术活动,主要包括:中国计算机学会的大数据学术会议、中国大数据技术创新与创业大赛、大数据分析与管理国际研讨会、大数据科学与工程国际会议、中国大数据技术大会和中国国际大数据大会等。

在产业应用层面,国内不少知名企业或组织也成立了大数据产品团队和实验室,如阿里巴巴、百度、京东、奇虎 360 等互联网公司依靠自己的数据优势,将大数据研究发展提升至企业战略层面,力争在大数据产业竞争中占据领先地位。2012 年 7 月,阿里巴巴集团在管理层设立首席数据官的岗位,进一步加大了对大数据价值挖掘的力度,是国内企业将大数据提升至企业管理层高度的先例,同时也是首个提出利用数据将企业数据化运营的企业。华为的华为云服务整合了高性能的计算和存储能力,为大数据的挖掘和分析提供专业且稳定的 IT 基础设施平台。近年来华为大数据存储实现统一管理 40 PB 文件系统。百度在海量的数据、自然语言处理能力和深度学习领域的研究处于国内前沿。近年来百度正式发布大数据引擎,将在政府、医疗、金融、零售、教育等传统领域率先开展对外合作。

中国的信息消费市场规模巨大,潜在的大数据资源非常丰富。虽然我国已经把大数据研究和分析应用提升至国家科学战略层次,实施进度上也达到企业战略层面,但是由于我国在大数据研究方面的起步较晚,所以依然需要不断推动大数据技术的研究和发展。

1.4 大数据的潜在价值

大数据蕴含着巨大的社会、经济、科学研究价值,具有极其重要的战略性意义,可以帮助各个行业进一步感知、认识和控制物理世界,已经引起了众多行业的高度重视。那么大数据究竟蕴含着什么样的价值呢?下面先通过几个实例来了解大数据所蕴含的价值:Google 的研究人员在 2009 年 H1N1 流感爆发前几周就通过对每日超过 30 亿次搜索请求和网页数据进行挖掘分析,得出禽流感将爆发的结论;根据国际战略咨询公司麦肯锡的研究报告,全球个人位置信息潜在价值高达 7000 亿美元;2010 年医疗科技公司 CardioDX 通过对 1 亿个基因样本的分析,最终识别出了能够预测冠心病的 23 个主要基因,被时代杂志列为医学界年度十大突破之一。相对于过去的样本代替全体的统计方法,大数据收集了全局、准确的数据,通过大数据计算统计出事物发展过程中的真相,并对事务的发展规律进行归纳和演绎,最终通过掌握事物发展规律来帮助人们进行科学决策。

图 1-8 所示的是 2011~2015 年全球大数据市场规模的走势。如图 1-8 所示,2015 年的全球大数据市场规模达到 384 亿美元,而 2011 年全球大数据市场规模仅为 73 亿美元,涨幅超过 400%。根据麦肯锡预测,美国的大数据市场规模在 2020 年将超过 3800 亿美元。根据 2015 年发布的《中国大数据发展调查报告》显示,中国 2014 年的大数据市场规模约为 84 亿元,还处于非常初级的阶段,但是在未来的 5 年中国市场规模将增长近 7 倍。

图 1-8　2011~2015 年全球大数据市场规模走势

从某种角度来说,互联网、物联网和社交行为产生的海量数据造就了大数据时代。大数据时代开启了人类利用数据创造价值的新时代,其最重要的特征就是将人类的所有行为数据化,同时也让人类社会的数据规模呈几何级数增长,而大数据技术又完美解决海量数据的采集、存储、处理和传输。所以,当大量的人类行为数据被记录下来以后,如何从这些数据挖掘出其潜藏的价值就尤为关键。下面将通过大数据分别在企业和政府部门的应用场景来具体阐述大数据潜在的价值。

1.4.1　大数据的企业应用场景

在所有人类行为数据中,诸如在电商的消费购买记录、娱乐活动方式、饮食消费习惯等与商业经济相关的数据无疑是各个领域的企业所关注的。大数据的商业价值就在于将大数据应用于企业场景,并获取更高的利益,而且大数据的商业应用市场规模可以说是无限的。其潜在价值在于通过对客户的消费习惯、运动规律、个人爱好等数据的采集分析,为企业反馈大量有用的信息,揭示数据相关性和典型规律,从而挖掘出更多商业价值,如图 1-9 所示。大数据潜藏的巨大商业价值和广泛的应用场景将会提升大数据对企业的战略意义,从而促进企业投入更多的资源研究和分析应用大数据,形成一个良性的、互惠双赢的循环,创造出更多的社会商业财富。下面就大数据在金融行业、零售行业以及电商三种企业场景的应用进行分析。

图 1-9　大数据的商业价值

1. 金融行业

毫无疑问,金融行业是大数据最早也是应用领域最高的企业应用场景之一。金融行业拥有极为庞大和丰富的数据,而且其数据的价值密度和数据维度相对较高,如结合其他行业的数据还可以分析衍生出更多有价值的信息。其中,典型的案例如招商银行对客户的存取款记录、电子银行转账记录、信用卡刷卡记录等行为数据进行分析,总结出每个客户的消费理财特征,从而针对性地给客户发送客户可能感兴趣的产品广告和优惠信息;再如信用卡公司在挖掘类似白金卡这类高价值用户时,不能仅仅从消费记录来进行判断,而是需要更多的用来衡量消费水平的外部数据作为依据,比如乘坐头等舱的次数,在高端消费市场的消费次数,等等,而往往只有这类高消费水平用户的信用额度才能满足白金卡客户的要求。

大数据在金融行业的应用十分广泛,具体的可以归结为五个方面:方面一,精准营销,即依据客户消费习惯、地理位置、消费时间进行推荐,例如花旗银行为财富管理客户推荐产品;方面二,风险管控,即根据客户社交行为记录进行信用评级,实施信用卡反欺诈,例如摩根大通银行利用大数据进行风险管控,降低了不良贷款率,仅仅一年就创造了近 6 亿美元的利润;方面三,决策支持,即利用大数据对产业信贷报告进行分析,构建相应的决策树,为最终的决策提供建议,上述摩根大通银行的决策树技术也能体现大数据在这方面的应用;方面四,提高效率,即利用大数据技术分析金融行业的业务运营流程,针对其中的薄弱点做出改进,并加快业务的处理速度,例如 VISA 公司利用 Hadoop 平台将 730 亿交易处理时间从一个月缩短到 13 分钟;方面五,产品设计,即利用大数据计算技术分析客户行为数据,从而为客户定制和推荐个性化的金融产品。

2. 零售行业

在大数据时代到来之前,零售企业供应链的好坏往往成为决定零售企业的生存能力和盈利能力高低的关键因素。但是随着大量用户消费行为的数据化,如何挖掘消费者需求成为另一个关键因素。

所以,大数据在零售行业中最重要的应用就是商品的精准营销。零售行业依据客户的消费行为数据,分析了解客户的消费喜好和趋势,对商品进行精准营销,在扩大销售范围和规模的同时还能降低营销成本。另外,大数据在零售行业的应用还在于对未来消费趋势的预测。零售行业通过掌握对客户未来消费的预测不仅可以更好地进行精准营销,制定合理高效的促销策略,处理过季商品,还可以从根本上避免产能过剩,减少不必要的生产浪费。

3. 电商行业

电商行业无疑也是最早利用大数据进行精准营销的行业,其应用范围和应用效果甚至要远高于零售行业。电商行业能利用大数据进行精准营销的优势就是因为电商行业本身的所有消费行为都是数据化的,具有先天的数据优势。电商数据的数据密集度高、规模庞大、种类繁多,因此具有十分广阔的应用空间,包括对消费趋势和流行趋势的预测,客户的消费习惯、消费行为和消费地域的关联,以及对客户消费影响因素的分析等。依托于大数据分析结果,电商无论是在公司品牌的设计,还是营销策略的制定,或是在物流的资源配置等方面,都能进行更为精细化的运作,充分发挥电商数据的潜在价值。除此之外,电商行业能够很好地结合其他行业的数据,为自身创造更多价值,比如利用客户的日常行为和消费习惯,为用户提供贴心、高效的服务,提高客户体验,从而扩大客户群体。

1.4.2　大数据的政府应用场景

政府部门是大数据的另一个重要应用领域。在过去的几十年时间里,政府虽然一直在利用数据提升、改善管理效率和服务质量,但是由于没有高效的数据处理平台,且缺乏相应的分析应用经验,从而造成采集的大量数据都无法表现出其应有的社会价值。而随着大数据技术的飞速发展,一些在大数据应用领域领先的欧美国家已经开始实施大数据应用项目,以此来提高国家的运行效率,确保经济增长和国家安全。依托于大数据和大数据技术,政府可以通过分析全局,利用准确、高效的数据,在各个管理环节实现更为精细化管理,为实施决策者提供帮助和支持,最终达到高效管理国家,实现精细化资源配置和宏观调控的目的。下面就大数据在交通、食品医疗安全、社会犯罪预防及管理三个方面的应用进行分析。

1. 交通

交通是人类行为的重要组成部分。随着各类车辆数量的飞速增长,交通阻塞已经成为各大城市急需解决的问题。近年来,我国交通智能化的管理已经开始逐步推广,虽然极大缓解了各大城市的交通管理问题,但是目前面临的问题和困境依然十分严峻,其中智能交通的潜在价值仍然没有得到有效的挖掘。而大数据时代的到来恰好可以更好地突破智能交通的瓶颈。虽然,智能交通在很大程度上实现了数字化,但是其规模和效率仍然远远不够,而且也仅仅在局部上进行优化,在本质上没有太多的改变。将大数据融入智能交通管理体系后,我们就可以突破小数据条件下的限制,从全局角度对交通管理优化,把握宏观态势,最终实现管理的便捷高效。

目前,大数据在交通方面的应用主要体现在以下两个方面。一方面是信号灯的实时调度。科学的信号灯实时调度是一个十分复杂且庞大的系统工程,需要对海量的实时车辆数据进行采集和分析,然后对已有路线的运行能力进行规划,最终合理安排各个路线的信号灯调度方案。据计算,科学的信号灯调度策略能够提高30％的已有道路的通行能力。另一个方面则是通过实时车辆数据,为人们提供合理的出行路线规划。预先规划合理的出行路线,不仅可以提高人们的出行效率,还可以减少对部分运行过重的道路的负载,使智能化的交通管理调度更加高效合理。美国政府曾在一些路段依据交通事故信息来增设信号灯,结果降低了50％以上的交通事故发生概率。

2. 食品医疗安全

近年来,食品卫生安全问题一直备受人们和国家关注。作为人们日常生活中必不可少的一部分,食品卫生安全问题关系到人们的身体健康和国家安全。最近几年我国食品出口行业一直受到其他众多国家的严厉审查,关键原因就是由于我国在食品卫生安全监管上存在较多问题。由于从事食品相关行业的食品质量参差不齐,虽然我国不断加大食品卫生安全的监管力度,但是仍然会存在遗漏和疏忽。在大数据的驱动下,通过采集分析相关食品数据以及人们在互联网上反映的食品卫生安全问题,食品卫生安全监管部门可以更好地对食品市场进行全面的监控,挖出食品卫生安全的死角,提高执法透明度,降低执法成本。食品卫生安全监管部门还可以在网上发布不安全食品信息和非法食品厂商信息,从而提高人们的食品卫生安全意识。

在医疗行业,各大医院都拥有大量的病例记录、药物检测、治疗方案以及病理总结经验报告等数据。但是各大医院很难实现这些资料上的共享,更不用说进行全局的数据分析利用了。目前由于我们所面临的疾病的数目和种类在日益增加,从而导致疾病的确诊和治疗方案无法得到快速高效的确定。这不仅危及病人的健康乃至生命安全,而且也大大增加了治疗成本。如果全国乃至全球的医疗数据能够实现共享,再借助大数据技术对医疗疾病数据进行高效地分析利用,医生在为病人进行诊断时,就能利用大数据的分析结果,从而更快更准确地为病人进行确诊。而且在制定治疗方案时,还能根据数据分析结果选择更加适合病人自身特点的治疗方案,实现快速高效的治疗。同时这些数据也有利于医疗行业开发出更加有效的药物和医疗器械,以及对流行疾病的预防和监控。

3. 社会犯罪预防及管理

社会犯罪问题一直是社会的焦点问题,同时也是国家政府重点关注的问题。社会犯罪问题的治理不仅需要高效的监督和严格的执法,还需要对社会犯罪问题进行有效预防。随着互联网技术和社交网络的不断发展,大量的社会行为信息不断涌入互联网,人们在借助社交网络来表达想法和宣泄情绪的同时,也使社交网络成为追踪人们社会行为的重要平台。通过对人们在互联网上的社会行为数据以及一些相关信息的大数据分析处理,有关监督执法部门可以更加清晰地把握社会群体的行为倾向。

将大数据技术运用于舆情监控,可以通过采集和了解民众诉求,解决社会问题,同时预防个体犯罪行为和反社会行为。对于已存在的犯罪问题,通过采集互联网上的有用数据,再结合相关线索进行大数据分析,同样可以大大减少执法成本。在美国,密歇根大学就利用"超级计算机以及大量数据"设计出一种帮助警方定位那些容易受犯罪分子骚扰的地区。

1.5 大数据的挑战

随着大数据蕴含的社会、经济、科学研究的价值不断被挖掘出来,世界各国的政府、学术界以及工业界不断加大对大数据研究和分析应用的投入,使大数据战略地位也逐渐从普通的商业行为提升至国家科技战略层次。但是作为一个新兴的领域,大数据在带来巨大机遇的同时,也面临着诸多复杂而艰巨的挑战。大数据有着诸多与传统数据迥然不同的特征,如规模巨大、多源异构、动态增长等,但是与传统数据类似,大数据的处理也包括采集、存储、处理和传输等技术的实现步骤。这使得大数据从底层的采集、存储到上层的分析、可视化等问题都面临着一系列新的挑战。下面将从大数据处理过程中的采集、存储、分析、能耗以及隐私五个方面来具体说明大数据当前面临的主要挑战。

1.5.1 大数据采集

数据采集是数据分析、二次开发利用的基础,但是由于大数据的数据来源错综复杂、种类繁多且规模巨大,而这些有别于传统数据的特点使得传统的数据采集技术无法适应大数据的采集工作,所以大数据采集一直是大数据研究发展面临的巨大挑战之一。

大数据采集面临的问题主要集中在三个方面。首先,大数据的数据源分布广泛,造成数据来源错综复杂,同时也导致了数据质量的参差不齐。在互联网、物联网以及社交网络技术发达的今天,每时每刻都有海量的数据产生,数据来源由原来比较单一的服务器或个人电脑终端逐渐扩展到包括手机、GPS、传感器等各种移动终端。面对错综复杂的数据源,如何准确采集、筛选出需要的数据是提高数据采集效率以及降低数据采集成本的关键所在。其次,数据异构性也是数据采集面临的主要问题之一。由于大数据的数据源多样,分布广泛,同时存在于各种类型的系统中,导致数据的种类繁多,异构性极高。虽然传统的数据采集也会面临数据异构性的问题,但是大数据时代的数据异构性显然更加复杂,比如数据类型从以结构化为主转向结构化、半结构化、非结构化三者的融合。据不完全统计,目前采集到的数据中,非结构化和半结构化的数据占据85%以上的比例。最后,数据的不完备性主要是指大数据采集时常常无法采集到完整的数据,而导致这个问题主要原因则在于数据的开放共享程度较低。数据的整合开放一直都是充分挖掘大数据潜在价值的基石,而数据孤岛的存在会让大数据的价值大打折扣。数据的不完备性在降低数据价值的同时也给数据采集带来了很大的困难。

1.5.2 大数据存储

数据规模庞大和数据种类多样是大数据的两大基本特征,而这两大特征的存在使大数据对数据存储也有了新的技术要求。如何实现高效率低成本的数据存储是大数据在存储方面面临的一个难题。

大数据的数据规模庞大,需要消耗大量的存储空间资源。虽然存储成本一直在不断下降,从 20 世纪 60 年代 1 万美元 1 MB 下降到现在的 1 美分 1 GB,但是全球的数据规模也出现了爆炸式的增长,国际数据公司 IDC 在 2014 年的调查报告中预测全球大数据储量规模在 2020 年将达到 44 ZB,所以大数据在数据存储方面面临的挑战依然不小。目前基于磁性介质的磁盘仍然是大数据存储的主流介质,而且磁盘的读写速度在过去几十年中提升不大,未来出现革命性提升的概率也小。而基于闪存的固态硬盘一直被视为未来代替磁盘的主流存储介质,虽然固态硬盘具有高性能、低功耗、体积小的特点,得到越来越广泛的应用,但是其单位容量价格目前仍然要远高于磁盘,暂时还无法代替磁盘成为大数据的主流存储介质。大数据在数据存储方面还面临一个挑战就是存储性能问题。由于大数据的数据种类多样、异构程度高,传统的数据存储无法高效处理和存储这些复杂的数据结构,给数据的集成和整合方面带来很大的困难,因此需要设计合理高效的存储系统来对大数据的数据集进行存储。同时,大数据对实时性的要求极高,本身数据集的规模又十分庞大,所以对于存储设备的实时性和吞吐率同样有着较高的要求。

1.5.3　大数据分析

数据分析是大数据的核心部分之一。大数据的数据集本身可能不具备明显的意义,只有将各类数据集整合关联后,对其进一步实施分析,最终才能从这些无用的数据集中获得有价值的数据结论。数据集规模越大,数据集中包含的有价值数据的可能性就越大,但是数据中的干扰因素也就越多,分析提取有价值数据的难度也就越大。所以,大数据分析过程中存在着诸多的挑战因素。

传统的数据分析模式主要针对结构化数据展开的,而大数据的异构程度极高,数据集是融合了结构化、半结构化和非结构化三种类型的数据,而且半结构化和非结构化数据在大数据的数据集中占据的比例越来越大,给传统的分析技术带来了巨大的冲击和挑战。目前以 MapReduce 和 Hadoop 为代表的非关系型数据分析技术能够高效处理非结构化数据,并且简单易用,正逐渐成为大数据分析技术的主流。但是 MapReduce 和 Hadoop 在应用性能等方面仍然存在不少问题,所以大数据分析技术的研究与开发还需要继续进行。在很多应用场景,数据中蕴含的价值往往会随着时间的流逝而衰减,所以数据处理的实时性也成为大数据分析面临的另一个难题。目前大数据实时处理方面已经有部分相关的研究成果,但是都不具备通用性,在不同的实际应用中往往都需要根据具体的业务需求进行调整和改造,所以目前大数据的实时处理面临着数据实时处理模式的选择和改进的问题。大数据分析技术和传统数据挖掘技术的最大区别主要体现在对数据的处理速度上,大数据的秒级定律就是最好的体现,但大数据的数据规模往往十分庞大,所以大数据分析在分析处理速度上面临的挑战也不小。

1.5.4　大数据能耗

随着各国能源危机意识的不断增强和环境问题的日益突出,能源价格上涨幅度逐步加大,而全球数据规模的爆炸式增长和大数据时代的来临,却让数据中心的存储规模不断扩大,最终导致了大数据的能耗问题十分显著。如今,高能耗已经逐渐成为制约大数据快速发展的主要瓶颈之一。

麦肯锡和《纽约时报》的联合调查报告显示,谷歌数据中心每年的耗电量高达 300 万瓦特,而 Facebook 的年耗电量则在 60 万瓦特左右。但是,实际用于响应用户查询并计算的电能只占总量的 6%～12%,绝大部分的电能都用来保证数据中心的可用性,这部分能耗在数据中心的总能耗中占据的比例高达 80%。所以,降低大数据中心的能耗是目前迫切需要解决的问题之一。根据相关的节能研究成果,能够有效改善大数据中心能耗的措施主要有两个。其一是考虑采用新型低功耗硬件。根据《纽约时报》的调查可知,磁盘的能耗在数据中心的总能耗中占据很大的比例,即使是在空闲的状态下,传统磁盘的能耗仍然很高。所以,使用如 PCM 等新型存储器件确实能够有效降低数据中心的能耗,但是目前 PCM 等新型存储器件的单位容量价格仍然远高于传统磁盘,还无法大规模替换,所以需要开发研究出新的低能耗存储器件或降低闪存、PCM 等现有的新型存储器件的成本。其二是引入可再生能源。现在大部分发电厂都是采用不可再生能源发电,而诸如太阳能、风能等可再生新能源的引入,不仅可以在很大程度上缓解能源紧张的问题,还能减少对环境的污染,不过目前新能源的发电成本较高,需要进一步研究和开发。

1.5.5 大数据隐私

在信息化时代,数据的隐私问题就一直受到人们的广泛关注。随着大数据时代的到来,越来越多的个人隐私以数据化的形式存在于互联网当中,数据的隐私问题也更加突出了。在一般情况,人们往往会有意识保护自己的个人隐私,但是在信息化时代,人们难免在各种不同的场所留下数据足迹。虽然在一般情况下,这些数据可能不会泄露个人的隐私信息,但是如果将所有个人数据足迹采集整合,然后进行大数据分析,却很可能会从中挖掘出相应的个人隐私信息,而这种隐性的数据暴露往往是不可控和不可预知的。在大数据时代,数据的隐私问题主要体现在两个方面:一方面是个人隐私的保护,物联网和传感器技术的发展使个人的习惯、兴趣等隐私信息容易在没有察觉的情况下暴露出来甚至被他人获取;另一方面,个人隐私数据在授权情况下的存储、传输和使用过程中也存在泄露的风险,一些看似简单且不相关的信息经过大数据分析后,都可能挖掘出其中的个人隐私。所以,大数据时代的隐私保护也成为大数据技术面临的挑战之一。

大数据在隐私保护方面的另一个重要挑战就是数据开放与隐私保护的平衡。大数据通过研究数据的相关性来发现客观规律,而这些都依赖于数据的广泛性和真实性。所以,数据的开放和共享对于大数据的研究和分析应用是必不可少的。数据的开放和共享,可以让政府从数据中了解和把握国民经济的发展,以便做出更好的决策和指导;企业则可以从用户开放数据中了解客户的行为特点,精准营销,在优化用户体验的同时提高收益;研究机构将公开的数据应用于相应的领域,进行更加深入全面的研究。但是,不可避免地,数据的开放和共享往往会造成隐私数据的泄露,而大数据就是这样一把双刃剑。所以,如何在推动数据全面开放、共享和应用的同时,有效地保护隐私数据,是大数据时代面临的重要的、不可避免的挑战。

1.6　大数据的技术发展趋势

大数据时代的来临,标志着一个新时代的开启。在互联网时代,互联网技术推动了数据的发展,而当数据的价值不断凸显后,大数据时代也随之开启。在大数据时代,数据将推动技术的进步。大数据在改变社会经济生活模式的同时,也在潜移默化地影响了每个人的行为和思维方式。作为一个新兴的领域,大数据虽然仍处于起步阶段,但是在相关的采集、存储、处理和传输等基础性技术领域中已经取得了显著的突破,涌现出大量的新技术。未来,大数据技术的发展趋势无疑是多元化的。下面将从数据资源化、数据处理引擎专用化、数据处理实时化以及数据可视化这四个比较显著的方面来阐述大数据技术的未来发展趋势。

1.6.1　数据资源化

随着大数据技术的飞速发展,数据的潜在价值不断凸显,大数据的价值得到了充分体现。大数据在为企业、社会乃至国家层面的战略地位不断上升,数据成为新的制高点。数据资源化,即大数据在企业、社会和国家层面成为重要的战略资源。大数据中蕴藏着难以估量的价值,掌握大数据就意味着掌握了新的资源。大数据的价值来自数据本身、技术和思维,而其核心就是数据资源。《华尔街日报》刊登的一则报告调查《大数据,大影响》显示,数据已经成为一种新的经济资产类别,就像黄金和货币一样。不同领域甚至不相关的数据集通过整合分析,可以创造出更多的价值。而在今后,大数据将成为政府、社会和企业的一种资产,掌控大数据资源后,企业就可以通过出租和转让数据使用权来获得巨大的利益。国内的互联网企业如腾讯、阿里巴巴、百度等,以及国外的互联网企业如亚马逊、谷歌、Facebook 等,都不断地抢占大数据的资源点,并运用大数据技术创造各自的商业财富。

大数据的数据资源化早在大数据开始崛起之际就成为主流趋势,但是由于数据开放、共享以及整合上的各种环境和技术的限制,依然有很大的提升空间。更加完善、高效的数据资源化技术不仅可以极大提高数据本身蕴藏的潜在价值,还能进一步推动大数据的研究和分析应用的发展。

1.6.2　数据处理引擎专用化

传统上的数据分析和数据存储主要针对结构化数据进行设计和优化的,这已经形成了一套高效、完善的处理体系。但是大数据不仅在数据规模上要远比传统数据大,而且数据类型异构程度极高,由原来的以结构化数据为主的相对单一的数据类型转向融合了结构化、半结构化、非结构化数据的异构数据类型,所以传统的数据处理引擎已经无法很好地适应大数据的处理,无论是在数据分析方面还是在数据存储方面。

数据处理引擎专用化,即摆脱传统的通用体系,根据大数据的基本特征,设计趋向大数据专用化数据处理引擎架构。大数据的专用化处理引擎的实现可以在很大程度上提高大数据的处理效率,同时降低成本。目前,比较成熟的大数据处理引擎架构主要是 MapReduce 和 Hadoop,也是当前大数据分析技术的主流。但是 MapReduce 和 Hadoop 在应用性能等方面仍然存在不少问题,因此国内外的互联网企业都在不断加大力度研发低成本、大规模、强扩展、高通量的大数据通用的专用化系统。

1.6.3 数据处理实时化

在很多领域和应用场景,数据的价值会随着时间的流逝而衰减,比如证券投资市场等,因此对数据处理的实时性有较大的要求。在大数据的背景下,更多的领域和应用场景的数据处理开始由原本的离线转向在线,大数据处理的实时化也开始受到关注。大数据的数据处理的实时化,旨在将 PB 级数据的处理时间缩短到秒级,这对大数据的整个采集、存储、处理和传输基本流程的各个环节都提出了严峻的挑战。

实时数据处理已经成为大数据分析的核心发展趋势,而当前也已经有很多围绕该趋势展开的研究工作。目前的实时数据处理研究成果包括了实时流处理模式、实时批处理模式以及两者的结合应用。但是上述的研究成果都不具备通用性,在不同的应用场景中往往需要根据实际需求进行相应地改造才能使用。

1.6.4 数据可视化

大数据技术的普及以及在各个行业领域的广泛应用使得大数据逐渐渗透到人们生活的各个方面,复杂的大数据工具往往会限制普通人从大数据中获取知识的能力,所以大数据的易用性也是大数据发展和普及的一个巨大挑战,大数据的可视化原则正是为了应对这一种挑战提出的。可视化是通过将复杂的数据转化为可以交互的、简单易懂的图像,帮助用户更好地理解分析数据。在大多数人机交互应用场景中,可视化是最基本的用户体验需求,也是最佳的结果展示方法之一。在大数据应用场景中,数据本身乃至分析得出的数据都可能是混杂的,无法直接辅助用户进行决策,只有将分析后的数据以友好的方式展现给用户,才能真正被加以利用。

数据可视化技术可以在很大程度上拉近大数据和普通民众的距离,是大数据真正走向社会,进入人们日常生活的必由之路,具有极大意义。作为人和数据之间的交互平台,可视化结合数据分析处理技术,可以帮助普通用户理解分析庞大、复杂的数据,使大数据能够让更多的人理解,被更广泛的人群使用。同时,借助可视化技术人们可以主动分析处理与个人相关的工作、生活等数据,进一步促进大数据的发展和普及。

除了上述四个技术在基础层面上的发展趋势外,大数据的各个环节也都不断有新技术的涌现,所以大数据的发展趋势是多元化的。在未来,大数据与云技术结合将更加深入,包括使用云计算平台进行数据分析计算以及依托于云存储平台进行数据存储。大数据处理平台也将走向多样化,从单一的 Hadoop 到后面一系列的诸如 Spark、Storm 等大数据平台,乃至未来更加高效的新的大数据平台,从而不断扩大大数据技术的生态环境。同时,随着数据的价值不断被挖掘,数据科学也将成为一门新的学科,并在数据层面上形成基于数据学科的多学科融合趋势。而大数据在数据开放和隐私保护的矛盾上也将寻求更加平衡的立足点,因为数据的开放和共享是必然的趋势,所以未来大数据的安全和隐私问题依然是热点趋势。

毫无疑问地,无论是在哪个方面或在哪个层次上的发展趋势,都将不断完善大数据的生态环境,促使大数据生态环境向良性化和完整化发展。

第 2 章 大数据技术总体架构和关键技术

2.1 大数据系统总体架构

要分析一个数据系统的总体架构,就要弄清楚两个问题:一个是大数据系统包含哪些模块和哪些技术?另外一个是这些不同的模块之间如何协调起来完成一项大数据的任务?带着这两个问题,下面学习本章的知识——大数据系统总体架构。

可以采用自下而上的方式来思考大数据系统总体架构是怎么样的,在有了硬件之后,首先要考虑的就是数据该怎么放,这就要用到大数据的存储与管理技术。有了数据之后就应该对数据进行处理,这就要用到大数据的处理技术。处理完之后,客户端需要获取到处理完的结果,这就要用到大数据的查询技术。在拥有了大量的数据之后,怎么对这些数据进行分析与挖掘,得到有价值的信息、经验性的规律来指导政府或者商业上的决策,这就要用到大数据的分析与挖掘技术。最后,为了方便展示和观察,将大数据处理分析的结果以形象的方式展示给大家,就要用到大数据可视化技术。

图 2-1 所示的是大数据系统总体架构,其采用自下而上的方式通过数据流的角度描述了一个大数据应用的工作机制。一个企业或者一个部门将自己拥有的大量数据用分布式存储的方式存放在大量的节点上,然后以关系型数据库或者非关系型数据库来管理这些数据,应对不同的需求使用不同的数据处理工具进行分布式计算。同时使用类似于 SQL 的方式简化数据查询和简单处理的过程,降低数据分析人员使用的门槛,数据分析人员通过对数据

图 2-1 大数据系统总体架构

进行分析与挖掘,获取有价值的信息来指导未来的决策。最后数据分析的结果以图的方式形象地展示出来,方便所有人查看与理解。这样就回答了大数据系统有哪些模块和这些模块之间如何协调完成大数据任务的问题。至于大数据系统中有哪些关键的技术,将在后面几节中介绍。

2.2 大数据存储与管理技术

通过以上的了解,我们知道大数据存储与管理技术是大数据系统的基础,只有做好数据存储与管理,才能进行后续的操作,所以大数据存储与管理技术对整个大数据系统都至关重要,大数据存储与管理的好坏直接影响了整个大数据系统性能的优劣。

2.2.1 大数据存储技术

在大数据系统中,由于数据量的庞大,所以大数据的存储都是采用分布式存储的方式。大量的数据被分块存储在不同的数据中心、不同的机房以及不同的服务器节点上,并且通过副本机制来保持数据的可靠性。

大数据领域最著名的存储技术就是 Google 的 GFS 和 Hadoop 的 HDFS,HDFS 是 GFS 的开源实现。HDFS 的设计理念非常简单,当一台计算机无法存储所有需要的数据时,就使用多台机器共同存储,当机器数量越来越多时,就形成了一个大规模的集群。

HDFS 的架构如图 2-2 所示,采用主从的结构,一台主节点上运行 NameNode 守护进程,一台节点上运行 SecondaryNameNode 守护进程,其他节点上运行 DataNode 守护进程,所有数据都以块的形式存储在 DataNode 节点上。

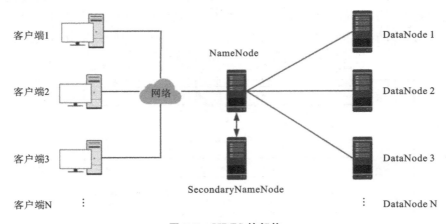

图 2-2　HDFS 的架构

NameNode 称为名称节点,它本身没有存放数据。在 NameNode 节点存放的数据文件的目录,就是文件系统完整的索引。实际上 NameNode 中一共有两种文件:一种是文件系统镜像(File System Image),它包含完整的元数据(描述数据的数据,用于指示数据的存储位置等);还有一种就是日志文件,日志文件记录了数据的改动。为什么不把对数据的改动直接更新到文件系统镜像中呢?这是因为文件系统镜像非常大,实时更新的速度会非常慢,且效率很低,所以当数据频繁改动时,只要记录在一个日志文件中,定期将日志文件合并到文件系统镜像中即可。

SecondaryNameNode 称为第二个名称节点,与 NameNode 一样,SecondaryNameNode 节点里存放的也是文件系统镜像和日志文件,SecondaryNameNode 的作用主要有两点。

(1)代替 NameNode 执行合并操作。

NameNode 需要随时为集群提供服务,有时候可能没有多余的资源进行合并操作,所以 SecondaryNameNode 会将 NameNode 中的文件系统镜像和日志文件拷贝到本地,然后将其合并返还给 NameNode,以减轻 NameNode 的负担。

(2)提高名称节点可靠性。

因为名称节点只有一个,所以发生故障时会导致系统不可用。这时候就需要 SecondaryNameNode 将最新的文件系统镜像交给解决好故障之后的名称节点或者重新替换掉的名称节点,从而帮助名称节点恢复工作。

HDFS 是大数据的根基,它有以下几个优点。

(1)能够存储大规模数据。能够支持过万的节点,其数据量可以达到 PB 级,文件数量可以达到百万以上。

(2)流式访问数据。HDFS 采用一次写入、多次读取的模式,保证了数据的一致性。

(3)运行在廉价机器集群上。HDFS 对硬件要求低,配置集群只需要普通的硬件就可以,不必专门购买昂贵的机器。

(4)高容错性。虽然廉价机器的故障率可能比较高,但是 HDFS 集群具有高容错性。因为数据在 HDFS 中保存有多个副本,当一个节点发生故障时,会使用其他节点上的副本,并且可以配置其他节点代替故障节点。

HDFS 的设计和 GFS 的高度一致,但是,由于 GFS 专门为 Google 提供服务,它会针对 Google 的使用需求进行性能上的优化,而 HDFS 是一个开源项目,所以 HDFS 要考虑到应对不同的业务逻辑需求,会尽量设计得更简洁通用。GFS 和 HDFS 的区别主要有以下几点。

(1)快照。GFS 中拥有快照功能,可以在不影响当前操作的情况下对文件进行拷贝,其拷贝的结果实际上是产生一个快照文件指向源文件,该源文件会增加引用计数。

(2)垃圾回收。当任务完成且程序运行结束时,系统需要回收之前分配的资源。在 HDFS 中采用的是直接删除的方法,而在 GFS 中采用的是惰性回收的策略。所谓惰性回收就是在任务结束时不会立刻回收所有文件资源而是标记这些文件资源,防止普通用户访问,一段时间后再删除。

2.2.2　大数据管理技术

我们通常使用数据库来管理数据,在大数据中也一样。与传统数据管理不同的是,传统数据多是结构化的数据,使用普通的关系型数据库管理就可以。而在大数据中出现了大量的半结构化和非结构化的数据,如果使用传统的关系型数据库,则无法很好地管理所有数据,所以在大数据管理中,通常使用非关系型数据库,其中最常用的就是 HBase。

HBase 采用了列式存储,列式存储来源于 Google 的 Bigtable 论文,本质上就是一个按列存储的大表。列式存储与行式存储如图 2-3 所示。

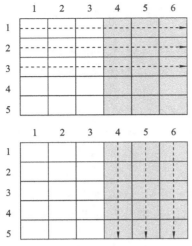

图 2-3 行式存储与列式存储

行式存储是按行存储数据,这样一张表的数据都是在一起的,如果只需要查询少数几列的数据,由于查询会进行大量的 I/O,则浪费大量时间和资源。

而列式存储,其数据是按相同字段存储在一起的,每一列单独存放,不同的列对应不同的属性,属性也可以根据需求动态增加。这样就可以只查询相关的列,减少了系统的 I/O。

HBase 的逻辑模型如图 2-4 所示。其中 RowKey 是表的行号,也是每条记录的主键。Column Family 是列族,包含一个或多个列。Column 是列,代表一个记录的属性。Version 1、Version 2、Version 3 是版本号,默认为系统时间。Data 是存储的数据。

HBase 的物理模型如图 2-5 所示,一个大表中的数

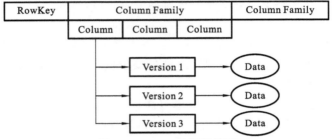

图 2-4 HBase 的逻辑模型

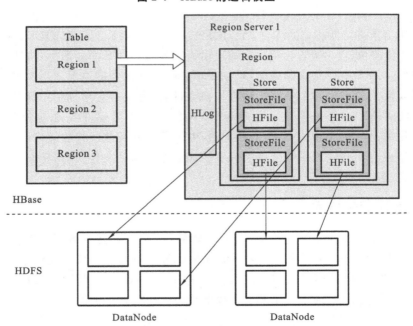

图 2-5 HBase 的物理模型

据按照 RowKey 排序,然后按行切割成 Region,当表不够大时,只有一个 Region,而当表越来越大后会形成多个 Region。Region 是 HBase 中分布式存储的最小单元,不同的 Region 分布在不同的 Region Server 上。其中一个 Region 会分成一个或者多个 Store,而一个 Store 又可以分成一个或者多个 StoreFile,每一个 StoreFile 中只有一个 HFile。HFile 是存储的最小单元,它们都存放在 HDFS 上。对于每一个 Store 都有一个 MemStore 的写入缓冲区,对 Region 进行写数据之前会检查 MemStore,如果 MemStore 中已经缓存了写入数据,则直接返回;如果 MemStore 中没有缓存,则需要先写入 Hlog 中,再写入 MemStore 中。Hlog 是用来记录操作的日志,虽然写 Hlog 会在一定程度上影响性能,但是 Hlog 可以提高可靠性,以便当系统出现故障时可以通过 Hlog 来恢复数据。

2.3　大数据处理技术

在存储了大规模的数据之后,就需要对数据进行处理。大数据处理技术主要是分布式计算,分布式计算的分类如图 2-6 所示。分布式计算主要有以 MapReduce 为代表的批计算,以 Spark 为代表的内存计算,以 Storm 为代表的流计算,以 Pregel 为代表的图计算。下面将介绍这几种分布式的计算框架。

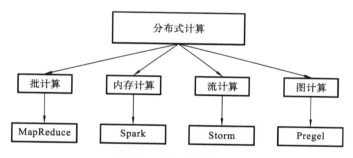

图 2-6　分布式计算分类

2.3.1　MapReduce

MapReduce 是一个大数据的计算框架,它是一种离线计算框架,需要先将数据储存起来再进行计算,非常适合大规模的数据集中性计算。在 MapReduce 之前并没有其他计算框架,那么为什么需要计算框架呢?因为在 HDFS 和 HBase 的基础之上要进行分布式并行编程并不是一件简单的事情,为了能够让所有的程序员都可以轻轻松松地开发出分布式计算的程序,MapReduce 由此诞生了。MapReduce 主要分为 Map 和 Reduce 两个过程,一个作业会被系统分成多个小作业,其中每一个小作业就是一个 Map 任务,它们被分配到各自独立的机器上执行,完成了 Map 任务之后又会开始 Reduce 任务,将 Map 任务的结果作为输入,并将结果进行规约简化,这样一个大的作业就被大量的节点共同完成。

MapReduce 计算框架采用如图 2-7 所示的主从架构,它主要有以下功能和优点。

1. 资源划分和任务调度

MapReduce 架构中的主节点能够进行资源的划分和任务的调度,这样程序员就不需要

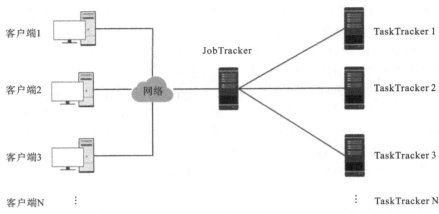

图 2-7 MapReduce 架构

了解怎么将一个大作业分成小任务,再给每个人分配任务所需的资源,程序员只需要把注意全部放在处理逻辑上,定义好了 Map 函数和 Reduce 函数之后,系统就可以自动完成整个分布式并行计算任务。

2. 故障检测和恢复

大规模的集群发生故障的节点是一种很正常的事情,MapReduce 框架中的节点可以通过心跳机制来反馈节点的资源使用情况和健康状态。对于出了故障的节点只需要将故障节点的数据备份,故障节点上的任务就会交给其他节点执行,从而保障了系统的可靠性。

3. 减少数据通信

MapReduce 框架可以对数据和代码进行双向定位,让处理数据的代码尽量在数据存储的节点上执行,这样可以减少数据迁移带来的网络延时,从而提高系统的效率。

2.3.2 Spark

Spark 也是一个大数据处理的框架,2009 年由加州大学伯克利分校开发,2010 年成为 Apache 的开源项目之一。Spark 的架构如图 2-8 所示,客户端(Client)提交作业后每个作业有一个作业驱动程序(Drive App),然后作业驱动程序提交给集群管理器(Cluster Manager),集群管理器给任务分配资源并安排 Worker 创建 Executor 执行任务。

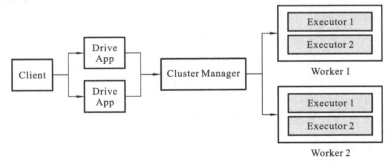

图 2-8 Spark 架构设计

Spark 框架包含各种不同的组件(见图 2-9),主要有以下几种。

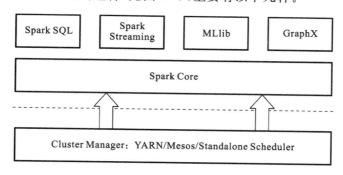

图 2-9　Spark 组件

Spark Core:这是 Spark 的基础组件,提供 Spark 基础服务,包括任务管理、计算引擎等功能。

Spark SQL:这是一个提供 SQL 查询功能的组件,用于处理结构化的数据,便于熟悉关系型数据库的人使用。

Spark Streaming:提供了 API 进行实时数据流操作,有点类似于 Storm。

MLlib:提供机器学习相关的 API,包含机器学习常用的算法。

GraphX:提供图计算的库,API 来源于图计算框架 Pregel。

Cluster Manager:集群管理器,可以是 Spark 自带的单独调度器,也可以是 Hadoop YARN 或者 Apache Mesos。

Spark 与 MapReduce 有很多相同点,但是 Spark 也有着自己的特性。

1. 处理速度快

Spark 扩充了 MapReduce 的计算模型,可以支持更多类型的计算,更重要的是,Spark 是在内存中计算。而 MapReduce 需要从 HDFS 读取数据,计算,再写入 HDFS,下一次计算时又重复此过程,所以 MapReduce 包含了大量的 I/O 过程。Spark 从磁盘上读取数据之后每次计算不会将中间结果写回磁盘,而是将数据保存在内存中,等到完成了所有的任务,才将最后的结果写回磁盘,所以 Spark 的批处理速度比 MapReduce 快了 10～100 倍。

2. 更具有通用性

Spark 支持 Java、Scala、Python 等多种编程语言,支持更多的程序员使用,Spark 对于结构化数据也提供了 SQL 的交互式查询,使得非程序员也可以方便使用。另外,Spark 不仅自己带有独立的调度器,也可以运行在其他调度器之上,所以,Spark 不仅可以独立使用,也可以集成到其他集群中使用。

3. 支持流式计算和图计算

Spark 不仅可以像 MapReduce 一样进行批计算,也可以通过 Spark Streaming 组件像 Storm 一样进行实时计算,还可以调用 Pregel 的 API 进行图计算,极大地扩充了 Spark 的使用场景。

2.3.3 Storm

伴随着 MapReduce 等大数据处理框架的发展,MapReduce 的弊端也开始显现,这些大数据处理框架都是离线批处理,当面对需要实时处理的需求时,就显得无能为力。在这样的背景下,Storm 就此诞生。Storm 从一开始就是为了弥补 MapReduce 只能做离线批处理的缺陷,所以它保留了 MapReduce 的分布式处理、高度容错性和支持多语言等优点,并定位为一个开源的实时计算框架。目前,Storm 被广泛应用在信息流处理、连续计算、广告推送和实时日志处理等领域。

Storm 也是采用了主从的架构,如图 2-10 所示。主节点上运行了一个叫 Nimbus 的进程,同时从节点上运行了一个叫 Supervisior 的节点,这类似于 MapReduce 中的 JobTracker 和 TaskTracker。实际上,Storm 架构在很大程度上与 MapReduce 相似,Storm 中的 Worker 与 MapReduce 中的 Child 类似;Storm 中的应用名称 Topology 与 MapReduce 中的 Job 类似;Storm 中的计算组件分为 Spout 和 Bolt,与 MapReduce 中的 Map 和 Redudce 类似。Storm 与 MapReduce 不同的地方就在于 Spout 和 Bolt。Spout 不是像 Map 一样做映射和获取存储好的数据,而是从指定的外部数据源中获取数据,转化为作业内部源数据,所以 Storm 系统通过 Spout 源源不断地获取源数据从而形成数据流。Bolt 是用来接受 Spout 或者其他 Bolt 的数据,从而执行用户需要的操作。

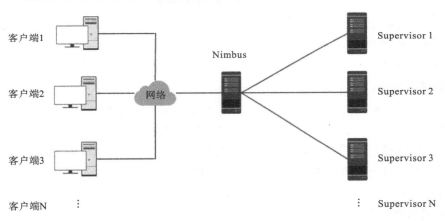

图 2-10　Storm 架构

在 Storm 系统中,Nimbus 负责集群中的任务分配和状态监控,Supervisior 掌控所在的机器,根据主节点的指令来创建或者关闭 Worker。一个 Topology 被主节点分配到各个从节点执行,每个从节点可以包含多个 Woker 工作进程,其中每个工作进程可以包含多个 Executor 线程,而每个 Executor 线程中有多个 Task 执行 Spout 或者 Bolt 任务,如图 2-11 所示。

在大致了解了 Storm 之后,那么 Storm 与 MapReduce 的主要区别在哪呢? 为什么 Storm 可以进行实时数据处理,而 MapReduce 是进行离线批处理呢? 我们可以从数据的角度来解释这两个问题。

在数据获取的阶段,Storm 是将获取的数据放到消息队列中,而 MapReduce 是将数据

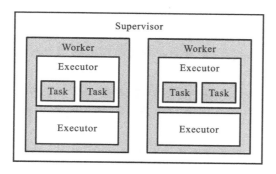

图 2-11　从节点的结构

存放到 HDFS 中。Storm 会实时读取消息队列并开始计算,而 MapReduce 是存储到了大量数据之后再将数据送入计算系统。

在数据计算阶段,Storm 的进程是一直存在的,只要消息队列中一有数据就可以开始计算;而在 MapReduce 中,其管理进程是对已经存储的大量数据开启计算进程,任务结束后又会关闭计算进程。并且 Storm 的计算单元之间的数据是通过网络直接传输,而 MapReduce 的中间结果需要写入 HDFS,然后被后续计算单元读取。这样 Storm 的计算就少了大量的磁盘读/写时延。

在计算完了数据之后,Storm 直接将运算的结果展示出来,而 MapReduce 需要等待所有的计算任务完成并写入 HDFS 后,再统一展现。

因为以上几点的不同,Storm 的时延低、响应快,所以更适合做实时数据处理。MapReduce 虽然没有实时处理数据,但是它吞吐量大,一次处理的数据多,适合做离线批处理。在实际使用中,我们需要根据实际的需求使用对应的计算框架。

2.3.4　Pregel

Pregel 是 Google 开发出来的大规模分布式图计算框架,与前面主要进行数据计算不同,Pregel 主要用于图计算,被广泛用于图的遍历和最短路径的计算中,与 Caffeine、Dremel 一起称为 Google 新的"三驾马车"。

在 Pregel 中,输入的数据是一个有向图,其顶点和边都含有属性和值。顶点与顶点之间通过消息机制传递数据,每个顶点可以有两种不同的状态,分别为活跃(Active)状态和不活跃(Inactive)状态,如图 2-12 所示。初始状态时,所有的顶点都为活跃状态,当顶点接收到消息并需要计算的时候,保持活跃状态不变,当顶点没有接收到消息或者接收到了消息但是不需要计算时,将该顶点置为不活跃状态。

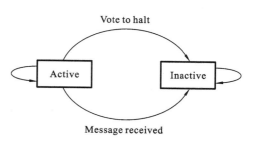

图 2-12　顶点状态转换图

Pregel 的图计算由多个 Superstep 组成,在所有的顶点完成计算之后才算完成一个 Superstep,而且只有一个 Superstep 完成之后才能进行下一个 Superstep。每一个 Superstep 的计算过程如下。

(1) 获取初始图数据,完成初始化。

(2) 每个节点置为活跃状态,沿着图中的边向周围的顶点发送消息,该消息包括自身的状态数据以及出边的状态数据。

(3) 顶点获取所有接收到的消息得到数据,并根据定义好的函数计算数据,更新自身状态。当顶点没有接收到消息或者接收到了消息但是不需要计算时,将该顶点置为不活跃状态。

(4) 活跃状态的顶点继续向周围顶点发送消息。

(5) 当所有的顶点都是不活跃状态并且没有任何消息发送时,计算结束;否则进入下一个 Superstep,进行步骤(3)。

Pregel 的出现进一步丰富了大数据处理的生态系统,有了 Pregel 之后,许多实际应用中涉及的大型图计算,例如社会关系图等问题就有了更高效的计算。实际上,在实际应用中,经常需要将多种不同的计算框架结合起来以便满足不同的需求。比如在一个网购应用中,我们需要使用流式计算来实时处理用户的数据并推送用户可能需要购买的产品广告,也需要离线批处理来计算所有用户一个月或者一年的消费总结,同时还需要使用图计算框架来计算用户与用户之间的关系,形成完整的用户关系图。

2.4　大数据查询技术

第 2.3 节介绍了多种大数据处理技术,随着这些大数据处理技术越来越流行,就会带来一个新的问题:习惯了用传统数据库和 SQL 的用户和数据分析人员怎么操作数据呢? 当然他们可以学习那些数据处理框架,通过编写 Java 程序来达到目的,但是对于大量的用户来说,学习几种全新的框架未免过于麻烦,况且大多时候他们并不需要进行复杂的数据操作,而往往只需要从海量的数据存储中查询出所要的数据。在这样的需求下,基于各种计算框架的查询技术就出现了,下面介绍其中常用的几种。

2.4.1　Hive

Hive 诞生于 Facebook。为了让更多的人使用 Hadoop,完成大量的日志分析,Facebook 开发了这个叫 Hive 的数据仓库工具。Hive 构建在 MapReduce 之上,将结构化的数据映射为数据库表,提供了类似于 SQL 的查询功能,它的本质是将用户的 HiveQL 查询语句解析成一个或者多个 MapReduce 任务,通过完成 MapReduce 任务来完成 SQL 查询。因为查询语句的解析以及 MapReduce 任务的完成对 Hive 用户都是透明的,所以使用户的学习和使用成本大大降低。习惯了使用传统数据库和 SQL 的工作人员也可以快速学习并掌握 Hive,完成对系统中海量数据的查询和简单操作。

实际上,在实际生产开发中,即使熟悉使用 Java 的工程师,也会优先使用 Hive,因为 Hive 非常精简而且易于维护。有这样一种说法,在实际开发中有 80% 的操作都是由 Hive 完成的,只有剩下的 20% 才会由 MapReduce 完成。

Hive 的架构如图 2-13 所示,Hive 客户端可以通过命令行(CLI)、网页界面(HWI)或者 Thrift Server 提供的 JDBC/ODBC 方式使用 Hive,用户通过以上接口提交 HiveQL 查询指令,在 Driver 模块接收指令后解析成一个或者多个 MapReduce 任务交给 YARN,由 YARN 完成剩下的工作,最后将 MapReduce 的结果返回到用户接口。Hive 的出现极大地降低了工作人员的学习成本,也减少了大量 MapReduce 编码的时间,提高了开发过程的效率。

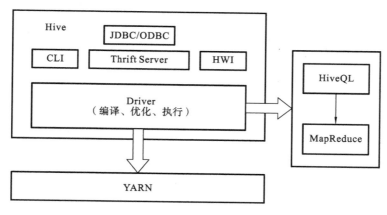

图 2-13　Hive 架构

2.4.2　Pig

Pig 是雅虎公司推出的操作 Hadoop 的脚本语言。虽然 MapReduce 简化了分布式编程的过程,但是编写 Mapper 和 Reducer 后再打包提交到集群上仍然是一个复杂的过程。与 Hive 诞生的目的一样,Pig 也是为了简化 MapReduce 的使用。

与 Hive 一样,Pig 处理的流程也是将用户提交的简单的查询脚本转换成 MapReduce 任务之后执行。与 Hive 不同的是,Pig 不是一个类似于 SQL 的语言,它有一定的学习成本,这也是 Pig 没有 Hive 流行的原因,但是 Pig 比 Hive 更加轻量化,也更加灵活,可以更加方便地嵌入到其他应用程序中。

但是由于 Hive 和 Pig 都是基于 MapReduce 工作的,而 MapReduce 又会带来大量的延时,所以 Hive 和 Pig 都无法进行低延迟的查询。

2.4.3　Spark SQL

介绍 Spark SQL 之前就不得不提一下 Spark SQL 的前身 Shark。上面介绍的 Hive 和 Pig 都是基于 MapReduce 工作的查询工具,但是 Spark 处理框架上却没有类似使用简单的查询工具,于是开发了 Spark 的加州大学伯克利分校坐不住了,为了更好地与 MapReduce 竞争,加州大学伯克利分校很快地开发出了一款叫 Shark 的查询工具。为了能尽快开发出这款工具,Shark 大量借用了 Hive 已经完成的工作,这对加州大学伯克利分校来说,是当时最快的方法。实际上,我们可以近似认为 Shark 只是把 Hive 的物理执行从 MapReduce 改成了 Spark。由于 Spark 的计算速度远快于 MapReduce 的,所以基于 Spark 的 Shark 查询速度相较 Hive 也提高了 10～100 倍。

跟 Hive 一样，Spark 刚出来就受到很多人的喜爱，也让更多的 Spark 使用者越来越频繁地使用。于是，在拿到了投资之后，加州大学伯克利分校马上就着手开发一款完全独立的，属于自己的查询工具，这就是现在的 Spark SQL。

Spark SQL 对 SQL 语句的处理和关系型数据库类似，即词法/语法解析、绑定、优化、执行。Spark SQL 会先将 SQL 语句解析成一棵树，然后使用规则(Rule)对 Tree 进行绑定、优化等处理过程。Spark SQL 由 Core、Catalyst、Hive、Hive-ThriftServer 四部分构成，以前 Shark 中依赖 Hive 的语法解析和逻辑执行计划生成，现在都交给了 Catalyst 代替。Catalyst 不仅能完成这些功能，而且在其中进行了大量的优化，使得 Spark SQL 在速度上进一步提高。Spark SQL 也扩展了接口，除了支持 Hive 数据的查询，也支持将 RDD、JSON 和 MySQL 等数据格式加载后进行查询。

2.5 大数据分析技术

在处理完数据之后，我们的目的是要将处理之后的数据变成对我们有用的信息，这就涉及大数据分析技术。在大数据分析领域，出现了很多新兴的词汇，如数据分析、数据挖掘、机器学习和深度学习等，由于这些词汇概念模糊又容易混淆，所以下面先解释这些词汇的意思以及它们之间的区别。

2.5.1 什么是数据分析、数据挖掘和机器学习

从广义上来讲，任何对数据的分析行为都叫数据分析，所以数据挖掘也是一种数据分析，而一般说到的数据分析指的是狭义上的数据分析。数据分析就是根据分析的目的，用统计分析的方法来分析获取的数据，从中提取有用的信息。这其实就是一个通过数据浓缩提炼得到结论的过程。数据挖掘是指从大量的数据中，通过机器学习等挖掘方法，找出隐藏在数据中的规律。

数据分析和数据挖掘的区别主要有这几个点：一个是数据量上，数据分析对数据量没有要求，而数据挖掘的数据量非常大；另一个是目的上，一般的数据分析都会带有一个明确的目的，为达到目的来对数据进行分析，而数据挖掘的目的不一定很明确甚至没有目的，最终得到的是大规模数据中隐藏的规律或者其他有价值的信息；最后一个就是应用的方法不同，数据分析主要采用传统的统计学方法，一般是人的智力作用的结果，数据挖掘主要采用机器学习的方法，是机器从大量数据中得到的有价值的规律。除此之外，数据分析的对象往往是数字化的数据，而数据挖掘的对象可以是声音、图像等多种类型的数据。可能有些人会不理解第二点，如果没有一个明确的目的，那么盲目地进行数据挖掘还有意义吗？有这样一个经典的数据挖掘例子，沃尔玛超市的数据管理员通过分析大量顾客购物车的数据，发现啤酒经常和尿布被一同购买，然后超市便将啤酒和尿布摆放在一起。在之后的统计中发现，啤酒和尿布的销量都有一定的增长，这个无意间的发现对超市的销售业绩有一定的提高。后来人们才发现刚育有宝宝的年轻家庭里一般都由妈妈们照看孩子，爸爸们去超市买尿布，而爸爸们在买尿布时会顺带买几瓶喜欢的啤

酒。这个经典的例子虽然最后被证实是假的,但是它的确可以从某个方面证明没有明确目的的数据挖掘是可以带来意外收获的。虽然数据分析和数据挖掘有这么多的区别,但是数据分析与数据挖掘并不互相排斥,它们往往一同使用,使数据的价值最大化,为企业预测未来发展的趋势,提供可靠的商业决策。

"机器学习这门学科所关注的问题是:计算机程序如何随着经验积累自动提高性能。"这是《机器学习》的作者 Tom Mitchell 对机器学习的定义。机器学习是一个统计学与计算机科学交叉的学科,目的是对机器给出一定的训练数据集,让机器通过数据不断地训练,性能不断提高。因为数据挖掘用到的方法一般是机器学习的算法,所以机器学习经常与数据挖掘放在一起谈论。而深度学习来源于对神经网络的研究,也是机器学习中的一种。

2.5.2 机器学习的方式

大数据分析中最常用的方法就是机器学习,机器学习根据输入数据的有无标识,可以分成监督学习、无监督学习和半监督学习三种方式。

所谓的监督学习,就是机器在处理实际数据之前,会通过一组带有标识的样本数据来进行训练,在达到一定条件下的最优模型之后,正式处理数据时将根据模型对输入数据分类,从而使机器具有对未知的数据进行分类的功能。而无监督学习,就是机器没有带标识的样本数据来进行训练,自己建模后直接对未知数据进行处理,并将不同特性的数据归类,使机器具有对未知的数据进行聚类的功能。

单是介绍概念还很难理解监督学习与无监督学习,下面举一个简单的例子来形象地理解监督学习与无监督学习的概念。一个小孩子,从小被大人们教导,这种颜色是红色,那种颜色是绿色,这就是一个训练的过程。这个时候孩子看到的颜色就是样本数据,大人对孩子的教导给这些样本数据贴上了标识。经过一定量的训练之后,孩子大脑里建立了一个模型,即使以后在没有大人教导的情况下,也能根据看到的颜色正确地区分哪个是红色,哪个是绿色,这就是监督式学习。而无监督式学习看似非常不可思议,实际上应用也非常广泛。一个小孩子,假如从小没有大人们教导他哪个是红色,哪个是绿色,也就是说,他没有训练样本,孩子所看到的颜色也是没有标识的数据。但是看过多种颜色之后,即使孩子不知道颜色的名称,他也能将红色和绿色区分开来。这就是一种聚类,即使不清楚处理的数据是什么,但是仍然可以根据数据不同的特性将相似的事物放在一起。在实际应用的过程中,显然监督学习的效果肯定要好于无监督学习的。这不仅在于监督学习有一个训练的过程,而且在之后的处理过程中,机器可以将分类的结果与标识进行对比,将分类错误的数据重新分类,并逐渐完善模型,其处理效果也就越来越好。也就是说,监督学习分析数据是有参考答案的,当出现错误时可以对比参考答案来改正错误以提高自己,但是无监督学习分析数据是没有参考答案的,很多时候即便出现了错误,机器都不知道,甚至按照错误的规则将数据聚类。讲到这里,可能有些人会想,既然监督学习的效果比无监督学习的效果好得多,那么无监督学习还有什么存在的必要呢?这是因为现实总是残酷的,数据的标识在很多情况下都是很难获取的,而无标识的数据通常是大量而且廉价的。比如在对蛋白质按照功能进行分类时,要获得输入数据的标识,即获取一组蛋白质的功能时,是非常困难的,要了解一个蛋白质的具体功能往往需要花费一个生物学家几年的时间,这就是无监督学习的意义所在。

还有一种介于上述两种情况之间的情况,叫半监督学习。实际数据中往往是少量带有标识的数据和大量没有标识的数据,那么对于机器来说,它有两个样本集,一个样本集全部带有标识,另一个样本集全部没有标识。半监督学习关注的问题就是怎么结合少量数据的标识和大量无标识数据的整体分布,得到最优化的分类结果。

2.5.3 常见的机器学习算法

机器学习涉及的算法有很多种,比较常用的有以下几种。

1. 回归算法

回归算法是一种监督学习式的方法,通过已知的样本点集预测未知的回归公式的参数,并使得其误差最小化,如图 2-14 所示。

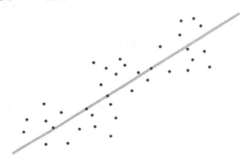

图 2-14　回归算法

2. 决策树

决策树的原理是通过对已知数据的训练,构建树状的模型,其中树中的内部节点为属性测试节点,出边为测试输出,叶子节点为分类结果。通过构建决策树的模型,让数据分类更加直观,一次构建后可以重复使用。决策树也是一类监督学习式的算法。

3. 贝叶斯方法

贝叶斯方法指的是基于贝叶斯原理的一类方法,贝叶斯原理的公式为

$$P(B|A)=\frac{P(A|B)P(B)}{P(A)}$$

贝叶斯方法就是计算某个对象的先验概率,然后通过贝叶斯原理计算出它的后验概率,并选择后验概率中最大的类作为该对象所属的类,从而对数据完成分类。

4. 聚类算法

聚类算法就是对输入的未知数据按照特性的相似度进行归类,包含划分聚类、层次聚类、网格聚类和基于神经网络的聚类等。

5. 深度学习

深度学习来源于对人工神经网络的研究,模拟人脑来解决深层结构的优化问题。深度

学习结合监督学习和无监督学习,在每一层的结构中使用无监督学习,而在层与层之间采用监督学习进行优化调整。

2.6　数据可视化技术

数据可视化(Data Visualization)是一种利用计算机图形学和计算机视觉等相关技术将数据以图形的形式显示出来,并通过图形展示出数据中隐藏的信息的一门技术。那么数据可视化的意义是什么呢?

2.6.1　数据可视化的意义

在这个大数据的时代,数据可视化对商业的影响日益扩大。由于数据量过大,导致人无法去深入理解所有的数据,所以必须使用其他方法或者工具帮助我们来理解数据。其中最合适的方法就是整合数据,将数据以图形的形式展示出来。我们知道,人类通过五感获取外界的信息,其中有将近 83% 的信息通过视觉获取,而图形又是最利于人类获取的信息之一,正如你可以轻松地记住一个人的相貌却不能轻松地记住一个人的电话号码一样。数据可视化就是将大规模数据整合压缩,用图形这种形象生动的方式使人们快速地理解和吸收数据中包含的信息,降低了理解大规模数据的成本。在企业中,决策者往往没有足够的时间或者专业的技术去理解大量的数据,自从有了数据可视化技术,决策者就可以通过大数据可视化工程师处理完数据之后的图形,快速了解数据中的信息,并且迅速地对市场做出反应。

数据可视化技术往往也需要和大数据分析技术相结合,在目前的情况下,机器无法完全替代人类去分析数据中的全部价值,此时就需要人类的参与,在机器的基础上进一步挖掘出数据中隐藏的有价值的信息。数据可视化技术与大数据的分析技术相辅相成,首先通过大数据分析技术利用机器分析数据,再通过数据可视化技术将分析的结果生成图形,最后人类参与进来,通过人类对数据的分析来补充,尽可能地挖掘出数据中所有有价值的信息,用来对未来发展趋势的预测和决策的支持。

归根结底,在如今,虽然将海量数据转化成有效信息没那么简单,但是数据可视化是其中一种最为简单高效的方式。所以数据可视化的核心就是帮助人们理解数据,这也是大数据可视化工程师和前端工程师的核心区别,大数据可视化工程师更侧重于对数据理解和分析的能力。

2.6.2　数据可视化的流程

在进行数据可视化之前,可以问一下自己几个问题。当前你有哪些数据或者能获取到哪些数据? 在这些数据的基础上你想达到什么目的? 通过数据可视化是否达到了目的或者收获了数据中意外的价值?

带着这几个问题,我们来看图 2-15 所示的数据可视化的探索流程。进行可视化之前,首先需要做的就是数据的准备,当没有拿到足够的预期数据时,必须先想办法拿到所有预期的数据,在拿到了足够的预期数据之后,我们需要明确自己的目标,也就是希望从这些数据中获取什么信息;接着需要使用数据可视化的技术将海量的数据用形象生动的图形展示出来,比如用折线展示趋势、用饼图展示占比、用热力图展示最受欢迎的旅游景点等;最后,需要看看能不能根据可视化的结果达到最初的目的,当然也很有可能发现意想不到的、有价值的信息。

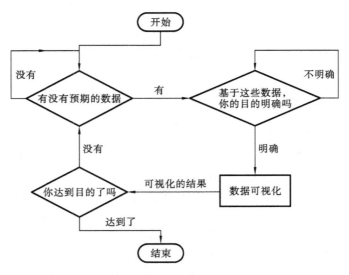

图 2-15　数据可视化的探索流程

2.6.3　数据可视化的工具

得益于数据可视化在社会各方面的大量需求,目前市场上的数据可视化工具百花齐放,有基于 JavaScript 的 ECharts、HightCharts 和 D3.js,有基于 PHP 的 jpGraph,有基于 Java 的 Processing,有基于 Python 的 NodeBox,也有无须编程的 Tableau 和 Raw。正因为有了这些各种各样的数据可视化工具,方便了使用各种编程语言甚至不会编程的人们进行数据可视化,从而更好地发挥出数据可视化的价值,让数据可视化更好地为人们服务。数据可视化工具旨在提供更简单的方法来降低人们进行数据可视化的门槛,但是有一定编程基础的话,可以更加灵活地写出更好的作品,所以最终在选用数据可视化工具时要根据具体的情况来选择使用哪一款工具。

这里简单介绍 ECharts 这个数据可视化的工具。ECharts 是百度开发的一款基于 Canvas 的纯 JavaScript 图表库,是完全开源免费的。而且 ECharts 的使用也非常简单,因为它是一个纯 JavaScript 的图表库,所以只要会 JavaScript 的人都可以快速上手使用。虽然 ECharts 非常轻量,完整的 ECharts 也只有几百千字节。但是 ECharts 的功能非常强大,它包含几乎所有能用到的图表类型,同时具有强大的交互能力,可以进行大数据量的展示。ECharts 由数据驱动,其加载和展现动态数据也非常简单。此外,ECharts 还具有良好的兼容性,可以在绝大部分的 PC 端和移动端的浏览器上运行。

下面以一个简单的例子介绍 ECharts 的用法。当使用 ECharts 画一个柱状图时,可以按照以下步骤进行。

（1）引入 ECharts 文件。在 ECharts 官方网站下载 echarts.js 文件，在 HTML 文件中通过＜script＞标签引入。

```
<head>
    <meta charset= "utf-8">
    <!--引入 ECharts 文件 -->
    <script src= "echarts.min.js"> </script>
</head>
```

（2）为柱状图准备一个 DOM 容器。设置好容器的长和宽。

```
<body>
    <!--为 ECharts 准备一个具备大小（宽高）的 DOM -->
    <div id= "main" style= "width: 600px;height:400px;"> </div>
</body>
```

（3）通过准备好的 DOM 容器将实例 ECharts 初始化。

```
var myChart= echarts.init(document.getElementById('main'));
```

（4）指定柱状图的配置项和数据。其中 title 指定图标的标题，legend 指定图例，xAxis 指定横坐标的标识，yAxis 指定纵坐标的标识，series 指定图表的类型、名称和数据。

```
var option= {
            title: {
                    text: 'ECharts 入门示例'
            },
            tooltip:{},
            legend: {
                    data:['销量']
            },
            xAxis: {
                    data:["衬衫","羊毛衫","雪纺衫","裤子","高跟鞋","袜子"]
            },
            yAxis: {},
            series: [{
                name: '销量',
                type: 'bar',
                data:[5, 20, 36, 10, 10, 20]
            }]
        };
```

（5）显示配置好的图表。

```
myChart.setOption(option);
```

最后得到一个简单的图表，如图 2-16 所示，当鼠标悬停在条柱上时，可以显示出该条柱的名称和数值。

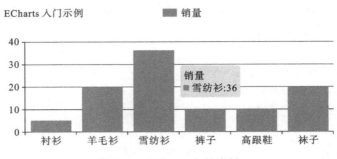

图 2-16　ECharts 入门实例

第 3 章　Hadoop 环境搭建

3.1　Hadoop 简介

3.1.1　什么是 Hadoop

Hadoop 是 Apache 软件基金会的一个项目,根据官方文档对 Hadoop 的解释,Hadoop 是一个布置在大规模集群上的框架,允许使用者使用简单的编程模型对大规模数据进行分布式计算。它可以从单个节点扩展到成千上万个在本地进行存储与计算的节点上,Hadoop 不需要依赖硬件就可以在软件层面上检测和处理错误,因此 Hadoop 可以在一组可能出错的节点上提供高可用性的服务。

3.1.2　Hadoop 的优点

从以上定义中可以看出 Hadoop 具有以下几个优点。

(1) Hadoop 能处理大规模数据。Hadoop 就是为处理大数据而生的,它以 HDFS 和 MapReduce 为核心,其中 HDFS 为大规模数据提供了存储功能,MapReduce 为大规模数据提供了计算功能。2008 年 4 月,Yahoo 使用 Hadoop 以 209 秒的时间完成了 1 TB 数据排序并打破了世界纪录;同年 11 月,Google 使用 MapReduce 以 68 秒的时间打破 Yahoo 创造的世界纪录;2009 年 5 月,Yahoo 再次将此项纪录提高到 62 秒。

(2) Hadoop 是可扩展的。Hadoop 是部署在计算机集群上的,使用者可以根据需要对计算机集群进行扩展来满足任务的需求,节点数目可以轻松地扩展到成千上万个。

(3) Hadoop 是高可用的。每台计算机都有可能出现故障,所以 Hadoop 包含的大量节点中出现故障的节点就成为一种正常的现象,但是这并不会影响 Hadoop 的可用性。Hadoop 会保存数据的多个副本,当某个节点出现问题时,Hadoop 能自动将失败的任务分配给其他可用的节点来完成。

3.1.3　Hadoop 的发展与现状

Hadoop 来源于 Apache Lucene 项目下的一个搜索引擎的子项目 Nutch,其负责人是 Doug Cutting。2002 年 10 月,Doug Cutting 和 Mike Cafarella 合作开发了开源搜索引擎 Nutch,它能够索引一亿数量级的网页。由于当时网页数量的增长是爆发式的,所以必须不断地提高 Nutch 的性能才能满足网页日益增长的需求。2004 年左右,Google 发布了关于 GFS 和 MapReduce 的两篇论文,Doug Cutting 和 Mike Cafarella 看了之后深受启发,将 GFS 和 MapReduce 做了开源实现,并结合 Nutch 的分布式文件系统形成了一个独立的系统,并且 Doug Cutting 将自己儿子的玩具大象的名字 Hadoop 赋予了这个系统。

之后，被 Doug Cutting 带入 Yahoo 的 Hadoop 逐渐地发展成熟起来，从开始几十台机器的规模扩展到了上千台机器，同时 Yahoo 也将自己的广告系统的数据挖掘工作迁移到 Hadoop 上，进一步推动了 Hadoop 的发展。

虽然 Yahoo 一直将 Hadoop 做成一个开源的系统，但是 Yahoo 之外的团队要在集群中布置 Hadoop 是一件很麻烦的事情，于是 Cloudera——一个 Hadoop 商业化的公司成立了。Cloudera 为 Hadoop 生态的发展做出了巨大的贡献，并且提供了 Hadoop 的 CDH 版本用来商用。到目前为止，国内外的许多著名大型企业包括阿里巴巴、百度、Yahoo、Facebook 以及 Twitter 等都在使用 Hadoop 系统。

3.1.4　Hadoop 生态系统

Hadoop 项目在 2006 年成立时，只包含 HDFS 和 MapReduce 两个组件。如今，Hadoop 已经发展 10 年，成为一个完整成熟的生态圈。Hadoop 2.0.0 版本之后，就形成以下四层架构。

(1) 最底层，硬件以及 HDFS、HBase 等存储结构；

(2) 中间层，以 YARN 为代表的统一资源管理和调度系统；

(3) 中上层，以 MapReduce 和 Spark 为代表的计算框架；

(4) 最上层，SparkSQL、Hive、Pig 等基于计算框架的高级封装工具。

图 3-1 所示的是 Hadoop 生态圈示意图。下面介绍 Hadoop 的生态圈。

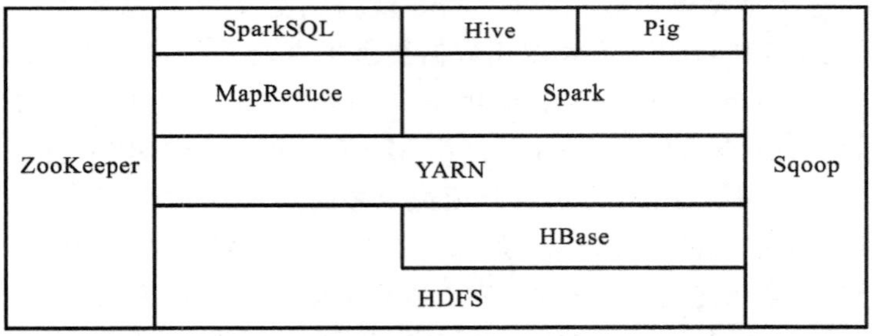

图 3-1　Hadoop 生态圈

● HDFS：HDFS 的全称为 Hadoop Distributed File System（Hadoop 分布式文件系统）。HDFS 能够提供高吞吐量的数据访问，适合大规模数据集上的应用，并且具有高可用性。

● HBase：HBase 的全称为 Hadoop Database，是一个分布式、面向列簇的开源数据库。与一般的关系数据库不同，HBase 适用于存储非结构化的数据。

● YARN：YARN 的全称为 Yet Another Resource Negotiator，第二代 Hadoop 中的统一资源管理和调度的系统。由于 YARN 具有通用性，因此 YARN 可以作为其他计算框架的资源管理系统，不仅可用于 MapReduce，也可用于 Spark 等。YARN 的出现克服了 MRv1 的扩展性差、无法支持多种架构的计算框架的缺点。

● MapReduce：Hadoop 中的编程模型。Hadoop 在 2.0.0 版本之前使用的是第一代 MapReduce 框架（MRv1）。在 MRv1 中，MapReduce 框架包含计算模型、资源调度和作业调度，它们都由 MapReduce 中的 JobTracker 实现；而在第二代 MapReduce 框架（MRv2）

中,计算模型与资源调度、作业调度分开,其中 MapReduce 退化成为一个计算模型,作业调度交给了 ApplicationMaster,资源调度则交给了新的 YARN 框架。

● Spark:Spark 是加州大学伯克利分校 AMP 实验室开发的并行计算框架,相比 MapReduce 的计算框架,其效率更高。与 MapReduce 计算框架一样,Spark 计算框架也提供了 SQL 查询语句 SparkSQL。

● Hive:Hive 是基于 Hadoop 的一个数据仓库工具,既可以将结构化的数据文件映射为一张数据库表,并提供简单的 SQL 查询功能,又可以将 SQL 语句转换成 MapReduce 任务运行,从而降低了学习门槛,使非程序员也可以通过简单的 SQL 语句进行数据分析。

● Pig:与 Hive 类似,也是简化的 Hadoop 的使用,通过使用 Pig. Latin 语言降低了 MapReduce 编程的门槛。Pig 将 Pig. Latin 语言转化成 MapReduce 作业运行,比 SQL 更加灵活。

● ZooKeeper:ZooKeeper 是 Hadoop 和 HBase 的重要组件,为分布式应用程序解决了一致性的问题,提供了配置维护、域名服务、分布式同步和组服务等功能。

● Sqoop:Sqoop 的全称为 SQL to Hadoop,用于 Hadoop 和传统关系数据库之间的数据传递。它可以将传统关系型数据库中的数据导入 HDFS 和 HBase,也可以将 HDFS、HBase 中的数据导入传统关系型数据库。

3.2　Hadoop 核心架构

在 Hadoop 2.0.0 版本之前,Hadoop 主要以 HDFS 和 MapReduce 为核心。到了 Hadoop 2.0.0 版本之后,MapReduce 发展成为第二代 MapReduce 框架,计算模型与资源调度、作业调度分开,其中 MapReduce 退化成为一个计算模型,作业调度交给了 Application-Master,资源调度则交给了新的 YARN 框架。下面分别介绍 Hadoop 中几个核心模块的架构,以便后面的学习和 Hadoop 环境的安装配置。

3.2.1　HDFS 架构

相比于 P2P 模型的分布式文件系统架构,HDFS 采用的是基于 Mater/Slave 主从架构的分布式文件系统。如图 3-2 所示,每一个 HDFS 都有一个称为 NameNode 的主节点,还有多个称为 DataNode 的从节点。NameNode 负责保存管理所有的 HDFS 元数据(为描述数据的数据,主要描述数据属性的信息,用来支持如指示存储位置、历史数据、资源查找、文件记录等功能),相当于提供了文件系统的目录。DataNode 是实际数据的存放点,它将数据以文件的形式存储在本地文件系统中。除此之外,HDFS 还有一个 SecondaryNameNode 节点,SecondaryNameNode 不仅仅是 NameNode 的备份,更重要的是负责将镜像与 NameNode 日志数据合并,从而减少 NameNode 重启时间。

3.2.2　第一代 MapReduce 架构

MapReduce 的计算框架也类似于 HDFS 的主从架构,唯一的主节点上运行着 JobTracker 进程,它主要负责资源监控与作业调度,监控着所有 TaskTracker 与 JobTracker 的健康情况和执行进度。从节点上运行着 TaskTracker 的进程,TaskTracker 会周期性地与

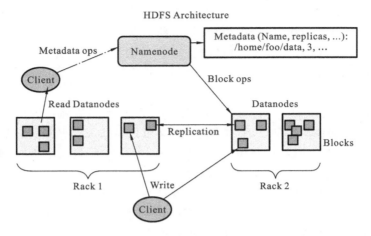

图 3-2　HDFS 架构

主节点通信，将资源使用情况和任务进度汇报给 JobTracker。第一代 MapReduce 架构的示意图如图 3-3 所示。因为第一代的 MapReduce 架构只有一个 JobTracker 节点，所以一旦出现问题，就会导致整个集群不可用。由于 JobTracker 需要负责作业调度以及资源调度两个任务，当作业过多时，JobTracker 就会不堪重负，成为整个系统的瓶颈。而 MRv1 也无法支持异构的计算框架，MapReduce 的计算框架只适用于离线的批处理，当业务需要进行流处理或者其他处理的时候，MapReduce 的计算框架并不能很好地满足需要。

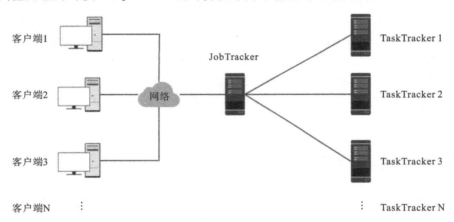

图 3-3　第一代 MapReduce 架构

3.2.3　第二代 MapReduce 架构

基于 MRv1 的一些缺点，于是在 Hadoop 2.0.0 版本之后诞生了第二代 MapReduce 框架，如图 3-4 所示。这时 MapReduce 退化成一个计算模型，并且所有资源调度交给了新的 YARN 框架。由于 YARN 的通用性，它能支持更多的计算模型，如 Spark 和 Storm 等。YARN 的出现很好地解决了第一代 MapReduce 框架的不足，其可靠性更好，也能支持各种不同的计算框架来满足不同的需求。因为 YARN 利用异步模型重写了 MapReduce 框架的一些关键逻辑结构，所以 YARN 具有更快的计算速度。而且，YARN 提供了向后兼容性，使得 MRv1 上运行的作业可以直接在 YARN 上运行。

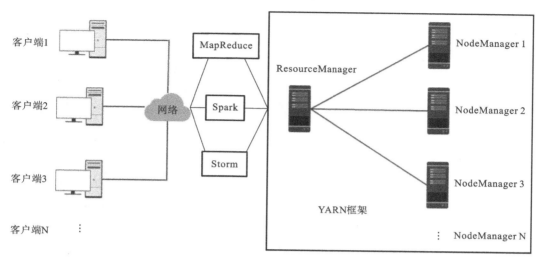

图 3-4　MRv2 架构

3.3　Hadoop 安装

本节讲述如何安装 Hadoop 的运行环境，Hadoop 的运行模式分为以下三种。

（1）单机（本地）模式：在这种模式下，Hadoop 在一台单机上运行，没有使用分布式文件系统，而是直接使用本地的文件系统。所有程序都运行在 JVM 上，适用于开发过程。

（2）伪分布模式：这种模式虽然模拟了一个完整的 Hadoop 集群，但实际都是运行在一个节点上。

（3）完全分布模式：完全分布模式包含了多个节点，是一个真正意义上的 Hadoop 集群，在不同节点上运行着不同的守护进程，适用于生产环境。

软件版本列表如表 3-1 所示。

表 3-1　软件版本列表

软　件	版　本
操作系统	CentOS 6.5 64 bit
虚拟机	VMware Workstation 12
Hadoop	2.6.0
JDK	1.7.0

3.3.1　安装虚拟机

（1）安装 VMware Workstation 12，安装完成之后，在 CentOS 官方网站下载 CentOS 6.5 的 64 位镜像，然后打开 VMware Workstation 12，如图 3-5 所示。

图 3-5 VMware Workstation 12

(2) 进入创建虚拟机向导,选择自定义,点击"下一步"按钮,选择虚拟机硬件兼容性时使用默认配置,直接点击"下一步"按钮。

(3) 选择操作系统,点击"安装程序光盘映像文件(ISO)",再选择之前准备好的 CentOS 镜像后点击"下一步"按钮。

(4) 配置个性化 Linux。根据需要命名 Linux 的名称和密码,如图 3-6 所示,然后点击"下一步"按钮。

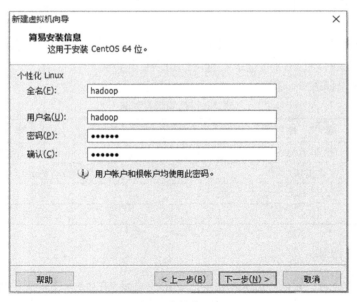

图 3-6 个性化 Linux

　　(5) 命名虚拟机。为了方便后面的学习,我们将这台虚拟机命名为"master",并选择一个文件夹放置该虚拟机的文件,如图 3-7 所示。

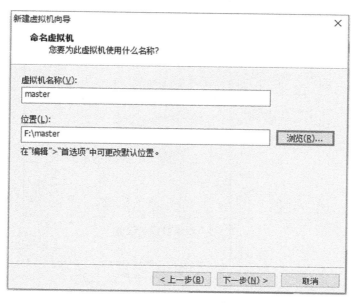

图 3-7　命名虚拟机

　　(6) 进行处理器配置和内存配置,使用默认配置即可,当内存足够的情况下,建议虚拟机的内存为 1 GB 及以上。

　　(7) 配置虚拟机网络。VMware 有三种网络连接模式。

　　① 桥接模式:将主机网卡与虚拟机的虚拟网卡通过虚拟网桥进行通信。此时虚拟机与物理机就像插在同一个交换机上一样,所以虚拟机的网关与 DNS 和物理机的网关与 DNS 一致。

　　② NAT 网络地址转换模式:虚拟机使用 NAT 模式可以借助物理机的网络访问互联网,在这种模式下建立的虚拟机都在 VMnet8 的子网中。

　　③ 主机模式:通过这种模式建立的虚拟机都在 VMnet1 的子网中,此时子网中的虚拟机只能与子网内的其他虚拟机和物理机通信。

　　这里选择 NAT 模式并点击"下一步"按钮,如图 3-8 所示。

　　(8) I/O 控制器类型选择默认值,如图 3-9 所示,磁盘类型选择创建新虚拟磁盘,如图 3-10所示。

　　(9) 设置磁盘的大小,默认为 20 GB,如图 3-11 所示。如果勾选"立即分配所有磁盘空间",那么会一次分配该虚拟机 20 GB 的物理空间;如果没有勾选,那么系统会动态分配该虚拟机的物理空间,但是不会超过 20 GB。可以根据自己的需要设置,然后点击"下一步"按钮。指定磁盘文件的时候可以使用默认设置,点击"下一步"完成虚拟机的创建,如图 3-12 所示。

　　(10) 创建完虚拟机后启动虚拟机,虚拟机会自动开始安装 CentOS。

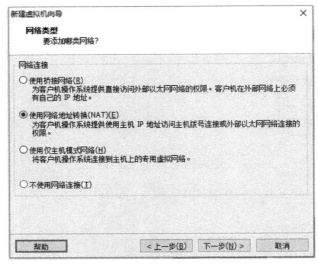

图 3-8　虚拟机网络设置

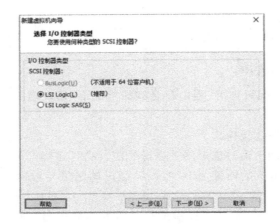

图 3-9　I/O 控制器选择

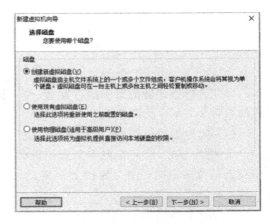

图 3-10　磁盘类型选择

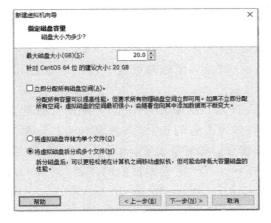

图 3-11　指定磁盘容量

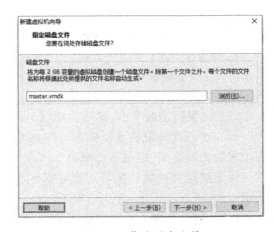

图 3-12　指定磁盘文件

3.3.2　配置静态 IP 地址

安装好 CentOS 之后,使用 root 账户进入系统,并打开终端。因为 Hadoop 集群是通过机器名进行定位的,机器名和 IP 通过 hosts 文件绑定,如果使用 VMare 默认的动态 IP,那么不断变化的 IP 意味着要不断地修改 hosts 文件,所以我们需要将 IP 设置成静态 IP。

点击 VMware 主界面的"编辑"进入虚拟网络编辑器,如图 3-13 所示。然后选择 VM-net8,点击"NAT 设置",可以查看虚拟机的网关,如图 3-14 所示。

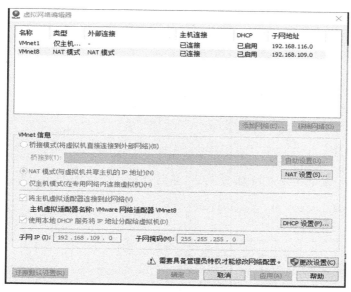

图 3-13　虚拟网络编辑器

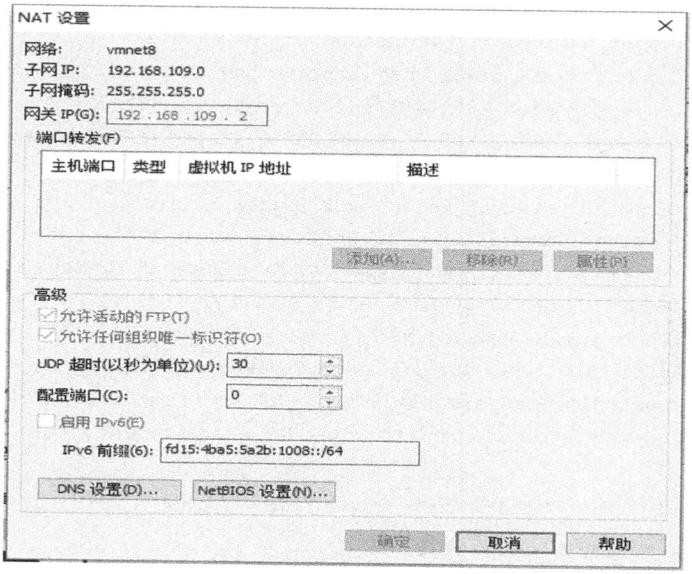

图 3-14　NAT 设置

修改/etc/sysconfig/network-scripts/ifcfg-eth0 文件,将 IP 设置为静态。

```
[root@localhost ~]# vim /etc/sysconfig/network-scripts/ifcfg-eth0
//修改以下内容,没有的添加上去
DEVICE="eth0"
BOOTPROTO="static"
ONBOOT="yes"
TYPE="Ethernet"
IPADDR=192.168.109.135   //根据实际情况设置成子网中的 IP 即可
NETMASK=255.255.255.0
GATEWAY=192.168.109.2   //NAT 设置中查询的网关地址
DNS1=8.8.8.8
```

关闭防火墙并设置为开机不启动。

```
[root@localhost ~]# service iptables stop
[root@localhost ~]# chkconfig iptables off
```

3.3.3 安装 JDK

(1) 使用 yum 命令在线查找 JDK 列表,然后选择一个版本进行安装。

```
[root@localhost ~]# yum search jdk

= = = = = = = = = = = = = = = = = = = = = = = = = = = = = N/S Matched: jdk= =
= = = = = = = = = = = = = = = = = = = = = = = =
java-1.6.0-openjdk.x86_64:OpenJDK Runtime Environment
java-1.6.0-openjdk-demo.x86_64:OpenJDK Demos
java-1.6.0-openjdk-devel.x86_64:OpenJDK Development Environment
java-1.6.0-openjdk-javadoc.x86_64:OpenJDK API Documentation
java-1.6.0-openjdk-src.x86_64:OpenJDK Source Bundle
java-1.7.0-openjdk.x86_64:OpenJDK Runtime Environment
java-1.7.0-openjdk-demo.x86_64:OpenJDK Demos
java-1.7.0-openjdk-devel.x86_64:OpenJDK Development Environment
java-1.7.0-openjdk-javadoc.noarch:OpenJDK API Documentation
java-1.7.0-openjdk-src.x86_64:OpenJDK Source Bundle
java-1.8.0-openjdk.x86_64:OpenJDK Runtime Environment
java-1.8.0-openjdk-debug.x86_64:OpenJDK Runtime Environment with full debug on
java-1.8.0-openjdk-demo.x86_64:OpenJDK Demos
java-1.8.0-openjdk-demo-debug.x86_64:OpenJDK Demos with full debug on
java-1.8.0-openjdk-devel.x86_64:OpenJDK Development Environment
java-1.8.0-openjdk-headless.x86_64:OpenJDK Runtime Environment
java-1.8.0-openjdk-javadoc.noarch:OpenJDK API Documentation

[root@localhost ~]# yum install java-1.7.0-openjdk-devel.x86_64 -y
```

(2) 配置 Java 环境变量。

```
[root@localhost ~]# ll /etc/alternatives/java   //查询 JDK 安装路径
```

```
lrwxrwxrwx. 1 root root 46 Dec 22 06:58 /etc/alternatives/java -> /usr/lib/jvm/
jre-1.7.0-openjdk.x86_64/bin/java

[root@ localhost ~]#  java -version        //查看 Java 版本
java version "1.7.0_121"
OpenJDK Runtime Environment (rhel-2.6.8.1.el6_8-x86_64 u121-b00)
OpenJDK 64-Bit Server VM (build 24.121-b00, mixed mode)

[root@ localhost ~]#  vim /etc/profile      //修改配置文件,在文件末尾添加

export JAVA_HOME=/usr/lib/jvm/java-1.7.0-openjdk-1.7.0.121.x86_64
export JRE_HOME=$JAVA_HOME/jre
export PATH=$JAVA_HOME/bin: $PATH
export CLASSPATH=.:$JAVA_HOME/lib/dt.jar:$JAVA_HOME/lib/tools.jar

[root@ localhost ~]#  source /etc/profile    //使配置立即生效
```

3.3.4　安装 Hadoop

（1）下载并解压 Hadoop。

```
[root@localhost~]https://archive.apache.org/dist/hadoop/common/hadoop-2.6.
0/hadoop-2.6.0.tar.gz
[root@localhost~]#  mv  hadoop-2.6.0.tar.gz  /opt      //将文件移动到/opt 文件夹下
[root@localhost~]#  cd  /opt   //进入 opt 文件夹
[root@localhost~]#  tar  -zxvf  hadoop-2.6.0.tar.gz   //解压 hadoop 文件
```

（2）配置 Hadoop 环境变量。

```
[root@localhost ~]#  vim  /etc/profile              //修改配置文件,在文件末尾添加
export HADOOP_HOME= /opt/hadoop-2.6.0

//在 PATH 中添加 Hadoop
export PATH=$JAVA_HOME/bin:$HADOOP_HOME/bin:$PATH

[root@localhost ~]#  source /etc/profile   //使配置立即生效
```

（3）修改 Hadoop 配置文件 hadoop-env.sh。

```
[root@localhost ~]#  cd /opt/hadoop-2.6.0/etc/hadoop   //进入配置项文件夹
[root@localhost  hadoop]# vim hadoop-env.sh           //在文件末尾添加以下语句

export JAVA_HOME=/usr/lib/jvm/java
export HADOOP_HOME=/opt/hadoop-2.6.0
```

（4）修改配置文件 core-site.xml。

```
[root@localhost  hadoop]# vim core-site.xml
```

```
<configuration>
        <property>
                <name> fs.defaultFS</name>
                <value> hdfs://master</value>    //指出 NameNode 运行的节点
        </property>
        <property>
                <name> hadoop.tmp.dir</name>
                <value> /opt/hadoop-2.6.0/tmp</value>
        </property>
</configuration>
```

（5）修改配置文件 hdfs-site. xml。

```
[root@localhost  hadoop]# vim hdfs-site.xml
<configuration>
        <property>
                <name> dfs.replication</name>
                <value> 2</value>    //配置数据副本的数量
        </property>
</configuration>
```

（6）修改配置文件 mapred-site. xml。如果文件夹中没有 mapred-site. xml 文件，只有一个 mapred-site. xml. template 文件，那么需要使用 cp mapred-site. xml. template mapred-site. xml 命令复制并重命名该文件，然后进行下面的操作。

```
[root@localhost  hadoop]# vim mapred-site.xml
<configuration>
        <property>
                <name> mapreduce.framework.name</name>
                <value> yarn</value>    //指明 mapreduce 基于 YARN 框架运行
        </property>
</configuration>
```

（7）修改配置文件 yarn-site. xml。

```
[root@localhost  hadoop]# vim yarn-site.xml
<configuration>
        <property>
                <name> yarn.resourcemanager.hostname</name>
                <value> master</value>    //指明 ResourceManager 进程运行节点
        </property>
        <property>
                <name> yarn.nodemanager.aux-services</name>
                <value> mapreduce_shuffle</value>
        </property>
</configuration>
```

3.3.5　克隆多台机器

使用 VMware 的克隆功能可克隆出多台一样的机器。选中当前虚拟机并右击,选择"管理"→"克隆"进入克隆虚拟机向导,如图 3-15 所示。然后点击"下一步"按钮,选择"虚拟机中的当前状态",如图 3-16 所示。继续点击"下一步"按钮,选择"创建完整克隆",如图 3-17 所示。最后给克隆虚拟机命名为"slave1"(克隆的第二台命名为 slave2,依此类推),如图 3-18 所示。

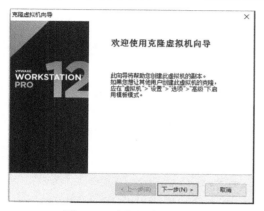

图 3-15　虚拟机克隆向导

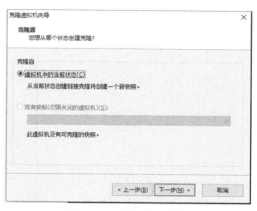

图 3-16　选择克隆状态

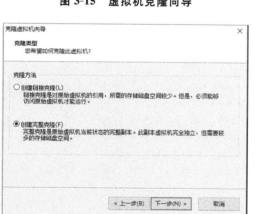

图 3-17　选择克隆方法

图 3-18　虚拟机名称与位置

按照上面的方法克隆两台一模一样的机器分别命名为"slave1"和"slave2"。然后启动两台机器,自动完成 CentOS 的安装。如果两台克隆的机器无法连接网络,则删除/etc/udev/rules. d/70-persistent-net. rules 文件,修改/etc/sysconfig/network-scripts/ifcfg-eth0 文件,再注释硬件地址之后重启。最后按照设置第一台机器的静态 IP 地址一样的方法设置两台克隆机器的 IP 地址。

3.3.6　配置 SSH 免密码登录

(1) 启动三台机器,修改机器名之后重启系统。

```
[root@localhost ~]# vim /etc/sysconfig/network
```

```
NETWORKING= yes
HOSTNAME= master    //其余两台虚拟机对应为 slave1、slave2

[root@localhost ~]#  hostname  //检测 hostname 是否修改成功
master
```

（2）在每台机器中，修改/etc/hosts 文件，将每台机器的 IP 地址与机器名绑定。

```
[root@master ~]#  vim /etc/hosts
                        //修改 hosts 文件,将之前配置好的 IP 地址与机器名绑定

192.168.109.135 master
192.168.109.136 slave1
192.168.109.138 slave2

[root@master ~]#  ping slave1
PING slave1 (192.168.109.136) 56(84) bytes of data.
64 bytes from slave1 (192.168.109.136): icmp_seq=1 ttl=64 time=3.10 ms
64 bytes from slave1 (192.168.109.136): icmp_seq=2 ttl=64 time=0.446 ms
64 bytes from slave1 (192.168.109.136): icmp_seq=3 ttl=64 time=0.409 ms
64 bytes from slave1 (192.168.109.136): icmp_seq=4 ttl=64 time=0.376 ms
```

（3）连接 slave1 机器验证。

```
[root@master ~]#  ping slave1

PING slave1 (192.168.109.136) 56(84) bytes of data.
64 bytes from slave1 (192.168.109.136): icmp_seq=1 ttl=64 time=3.10 ms
64 bytes from slave1 (192.168.109.136): icmp_seq=2 ttl=64 time=0.446 ms
64 bytes from slave1 (192.168.109.136): icmp_seq=3 ttl=64 time=0.409 ms
64 bytes from slave1 (192.168.109.136): icmp_seq=4 ttl=64 time=0.376 ms
```

连接成功

（4）生成 SSH 公匙并复制到 slave1 和 slave2。

```
[root@master ~]# ssh-keygen  -t  rsa  //生成公匙,过程中遇到提示直接回车

[root@master ~]# ssh-copy-id  -i  ~/.ssh/id_rsa.pub  root@slave1
                //根据提示输入 slave1 的密码,完成后再将公匙复制到 slave2 中

[root@master ~]# ssh slave1  //验证是否可以免密码登录其他机器
[root@slave1 ~]#
```

3.3.7 修改 Hadoop 中的 slaves 配置文件

在三台机器中修改/opt/hadoop-2.6.0/etc/hadoop 中的 slaves 配置文件,指定运行

DataNode 和 NodeManager 进行的从节点。

```
[root@master ~]# vim /opt/hadoop-2.6.0/etc/hadoop/slaves
slave1
slave2
```

3.3.8　格式化 HDFS

第一次启动 Hadoop 集群之前,需要将 HDFS 格式化。

```
[root@master ~]# hadoop namenode  -format
```

3.3.9　启动 Hadoop 集群

使用 start 命令启动 Hadoop 集群,然后使用 jps 命令查看守护进程是否正常启动。

```
[root@master ~]#  /opt/hadoop-2.6.0/sbin/start-all.sh

//启动完成后在各个节点查看守护进程

[root@master sbin]# jps
    3897 ResourceManager
    3567 NameNode
    4153 Jps
    3754 SecondaryNameNode

    [root@slave1 ~]# jps
    2865 NodeManager
    2765 DataNode
    3008 Jps

    [root@slave2 ~]# jps
    2747 NodeManager
    2696 DataNode
    2815 Jps
```

通过查看每台机器的守护进程,在 master 机器上运行了 NameNode、SecondaryName-Node 和 ResourceManager 进程,slave1 和 slave2 机器上运行了 DataNode 和 NodeManager 进程,说明 Hadoop 集群已经成功启动。

第 4 章　并行计算框架 MapReduce

4.1　MapReduce 简介

4.1.1　MapReduce 是什么

MapReduce 来源于 Google 的"三驾马车"之一的 MapReduce 论文，是一种用于大数据计算的并行编程框架。顾名思义，MapReduce 主要由 Map 过程和 Reduce 过程组成。所谓 Map 就是指映射的过程，映射过程就是对由一组独立元素组成的概念列表中的每一个元素做指定的操作，Map 过程以 key-value 对的形式输入，以处理之后的 key-value 对输出。而 Reduce 指的是归约的过程，归约过程就是以 Map 过程的输出作为输入，将得到的 key-value 对合并化简，然后将结果以 key-value 对的形式输出。MapReduce 的出现极大地方便了程序员，即使程序员不了解分布式并行编程，也可以通过使用 MapReduce 计算框架将自己的程序运行在分布式系统之上。

4.1.2　MapReduce 的过程

上面讲的概念非常抽象，为了便于理解，下面将以一个简单的例子说明 MapReduce 从输入到输出的过程。

有一个文本"Words shape thoughts，and you will find that if you change your words for the better，your thoughts will change for the better too，and so will your life"，现在有一个任务，就是要统计这个文本中每个不同单词出现的次数，并将文本储存在 HDFS 上。MapReduce 处理的过程会有 Input、Map、Reduce 和 Output 几个过程。

1. Input

在大多数情况下，MapReduce 都是使用 HDFS 上的文件作为输入。Input 阶段会调用 InputFormat 类，它主要的工作就是将 HDFS 上的文件进行逻辑分片，每一个片对应一个 Map 过程的输入，因此分片的大小对后面数据的处理性能有很大的影响，在实际处理时需要认真考虑分片的大小。Input 操作如图 4-1 所示，假设将以上输入文本分为两个分片，分别以行号为 key，文本为 value 形成键-值对，然后交给 A 和 B 两个节点进行 Map 任务。

2. Map

将 Input 分片之后的键-值对作为 Map 阶段的输入，有多少分片就需要对应多少个 Map 任务。值得一提的是，Map 任务强调本地计算，也就是数据存储在哪个节点，那么就会优先把 Map 任务分配给这个节点，这样可以避免执行 Map 任务的节点时本地没有需要的数据从而通过网络传输调取数据带来的时延。

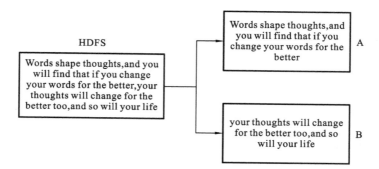

图 4-1　Input 操作

完整的 Map 过程如图 4-2 所示。Map 获取到输入之后,首先记录每个单词的次数并以键-值对的形式输出;然后将结果写入缓存,写入缓存之前会进行 Partition 操作。这一步的目的就是决定当前 Map 的结果会交给哪个 Reduce 任务,分配给同一个 Reduce 任务的 Map 结果拥有相同的 Partition 值。如果用户对 Partition 有要求的话,也可以自己进行设置,让结果数据送到预期的 Reduce 任务上。Sort 步骤是将 Buffer 中的数据按照 Partition 值和 key 两个关键字排序,其中相同 Partition 值的数据聚集在一起,以便之后将它们发往同一个 Reduce 任务节点。

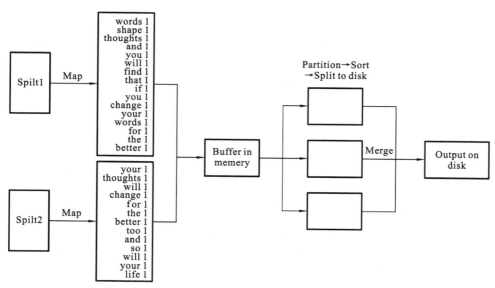

图 4-2　完整的 Map 过程

同时,Buffer 的大小是有限制的,当 Map 有很多结果的时候,Buffer 无法存储所有的数据,所以需要进行一个称为 Split to disk 的过程,将数据写入磁盘,且每次数据写入磁盘都会产生一个 Spilt 文件。最后将所有的 Spilt 文件通过 Merge 步骤合并成一个输出文件。

除以上步骤之外,用户还可以设置一个 Combine 操作,它会将相同的键-值对的 Value 进行合并,既减少了写入磁盘的文件,也减小了最后的输出文件。这样做的好处是节省了写入磁盘的时间以及将输出文件通过网络传输到 Reduce 节点的时间。Combine 操作如图4-3 所示。

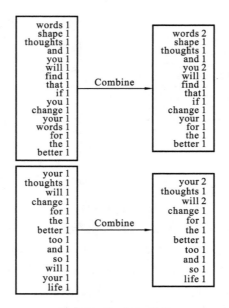

图 4-3   Combine 操作

3. Reduce

在进行 Reduce 任务的节点上,分几个步骤来完成整个 Reduce 任务。首先要进行 Copy 操作,将 Map 阶段产生的结果数据拖取过来,且拖取过来的数据也是优先放在内存中。当内存不足时,就会进行一个类似于 Map 阶段的 Merge 操作,将多个 Map 端 Copy 而来的数据合并成一个文件写入磁盘中。然后将此文件作为 Reduce 操作的输入进行归约。完整的 Reduce 过程如图 4-4 所示。

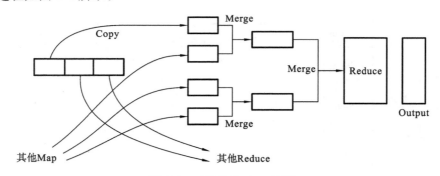

图 4-4   完整的 Reduce 过程

经过 Reduce 过程之后产生的结果如图 4-5 所示,每个 Map 产生的结果根据 Partition 的值找到应该发送的 Reduce 端。两个不同的 Reduce 端分别统计不同单词的个数,同时它们之间的运行都保持着并行互不干扰,最后将结果写回 HDFS 上存储以供用户使用。

4. Output

Output 阶段会调用 OutputFormat 类,将上一阶段产生结果的键-值对写回 HDFS。我们也可以定义输出类,控制输出的格式和输出的位置,其中关键的一点是输出的位置是唯一

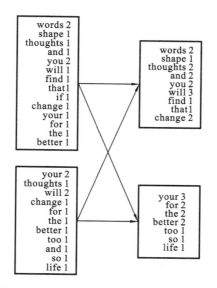

图 4-5　经过 Reduce 过程之后产生的结果

的且之前不存在的。

4.1.3　MapReduce 的优点与用途

MapReduce 有以下的优点。

（1）开发简单：程序员不用知道怎么实现分布式并行计算，也不用知道怎么进行任务和资源的划分与分配，而只用定义好 Map 和 Reduce 就可以在分布式系统上运行自己的程序。具体的实现全部由 MapReduce 框架完成，且对程序员透明。

（2）高可用性：在一个大规模的集群中，节点出故障成为一个常态，但是 MapReduce 框架会根据每个节点的状态分配任务，其中故障的节点不会用来执行任务。当正在执行的节点出故障时，该框架也有相应的容错机制保障任务的正常执行。

（3）减少了数据通信：采用本地化处理的原则，一个节点尽量处理本节点上存储的数据，从而减少了节点之间数据的交换，提高了系统的整体效率。

正因为 MapReduce 有了以上的优点，所以 MapReduce 被广泛地用来执行 Web 日志的分析、文档聚类等任务，也用于大规模的图形算法处理、机器学习和数据挖掘等领域的研究。

4.2　MRv1 架构

4.2.1　MRv1 的总体架构

在 Hadoop 2.0.0 版本之前，MapReduce 的框架称为第一代 MapReduce 框架，其缩写为 MRv1。MRv1 不仅包含了分布式计算模型，还负责作业的调度、任务和资源的分配。与 HDFS 类似，MRv1 也是采用主从的结构，如图 4-6 所示。它包含了一个运行 JobTracker 进程的主节点和运行 TaskTracker 进程的从节点,这样就组成了一个分布式计算框架通过网络为客户机服务。它将客户机提交的作业分片,并通过多个计算节点并行处理,最后将结果汇总返回给客户机。

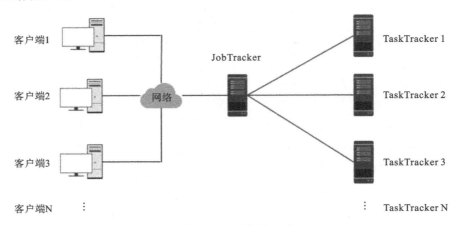

图 4-6　MRv1 的总体架构

由图 4-6 可以知道,MRv1 的架构中主要包含了客户端、运行 JobTracker 进程的主节点和运行 TaskTracker 进程的从节点。那么它们在整个框架中分别扮演了什么角色,有哪些作用呢? 下面介绍 MRv1 中的这三个关键结构。

1. 客户端(JobClient)

客户端一般是指用户使用的机器。在客户端上,用户需要根据自己的任务编写代码,然后将代码提交给 Hadoop 集群。用户提交的每一个作业称为一个 Job,这是 Hadoop 集群处理的最小单位。客户端除了要完成作业的提交,还要与 JobTracker 进行交互,获取 Job-Tracker 为作业分配的 ID,然后在 HDFS 上为这个作业创建一个单独的目录来存放作业相关的数据。

2. 主节点

MapReduce 框架中只有一个运行着 JobTracker 进程的主节点,其中 JobTracker 负责作业与资源的调度分配。在获取作业之后,JobTracker 通过心跳机制获取每个节点的健康状况和资源信息,然后把作业分成 Map 或者 Reduce 任务分配给各个节点。此后 JobTrack-er 继续通过心跳机制跟踪每个节点上任务的执行进度和资源的使用情况,当某个节点出现故障时,便会将该节点上的任务转移到其他节点,而当某个节点资源空闲时,主节点便会安排合适的任务到该节点。

由于 JobTracker 只有一个,所以 JobTracker 会存在单点故障的问题。一旦 JobTrack-er 出现异常导致无法工作,那么当前作业运行时的信息将会全部丢失。为了解决 Job-Tracker 的单点故障问题,在 MapReduce 框架中有一个作业恢复机制,JobTracker 会在运行时把一些重要的操作保存到日志中。当出现单点故障时,JobTracker 会重启,然后读取日志,恢复到之前的正常工作状态。

3. 从节点

MapReduce 框架中会有多个从节点,每个从节点上运行着一个 TaskTracker 进程。TaskTracker 通过心跳机制保持着与 JobTracker 的通信,定期向 JobTracker 汇报自己的健康状况和资源信息以便 JobTracker 更合理地分配任务。同时 TaskTracker 还要接收 Job-Tracker 发送过来的命令,主要包括启动任务、提交任务、杀死任务和重新初始化等。

通过以上的了解,我们可以形象地描绘 JobTracker 和 TaskTracker 是怎么分配任务和资源的,如图 4-7 所示。JobTracker 获取到用户作业之后根据当前集群的状态将作业分成一些 Map 任务和 Reduce 任务,并将这些任务交给空闲的 TaskTracker。而 TaskTracker 能够执行的任务类型和数量是根据 TaskTracker 上的任务槽决定的。其中每个槽抽象地表示一份计算资源,而一个 Map 槽意味着该节点拥有执行一个 Map 任务所需要的所有资源。图 4-7 中的每一个 TaskTracker 拥有三个 Map 槽和一个 Reduce 槽,这意味着该节点最多能同时执行三个 Map 任务和一个 Reduce 任务。

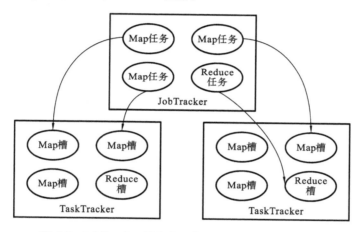

图 4-7　JobTracker **任务分配和** TaskTracker **资源分配**

不过 MRv1 的缺陷在于,节点的资源配置是静态的,也就是说,每个节点配置好 Map 槽和 Reduce 槽的数量之后就无法再根据需要来改变。比如在某一时刻,集群中需要执行大量的 Map 任务而只有少量的 Reduce 任务,那么就会出现 Map 槽紧缺而 Reduce 槽大量空闲的情况,在另一时刻,集群中又要执行大量的 Reduce 任务和少量的 Map 任务,又会出现 Map 槽大量空闲而 Reduce 槽紧缺的情况,这样就导致了资源利用率的不足。

4.2.2　MRv1 的运行过程

介绍完 MRv1 的框架之后,下面主要来了解一下用户的一个作业具体是怎么在集群中完成并提交的。作业完整的运行过程如图 4-8 所示。

从图 4-8 可以看出,运行流程中主要有以下几个过程。

1. 作业的提交

用户将写好的 MapReduce 程序通过调用 runJob()方法交给 JobClient,见步骤①。JobClient 向 JobTracker 请求一个新的作业 ID 号,见步骤②。检查输出目录是否存在,如

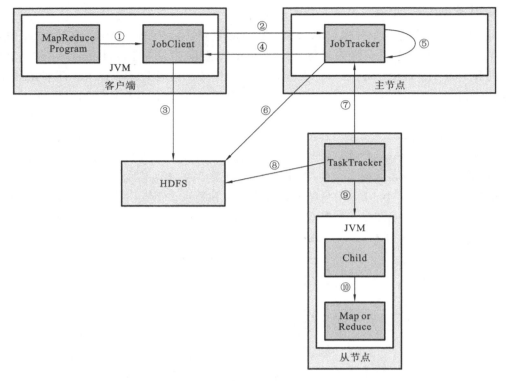

图 4-8 作业完整的运行过程

果存在,作业就会提交失败,然后在 HDFS 上创建一个以作业 ID 命名的文件夹,上传作业、库文件和用户输入文件的分片信息到该文件夹下,见步骤③。最后将作业提交给 Job-Tracker,见步骤④。

2. 作业初始化

JobTracker 获取到作业之后会将作业放入作业队列,作业调度器管理作业队列并将作业初始化,见步骤⑤。然后作业调度器从 HDFS 中获取 Spilt 信息,见步骤⑥。每一个输入分片对应一个 Map 任务,只有当 Map 任务完成一定的百分比之后,才会开始创建 Reduce 任务。

3. 任务分配

TaskTracker 通过心跳机制与 JobTracker 进行通信,将自己的健康状况和资源使用情况告诉 JobTracker,见步骤⑦。TaskTracker 通过心跳的返回值来判断自己是否被分配了任务。

4. 任务执行

步骤⑧是 TaskTracker 根据自己被分配的任务在 HDFS 里获取自己任务所需要的文件拷贝到本地目录,然后新建一个 TaskRunner 实例来运行任务,而 TaskRunner 会启动一个 Child JVM 来运行被分配的 Map 或者 Reduce 任务,见步骤⑨和步骤⑩。前面提到过,MapReduce 是尽量保持本地处理的原则,就是在输入分片所在的节点运行对应的 Map 任务,这样就减少了步骤⑧中从其他节点获取输入分片带来的网络传输时间。即使无法本地处理,也会通过输入分片附近的节点来执行该 Map 任务,这样虽然没有减少网络传输的数据量,但是也能减少网络传输的距离,从而节省传输的时间。

5. 任务完成

当 JobTracker 收到了所有的 Reduce 任务执行结束的信息后,认定整个作业执行完成,并修改作业的当前状态。然后 JobTracker 执行 cleanup 任务,清除作业的状态,同时清除每个从节点上的任务状态以及节点上产生的临时数据,如临时目录和中间结果等。

4.2.3　MRv1 的容错机制

对于一个包含大量节点的集群来说,容错机制是必不可少的。因为当系统的规模达到一定程度后,系统中的少数节点出现任务失败是一种很常见的情况。失败的原因主要有下面几种分类。

1) 任务出错

任务出错主要是由用户写的 MapReduce 代码导致的,也是最为常见的出错。

2) TaskTracker 出错

TaskTracker 出错一般是由 TaskTracker 进程崩溃或者运行该 TaskTracker 进程的节点故障导致的,这时只要在其他节点重新执行该任务即可。

3) JobTracker 出错

因为 JobTracker 只有一个主节点,所以一旦 JobTracker 出现问题,就会导致很严重的后果,即使通过日志恢复,也会浪费大量的时间。

4) HDFS 出错

HDFS 出错通常不会导致任务失败,因为 HDFS 存储的文件都有多个副本,往往当一个 DataNode 出错时,任务还可以从其他节点中获取文件副本以保证其正确执行。但是在少数情况下,如果包含一个任务所需文件的所有 DataNode 都出现了问题,那么该任务也会认定为失败。

要保障系统的高可用性,就必须有一个完善的容错机制。那么 MapReduce 是怎么处理出错的情况呢? 目前主要有以下两种方法。

1. 重新执行

一个 MapReduce 作业包含了许多的 Map 任务或者 Reduce 任务,只有所有的任务都正确执行完毕,才能说明整个作业是执行成功的。当一个 Map 任务或者 Reduce 任务失败了,调度器就会直接把该任务分配给其他节点重新执行。而当一个从节点死机,那么该节点上执行完成的 Map 任务、正在执行的 Map 任务和 Reduce 任务都会被调度到其他节点重新执行,而且其他正常节点中用到该 Map 任务结果的 Reduce 任务也要被重新执行。如果一个作业的任务经常在一个节点上失败,那么调度器就会将这个节点加到该作业的黑名单中,以后不会再将该作业的任务分配到该节点。如果多个作业的任务经常在一个节点上失败,那么调度器就会将这个节点加到所有作业的黑名单中,以后所有作业的任务都不会分配给该节点。其默认重新执行的次数为 4 次,用户也可以通过 mapred_ site. xml 中的配置项来修改次数,当任务重新执行的次数超过之前设定的次数时,该任务就会被标记为失败。

2. 推测执行

大家都知道"木桶原理",即一只木桶能装多少水是由最短的那块木板决定的,MapReduce 也一样,一个作业的执行时间是由最慢的那个任务决定的。由于 CPU、内存或者网络带宽等各种原因会导致任务执行缓慢,这样的情况是我们不希望看到的,即使这样的任务没有失败,也会大大影响整个作业完成的时间。对于这样的情况,MapReduce 会采用一种叫推测执行的方法来解决。

对于系统中的所有任务,JobTracker 通过心跳机制获取所有任务的进度情况。当某一个任务执行速度远远低于预期或者低于同类其他节点上的任务时,调度器会在其他节点上再执行一个或者多个一模一样的任务与这个任务一起执行。它们就像在一起竞速的赛车,先执行结束的任务认定是任务完成,而另外一个任务就会被提前中止。因此推测执行也可以叫冗余执行。推测执行也并非一定会为系统带来好处,当任务执行缓慢的原因不是由硬件引起的时候,即使换了其他几个节点来执行该任务,也不会使任务执行速度加快,反而会增加集群中的资源使用,影响其他任务。

4.2.4　MRv1 的局限性

虽然 MRv1 的出现解决了很多的问题,也获得了大量的应用,但是 MRv1 还是存在很多设计上的缺陷,总结起来就是以下几点。

1. 资源利用率低

前面已经说到在 MRv1 中,资源的分配是采用槽位的资源分配模型,而且是静态分配。因为要完成一个任务,槽位的资源都是要多于一个任务所需要的资源,所以每个槽位在执行任务时都会多出一部分资源没法被其他任务利用。MRv1 中还将槽分成了 Map 槽和 Reduce 槽,由于它们之间不能共享,往往出现 Map 槽紧缺而 Reduce 槽空闲和 Map 槽空闲而 Reduce 槽紧缺的情况。

2. 无法支持异构的计算模型

MapReduce 的计算模型只适用于大规模离线计算,而实际应用时很多应用需要其他类型的计算模型,如流式计算或者迭代计算。

3. 存在单点故障

主节点的故障会导致集群不可用,即使通过日志恢复也需要消耗大量的时间和人力。

4. 扩展性不好

主节点不仅负责任务调度,还要负责资源调度,当从节点越来越多时,主节点就显得力不从心,导致无法扩展更大规模的集群。

要解决上述问题,就要对 MapReduce 框架进行重新设计,于是在 Hadoop 2.0.0 版本中第二代 MapReduce 框架(MRv2)应运而生。

4.3　MRv2 架构

4.3.1　基于 MRv1 改进的 MRv2

由于 MRv1 的种种问题,Hadoop 2.0.0 版本后诞生了 MRv2。MRv2 在 MRv1 的基础之上,继承了 MRv1 的优点,并将 MRv1 的缺陷进行改进。如图 4-9 所示,计算框架完全与资源任务的调度独立开来,不堪重负的 JobTracker 被取消,并由一种新的 YARN(Yet Another Resource Negotiator,另一种资源协调者)架构代替。YARN 中的 ApplicationMaster 负责任务调度,ResourceManager 负责资源调度,整个 YARN 框架降到底层,为上层的计算框架提供支持。计算框架独立出来之后也不用再考虑资源调度的事情,所以它变成了一个可以更换的组件。有了 YARN 的支持,计算框架就可以根据实际应用的需要来更换不同的计算框架。

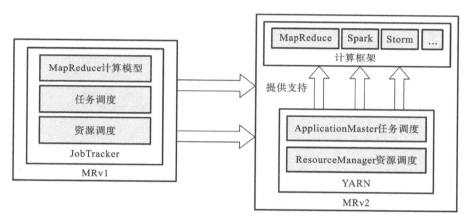

图 4-9　由 MRv1 改进的 MRv2 结构示意图

总的来说,有了 YARN 之后,可以得到以下几点改进。

1. 更好的扩展性

以前的 JobTracker 进程因为负责了太多的事情而导致其不堪重负,有了 YARN 之后,通过多个进程一起管理任务调度和资源调度,使每个作业都有一个 ApplicationMaster 进程来负责管理该作业,其资源由 ResourceManager 进程负责管理。由于每个进程的任务少了许多,该进程所能承受的压力也就更大,就能支持更多的节点,方便集群的扩展。

2. 支持异构的计算框架

仅靠 MapReduce 计算框架不能满足所有的计算需求,但有了 YARN 之后,可以从多种计算框架中来选择合适的计算框架满足需求。

3. 更高的资源利用率

取消了 MRv1 中槽位的资源分配模型,使用了新的 Container。Container 既可以执行 Map 任务,又可以执行 Reduce 任务,从而提高了资源的利用率。其具体的资源分配会在后面详细介绍。

4.3.2 YARN 的总体架构

　　YARN 的总体架构如图 4-10 所示,从图中可以知道,YARN 主要由 ResourceManager、NodeManager、ApplicationMaster 和 Container 等组成。其中客户端承担的角色和 MRv1 中的没有区别,下面就来详细介绍其他每个部分在整个架构中承担了什么作用。

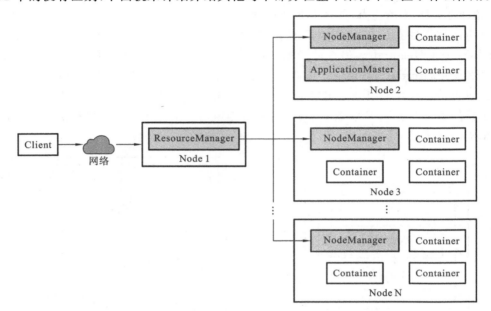

图 4-10　YARN 的总体架构

1. ResourceManager

　　ResourceManager 缩写为 RM,就是资源管理器的意思。它是主从结构中的主节点,负责集群中资源的分配与调度。此外,ResourceManager 还要响应客户端的请求,与 ApplicationMaster 和 NodeManager 保持通信。有点类似于 JobTracker,但是它不负责作业的管理,也不负责监控作业的进度。

2. NodeManager

　　NodeManager 缩写为 NM,就是节点管理器的意思。每一个从节点上都运行着一个 NodeManager 进程,NodeManager 负责管理本节点的所有资源,为本节点提供服务。NodeManager 类似于 MRv1 中的 TaskTracker,需要接收 ResourceManager 和 ApplicationMaster 的命令。

3. ApplicationMaster

　　ApplicationMaster 缩写为 AM,就是应用负责人的意思。先解释这里的应用,Application(应用)其实就是之前所说的 Job(作业)。MRv2 中,在客户端叫 Job,提交到了服务器之后就叫 Application,所以实际上它们代表的是一个意思。ApplicationMaster 主要负责协调来自 ResourceManager 的资源,然后通过 NodeManager 在 Container(容器)中创建任务并监视。ApplicationMaster 承担以前 JobTracker 中任务管理和调度的功能,而且 ApplicationMaster 不用担心由于作业量的增加而无法承担,因为每一个作业都有各自的 ApplicationMaster,这提高了集群的可扩展性。

4. Container

Container 翻译过来就是容器,这是 MRv2 中新的资源模型。Container 封装了包括内存、CPU、磁盘和网络等资源。每一个任务对应一个 Container,Container 中的资源不与其他任务共享。容器与槽不同的地方在于容器不区分 Map 和 Reduce,都可以使用,所以不会造成槽那样的资源浪费。

从上面可以清楚地了解到 MRv2 为什么会比 MRv1 更优秀,YARN 的出现带来了更加合理的资源分配与调度。由于 JobTracker 资源管理和任务管理的功能由 ResourceManager 和每个作业中的 ApplicationMaster 分别代替,这样 YARN 的性能瓶颈就比以前高得多,扩展性自然就好了很多。同时,使用容器代替槽的方法也使得资源利用率得到了提高。最重要的一点就是计算框架的分离,它形成了一个可插拔的组件,能够根据实际的需要选择计算框架,也极大地扩展了 Hadoop 集群的使用范围。

4.3.3　YARN 的工作流程

YARN 的工作流程如图 4-11 所示,图中标注了 13 个步骤,下面就详细介绍 YARN 是怎么工作的。

1. 作业的提交

用户将写好的 MapReduce 程序通过调用 runJob()方法提交给 JobClient,见步骤①。JobClient 向 ResourceManager 请求一个新的应用 ID 号,见步骤②。检查输出目录是否存在,如果存在,应用就会提交失败,然后在 HDFS 上创建一个以应用 ID 命名的文件夹,上传应用、库文件和用户输入文件的分片信息到该文件夹下,见步骤③。最后将应用通过 submitApplication()方法提交给 ResourceManager,见步骤④。这一步的过程与 MRv1 中的基本一样。

2. 应用初始化

ResourceManager 获取到 submitApplication()的请求之后,分配一个节点,并启动 ApplicationMaster,但是 ResourceManager 不会直接启动 ApplicationMaster,而是将命令发送到节点的 NodeManager,再由 NodeManager 创建 ApplicationMaster 进程,见步骤⑤和步骤⑥。ApplicationMaster 对应用进行初始化,见步骤⑦。然后 ApplicationMaster 从 HDFS 中获取 Spilt 信息,见步骤⑧。每一个输入分片对应一个 Map 任务,只有当 Map 任务完成一定的百分比之后,才会开始创建 Reduce 任务。

3. 任务分配

ApplicationMaster 与 ResourceManager 通信,并向 ResourceManager 请求任务所需要的资源,见步骤⑨。ResourceManager 会返回资源清单交给 ApplicationMaster,该清单里包括需要使用的节点名称。然后 ApplicationMaster 就可以操控这些分配给它管理的节点,见

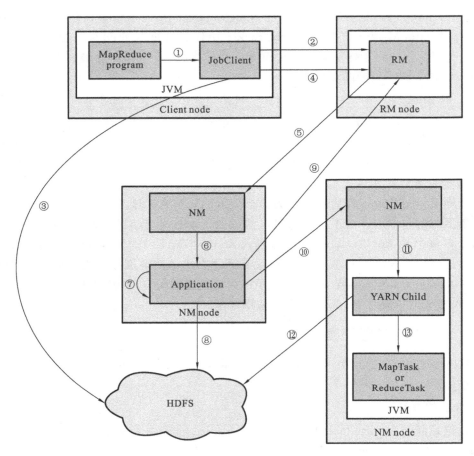

图 4-11　YARN 的工作流程

步骤⑩。

4. 任务执行

同样,ApplicationMaster 想要操控其他节点,也得通过其他节点上的 NodeManager 进程。NodeManager 在 Container 中开启一个 JVM,其中运行了一个主类为 YARNChild 的 Java 应用,见步骤⑪。YARNChild 在执行任务之前首先会去 HDFS 中获取任务相关的文件以及本地化任务需要的资源,见步骤⑫。YARNChild 根据命令开启一个 Map 任务或者一个 Reduce 任务,见步骤⑬。每个节点的任务执行进度和相关信息都会通过心跳机制传给管理本应用的 ApplicationMaster。

5. 任务完成

当 ApplicationMaster 收到了所有的 Reduce 任务执行结束的信息后,认定整个作业执行完成,并修改作业的当前状态。然后 ApplicationMaster 执行 cleanup 任务,清除作业的状态,同时清除每个从节点上的任务状态以及节点上产生的临时数据,如临时目录和中间结果等。

4.3.4　YARN 的资源调度

集群的资源调度在大数据中的地位越来越高,这也是在 MRv2 中要把资源调度这一块独立出来的原因。这一节主要介绍资源调度相关的技术。

资源管理和调度的机制一般来说分为三类,这三类就是 Google 在 2013 年发表的 Omega 论文中提到的集中式调度器(Monolithic Scheduler)、双层式调度器(Two-level Scheduler)和状态共享式调度器(Shared-state Scheduler),如图 4-12 所示。

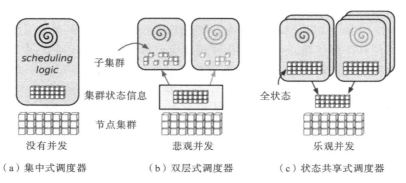

图 4-12　三种类型的调度器

1. 集中式调度器

集中式调度器就是整个集群中只有一个调度器,整个集群所有的节点对资源的请求都要通过这个调度器来响应并调度资源完成请求。所以当作业量增加时,很容易出现性能瓶颈,从而影响集群的规模进一步扩展。MRv1 中的 JobTracker 就是这样的一种调度器,这也是 MRv1 扩展性不好的一个原因。

2. 双层式调度器

双层式调度器就是将调度器分成两层,底层是集中式调度器,上层是应用程序调度器。集中式调度器依然管理集群中所有资源,但是这里的集中式调度器不用进行细粒度的资源划分,只用将资源分给不同的应用程序调度器。应用程序调度器只用管理集中式管理器交给自己的资源,再细分给自己应用下每个任务的资源。这样就极大减轻了集中式调度器的压力,不仅提高了扩展性,还提高了资源利用率。但是双层调度器也有一定的缺陷,其中应用程序调度器无法获取全局资源的使用情况,只能被动等待集中式调度器的分配。集中式调度器把资源分配给应用程序调度器的时候采用的是“悲观锁”的机制,需要顺序询问每个应用程序调度器从而进行资源分配,这样就降低了并发的程度,排在后面的应用程序调度器响应时间会相应加长。YARN 中所采用的调度器就是一种双层式调度器。

3. 状态共享式调度器

状态共享式调度器的出现是为了改进双层调度器中的不足。在状态共享式调度器中,集中式调度器进一步地简化,它只包含了集群中所有资源的使用状态信息,并将这些信息共享给所有的应用程序调度器。这样应用程序调度器不再像双层式调度器里一样看不到全局信息只能被动等待分配,而可以根据全局资源使用状态信息主动申请资源(乐观锁)。并且对应用程序调度器进行分配时不再是顺序询问、顺序分配,而是采用了优先级的控制,增加了系统并发性。

　　YARN 中的调度器叫 YARN Scheduler,是一种标准的双层式调度器,根据集中式调度器给应用程序调度器分配资源时的调度策略不同,又分为 FIFO Scheduler、Capacity Scheduler 和 Fair Scheduler。这三种调度器是 YARN 中自带的三种最常用的调度器,除此之外,用户也可以自己编写采用其他调度策略的调度器。调度器可以在 yarn_site. xml 文件的 yarn. resourcemanager. scheduler. class 中设置。

　　(1) FIFO Scheduler。

　　FIFO(first in first out)Scheduler 是一种先进先出调度器。所有的用户作业在服务器端都有一个应用程序调度器,这些应用程序调度器被放置到一个队列中,由于先进队列的应用程序调度器优先分配资源,所以先提交的作业会先被执行。FIFO 是一种很常用的调度策略,所以在 YANR 中,如果用户没有配置指定的调度器,系统会默认使用 FIFO Scheduler。FIFO Scheduler 的缺点在于它不支持抢占,当一个高优先级的作业被提交后,会一直被队列前面低优先级的作业阻塞,一直等到队列前面所有的作业资源分配完毕后,才会轮到这个高优先级作业的资源分配。

　　(2) Capacity Scheduler。

　　Capacity Scheduler(容量调度器)是雅虎公司开发的调度器,主要是为了支持多用户以及解决多用户之间的资源分配问题。在 FIFO Scheduler 中,往往是一个作业占据了大量的资源,而其他作业在排队等候,但现代的大规模集群需要提供给多用户一起使用,每个用户在集群上完成自己的作业,这种情况下用户总是会担心其他用户一直抢占了大多数的资源,而自己的作业无法更快地完成。Capacity Scheduler 中以队列作为资源划分的单位,每一个队列对应一部分的资源,队列以树的形式组织起来形成资源队列树。同时每个队列都是一个弹性队列,它设置了一个资源使用的最大值和最小值。当一个队列有多余的资源时可以提供部分空闲资源给其他队列使用,当一个队列资源紧张时可以从其他队列的空闲资源里获取需要的资源。同时这些队列也是一个层次队列,当一个队列有空闲资源时会优先给子

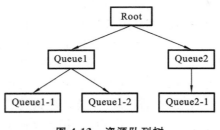

图 4-13　资源队列树

队列共享资源。下面举一个例子来形象地描绘 Capacity Scheduler 的调度机制。

　　图 4-13 所示的是一个集群的资源队列树。Root 是根队列,包含整个集群的所有资源。现在假设 Root 队列下有两个子队列 Queue1 和 Queue2,Queue1 和 Queue2 的容量都为集群资源的 50%,Queue1 最大的使用资源为 60%,那么当 Queue1 在使用完了 50% 的资源之后仍然不够的话,Queue2 中空闲的资源可以让 Queue1 使用,但是 Queue1 使用的资源不能超过 60%,Queue2 使用的资源也不能低于设置的最低使用资源。这就是弹性队列的意思,队列之间可以弹性共享资源,但是不能超过设置的最大值,也不能低于设置的最低值。

　　再假设 Queue1 有 Queue1-1 和 Queue1-2 两个子队列,Queue2 有 Queue2-1 一个子队列,Queue1-1 和 Queue1-2 的容量都为父队列 Queue1 所有资源的 50%。当 Queue1 有空闲

资源而 Queue1-1 和 Queue2-1 资源都紧缺的时候,Queue1 会优先将自己的资源共享给子队列 Queue1-1,之后再考虑 Queue2-1。这就是分层队列的概念。

最后,队列内部的调度策略依然是 FIFO,也就是说,当两个作业被分给一个资源队列的时候,这两个作业的资源调度使用 FIFO Scheduler 的分配方法。

(3) Fair Scheduler。

Fair Scheduler(公平调度器)是由 Facebook 基于 Capacity Schedule 开发而来的。与 Capacity Schedule 一样,Fair Scheduler 也是采用队列为资源划分单位,其队列也采用分层的方式,队列之间空闲的资源也可以共享。但是 Capacity Schedule 有一个缺点,它是按作业来进行资源划分,且每个作业之间享受到的资源是平等的。这就导致了当多用户使用一个集群时,进行多个作业的用户占据的资源远多于单个作业的用户,这样对作业少的用户来说不公平,而 Fair Scheduler 就是要实现用户之间的公平。

举个例子,假设集群中只有用户 A 的一个作业 App-1 时,App-1 可以使用集群中所有的资源。然后用户 B 也开始了一个作业 App-2,那么此时,用户 A 和用户 B 可以分别使用集群一半的资源,即 App-1 和 App-2 都是用一半的资源。之后用户 B 又开启了一个新的作业 App-3,那么这时 App-2 和 App-3 共享用户 B 所有的资源,也就是分别可以使用 25% 的资源而不会对用户 A 产生严重影响。

除了保证用户的资源分配公平之外,Fair Scheduler 还支持资源抢占。当一个队列中有空闲的资源时,会把空闲的资源共享给其他队列使用,当这个队列中有新的作业时,队列需要收回属于自己的空闲资源。队列收回资源时不是直接强制收回,因为这样会导致正在使用这些资源的作业失败,并造成了集群效率的降低。Fair Scheduler 的做法是先等待一定的时间,如果在这个时间内资源没有归还的话,再去进行资源抢占。

在每个队列内的资源调度中,不仅可以使用 FIFO 策略,也能设置 Fair 或者其他的一些调度策略。

4.4　MapReduce 编程实例

介绍了 MapReduce 的原理之后,现在通过编写 MapReduce 中最简单的 WordCount 实例来说明怎么进行 MapReduce 编程。

4.4.1　环境准备

因为 Java 是跨平台语言,所以可以在 Windows 系统上进行编程工作,写好程序后再打包上传到 Linux 集群运行。首先需要在 Windows 系统中安装 JDK,这里注意编译环境的 JDK 版本不能高于集群中的 JDK 版本。然后在系统设置里配置 Java 的环境变量,可以在 cmd 里通过"java-version"命令查看版本并检查 Java 是否安装成功:

```
C:\Users\hello> java -version
java version "1.7.0_80"
Java(TM) SE Runtime Environment (build 1.7.0_80-b15)
Java HotSpot(TM) 64-Bit Server VM (build 24.80-b11, mixed mode)
```

可以看到现在 Windows 系统中已经成功安装了 Java 1.7 版本。装好了 Java 之后需要安装 Eclipse 作为 Java 的 IDE 来提供编程的开发环境。

4.4.2　编写 Mapper 类

打开 Eclipse,点击"File"→"New"→"Java Project"创建一个 Java 项目,将项目命名为 hadoopdemo,然后点击"Finish"完成项目的创建。因为 MapReduce 需要依赖 Hadoop 的类库,所以将 Hadoop 安装包中的 jar 包导入该项目中并加入构建路径中。

接下来正式开始编写 Mapper 类,展开 hadoopdemo 项目,右击"src"文件夹,选择 "New"→"Class"新建一个类,并填写包名和类名,最重要的一步就是选择 Superclass,也就是 Mapper 需要继承的类,如图 4-14 所示。编写 Mapper 类的时候必须继承 org. apache. hadoop. mapreduce. Mapper 类,点击后面的"Browse …"按钮并通过搜索找到该类。Mapper 类有四个参数,分别为 KEYIN、VALUEIN、KEYOUT 和 VALUEOUT,它们分别对应输入和输出的键-值对类型。输入时的键-值对为行号和对应行的文本,所以 KEYIN 的类型为 LongWritable,VALUEIN 的类型为 Text。输出时的键-值对为文本和该文本的数量,所以 KEYOUT 的类型为 Text,VALUEOUT 的类型为 IntWritable。填写完 Mapper 的参数后就完成了 Mapper 类的创建。

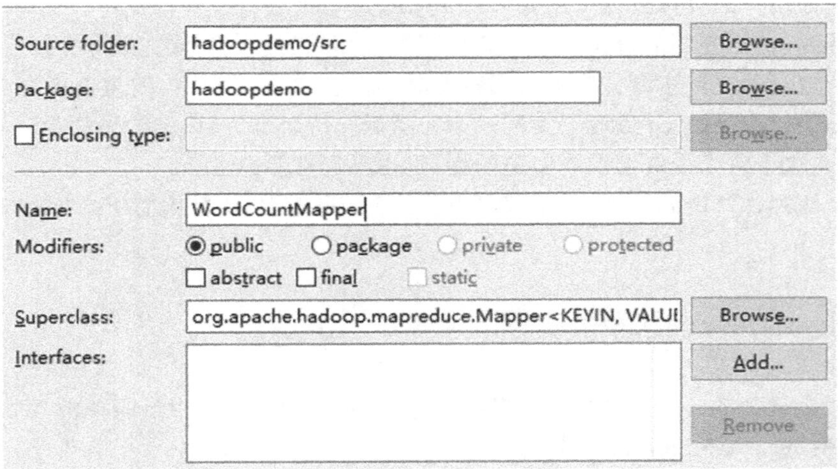

图 4-14　新建 Mapper 类

Mapper 类的代码和注释如下:

```
package hadoopdemo;

import java.io.IOException;
import java.util.StringTokenizer;

import org.apache.hadoop.io.IntWritable;
import org.apache.hadoop.io.LongWritable;
import org.apache.hadoop.io.Text;
```

```
import org.apache.hadoop.mapreduce.Mapper;

public class WordCountMapper extends Mapper<LongWritable, Text, Text,
IntWritable> {

    //定义 IntWritable 类型的变量 one,并赋值为 1
    private final static IntWritable one=new IntWritable(1);
    //定义 Text 类型的变量 word
    private Text word=new Text();

    //map 函数实现
    protected void map(LongWritable key, Text value,Context context)
            throws IOException, InterruptedException {
        //字符串分解
        StringTokenizer itr=new StringTokenizer(value.toString());
        while (itr.hasMoreTokens()) {
            //给变量 word 赋值
            word.set(itr.nextToken());
            //输出中间结果
            context.write(word, one);
        }
    }
}
```

4.4.3　编写 Reducer 类

　　按同样的方法创建 Reducer 类,Reducer 类的输入就是 Mapper 的输出,同时 Reducer 类的输出键-值对类型不变,所以 Reducer 类的 KEYIN 和 KETOUT 类型为 Text,VALUEIN 和 VALUEOUT 类型为 IntWritable。

　　Reducer 类的代码和注释如下:

```
package hadoopdemo;

import java.io.IOException;

import org.apache.hadoop.io.IntWritable;
import org.apache.hadoop.io.Text;
import org.apache.hadoop.mapreduce.Reducer;

public class WordCountReducer extends Reducer<Text, IntWritable, Text,
IntWritable> {

    //定义 IntWritable 类型的变量 result
    private IntWritable result=new IntWritable();
```

```
//reduce 函数的实现
protected void reduce(Text key, Iterable<IntWritable> values,
        Context context) throws IOException, InterruptedException {
    //定义整型变量 sum 记录每个出现单词的数量 3
    int sum=0;

    //循环记录单词个数
    for (IntWritable val:values) {
        sum + =val.get();
        }
    result.set(sum);
    //输入结果到 HDFS
    context.write(key, result);
    }
}
```

4.4.4　编写主函数类

编写完关键的 Mapper 类和 Reducer 类之后，还需要编写主函数类，为应用程序提供入口。新建主函数类的时候，需要勾选"public static void main(String[] args)"选项。

主函数类的代码和注释如下：

```
package hadoopdemo;

import java.io.IOException;

import org.apache.hadoop.conf.Configuration;
import org.apache.hadoop.fs.Path;
import org.apache.hadoop.io.IntWritable;
import org.apache.hadoop.io.Text;
import org.apache.hadoop.mapreduce.Job;
import org.apache.hadoop.mapreduce.lib.input.FileInputFormat;
import org.apache.hadoop.mapreduce.lib.output.FileOutputFormat;

public class WordCount {

    public static void main(String[] args) throws Exception {

        Configuration conf=new Configuration();

        if (args.length !=2){
            System.err.println("Usage: wordcount <in> <out> ");
            System.exit(2);
        }
```

```
//实例化 Job
Job job=new Job (conf,"word count");

job.setJarByClass(WordCount.class);
//指定 Mapper 类
job.setMapperClass(WordCountMapper.class);
//指定 Reducer 类
job.setReducerClass(WordCountReducer.class);
//设置输出键的类型
job.setOutputKeyClass(Text.class);
//设置输出值的类型
job.setOutputValueClass(IntWritable.class);

//添加输入路径
FileInputFormat.addInputPath(job,new Path(args[0]));
//设置输出路径
FileOutputFormat.setOutputPath(job,new Path(args[1]));
//提交 Job
System.exit(job.waitForCompletion(true) ? 0:1);
    }
}
```

这里需要强调的是,MapReduce 的输入路径可以有多个文件或者文件夹,但是输出路径只能有一个而且是在程序运行前不存在的,所以输入路径用的是 addInputPath 的方法,而输出路径用的是 setOutputPath 的方法。

4.4.5　运行 MapReduce 程序

编写完 MapReduce 的程序之后,右击项目名称,点击"Export"将代码打包成 jar 文件,然后通过共享文件夹的方式将 jar 文件上传到集群中,再将需要统计单词数量的文本文件上传到集群中,最后在集群控制台中执行以下命令:

```
hadoop fs -mkdir /user/hadoop/input    //在 HDFS 中创建文件夹
hadoop fs -put /mnt/hgfs/share/input.txt /user/hadoop/input
//将输入文件上传到 HDFS 中
hadoop jar /mnt/hgfs/share/hadoopdemo.jar hadoopdemo.WordCount /user/hadoop/
input /user/hadoop/output    //执行 MapReduce 任务
```

执行任务后,可以通过控制台看到 MapReduce 执行的进度信息如下:

```
17/02/16 12:47:32 INFO mapreduce.Job:  map 0%  reduce 0%
17/02/16 12:47:39 INFO mapreduce.Job:  map 100%  reduce 0%
17/02/16 12:47:50 INFO mapreduce.Job:  map 100%  reduce 100%
```

任务执行结束后,输出结果都保存在 output 文件夹中,执行命令:

```
Hadoop fs -ls /user/hadoop/output    //查看输出文件夹
```

会看到三个文件：_SUCCESS 是标志文件，说明作业执行成功；_logs 是保存作业的日志；part-r-00000 是存放最终结果的文件，执行命令如下：

```
hadoop fs -cat /user/hadoop/output/part-r-00000
```

可以看到单词统计的结果如下：

```
Words      1
and        2
better     2
change     2
find       1
for        2
if         1
life       1
shape      1
so         1
that       1
the        2
thoughts   2
too        1
will       3
words      1
you        2
your       3
```

至此，我们已介绍了一个完整的 MapReduce 编程的过程，当然这是最简单的一个过程。实际上，除了 Mapper 和 Reducer 两个类之外，用户还可以自己编写 Map 和 Reduce 过程中的 Partition 和 Sort 等，对程序进行优化，从而提高 MapReduce 程序执行的效率。

第 5 章　分布式文件系统 HDFS

随着互联网的发展以及应用程序越来越多样化,用户的需求越来越复杂,互联网所产生的数据量也日益庞大,单机存储无法面临如此挑战,为了解决单机容量不足的问题,诞生了分布式存储。文件系统在整个存储领域占有非常重要的地位,几乎所有的操作系统都会使用文件系统来管理操作系统中的数据。我们使用的操作系统几乎都是本地的,在分布式环境下还可以继续使用文件系统吗?答案是肯定的,即使用分布式文件系统(Distributed File System)。它主要依靠网络来进行文件数据的共享。分布式文件系统有效解决了存储容量不足的问题,但是随着存储的数据量的增加,性能、可靠性、安全以及系统的扩展性和运维等都是需要考虑的问题,这也为 DFS 带来了一系列的挑战。

Hadoop 实现了一个分布式文件系统,即 Hadoop Distributed File System,简称 HDFS。HDFS 被设计用来部署在普通廉价机器上,可以通过集群的规模来解决性能的问题。同时,HDFS 是一个高容错的系统,可提供高吞吐量,同时方便管理。下面具体介绍 HDFS 的工作原理以及架构设计。

5.1　HDFS 的基本特征与架构

5.1.1　HDFS 设计目标

我们设计分布式文件系统的初衷是什么?就是为了可以尽可能多地存储数据。但是单个数据节点的存储能力有限,需要像使用单机一样使用多个节点上的数据。因此,单机上的文件系统设计原理不一定适用于分布式的环境。为了更好地管理跨节点、跨网络的文件存储,HDFS 在设计之初主要考虑以下几点。

(1)独立节点的硬件错误不能当作异常来处理,而是集群的正常状态。HDFS 主要运行在普通的 PC 服务器,因为其廉价,集群往往可能由成百上千个 PC 服务器所组成。集群的数据分散存储在每个 PC 服务器上,因为它们是普通廉价服务器,任何一个节点都有失效的可能性,所以,在设计的时候需要将其当作常态来考虑,即任意时刻,都有节点发生故障的可能。如果集群中的节点发生了故障或者数据错误,系统应该在很短的时间内检测到,并采用一系列措施使之从错误中恢复,保证不会因节点的失效而导致数据不可恢复性的丢失。

(2)流式的数据访问。不同于普通应用的是,HDFS 上运行的应用采用流式的方法去访问集群中存储的数据。

(3)大规模。HDFS 最基本的目的就是支持大规模数据量的存储。HDFS 上存储文件的大小很容易达到 TB 甚至 PB 的规模。

（4）简单一致性模型。不同于普通文件系统的服务方式，在 HDFS 中，创建文件、向文件中写入数据的操作是不能修改的。之所以这么设计，是因为这种简化过的数据一致性模型可以增加数据访问的吞吐量。

（5）可移植性。HDFS 提供了可移植性。

5.1.2　HDFS 架构

如图 5-1 所示，HDFS 是一种主-从架构的系统结构，主架构就是 Master 的概念，从架构是 Slave。一般主节点只有一个，而从节点可以有很多个。在 HDFS 集群中，NameNode 是主节点的角色，即系统的管理员，其主要的任务就是整个文件系统命名空间的管理，当然还包括与客户端的交互工作。DataNode 是从节点的角色，文件系统中的数据存储在该节点上。客户端跟 NameNode 通信获取元数据后，根据元数据去 DataNode 节点上读取数据。

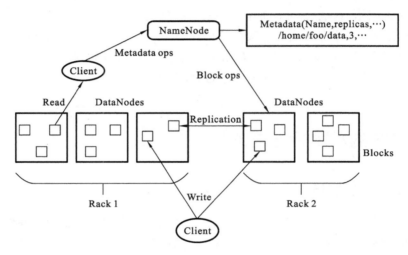

图 5-1　HDFS 组织架构

在 HDFS 中可以使用文件系统的 Namespace，即数据在 HDFS 中的存储形式是文件。如果一个文件比较大，则需要将其切分成多个小块分别存储在不同的数据节点上。文件系统的元数据操作是由 NameNode 来完成的，如创建、删除文件等。在 NameNode 中还存储了数据节点的映射关系。具体的读/写请求是由 DataNode 完成的，因为数据存储在 DateNode 上，NameNode 存储的是文件系统的元数据。

下面具体描述 NameNode 和 DataNode 的功能。

NameNode 的功能主要有以下几点。

1）管理元数据和数据块

NameNode 是文件系统的元数据节点，主要负责管理整个分布式文件系统的元数据。命名空间是文件系统的元数据，还有就是文件的映射关系，当然也包括数据节点中数据块的分布信息等。元数据节点除了存储元数据信息外，也会管理文件系统的数据块信息，当然这里的管理并不是存储数据块，而是创建、删除等操作。

2）持久化元数据

熟悉文件系统的学生应该知道元数据在文件系统中的地位。在 HDFS 中,元数据是存储在内存中的,但是内存的特性导致元数据不能持久化,因为内存掉电后数据全部丢失。鉴于这种特性,当需要对内存进行持久化存储时,内存一般都是存储在磁盘或者固态盘中。

3）处理请求

NameNode 还负责处理客户端和 DataNode 的请求。一般在 NameNode 中会有一个监听程序来处理来自客户端和数据节点的请求。客户端的请求大多是关于文件系统中的基本操作,如目录的创建和删除、文件的创建和删除、目录的重命名等。相比于客户端,数据节点的请求相对较少,其主要是数据节点间的心跳信息等,如果在运行过程中出现了错误,也会将错误信息返回给元数据节点。

4）管理 DataNode

DataNode 的管理中有一个很重要的环节,那就是数据节点之间的心跳信息。正是通过心跳信息,NameNode 节点才能知道数据节点处目前的健康状况。

DataNode 的功能主要包括以下几个方面。

1）数据块的读/写

数据块的读/写会涉及文件系统的元数据,但是数据节点中并没有存储元数据,而元数据信息在 NameNode 中。因此,进行数据块读/写时,首先需要跟 NameNode 通信,从元数据节点中拿到相应的元数据,比如数据块的位置信息,然后才能跟数据节点通信,进行后续的操作。

2）向 NameNode 报告状态

心跳信息是元数据用来获取数据节点状态的一种重要方式。元数据节点会定时收到来自数据节点的心跳信息,数据节点也会将其存储的数据块的信息发送给元数据服务器。如果有数据块发生错误,数据节点将会执行数据迁移,即将健康的数据块复制到新的数据节点中,以保证数据的冗余度。

3）执行数据的流水线复制

在分布式系统中,为了保证数据的可靠性,一般不会只存储一份数据,该系统会使用数据副本来保证数据的可靠性。例如,客户端写一个文件,分布式系统中会存储三份数据,如果有一份数据丢失,其他副本的数据还可以使用,以此来保证数据的安全性。但是客户端在写的时候,不是直接写三份数据,而是写一份数据,然后执行流水线复制,将数据从一个数据节点上复制到其他数据节点上。

因为 NameNode 节点是单一中心节点,所以很容易形成单点瓶颈,如果 NameNode 节点发生故障,整个系统的元数据就会丢失。基于这个问题,在新版本的 HDFS 中引入了 Secondary NameNode 的概念,如图 5-2 所示。Secondary NameNode 可以对元数据节点中的数据进行备份,这样在元数据节点失效后,系统还可以使用 Secondary NameNode 节点继续进行工作。而且,Secondary NameNode 仅跟 NameNode 保持通信,对系统的其他结构是不可见的。通过 Secondary NameNode 节点的引入,不会出现因为 NameNode 节点的失效

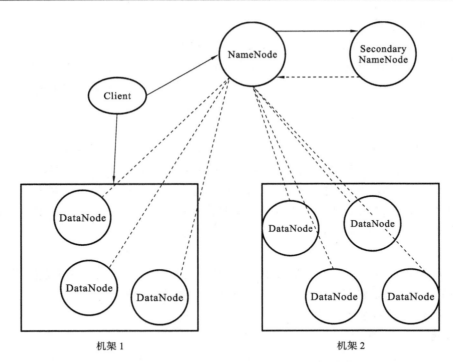

图 5-2　Secondary NameNode 系统结构图

而使整个集群陷入瘫痪的状态。

5.2　HDFS 的高可用设计

在计算机系统中,通常有两个指标比较重要,也就是平常所说的平均无故障时间和平均故障修复时间。这两个指标是衡量一个系统高可用性的重要标准。一个计算机系统,稳定运行的时间越长,平均无故障时间就越长,从而说明这个系统比较可靠。平均故障修复时间是指故障后维修和重新恢复正常运行平均花费的时间,平均故障修复时间越短,表示计算机的可维护性越好。

但作为一个计算机系统,任何一个元器件都会因为寿命到期或者其他原因(比如温度过高)而发生故障,即没有一个计算机系统不会发生故障。但是计算机系统上所承载的服务却不一定能承受单节点计算机系统的突然故障。高可用性机制的提出,是为了保证计算机系统的可用性,同时也是为了降低故障对计算机系统的影响,因为在一个系统中,故障是一种常态。

HDFS 作为一个分布式文件系统,在设计上一定会考虑到系统的高可用性,下面主要描述 HDFS 的高可用设计。

5.2.1　数据复制

在存储集群中,有些文件的数据会比较大,任何一个系统都无法一次存储这么大的数据,一个很好的解决方案就是将数据分成多份,每份满足存储系统的要求,这样就可以存储大文件。在 HDFS 中,每个数据块文件的大小设置为 64 MB。同时,为了保证数据的可靠性,HDFS 在系统中冗余存储多份数据,也就是我们平时所说的副本。在 HDFS 中,系统默认为每个数据块创建三个副本,即在任意时刻,数据在 HDFS 中都是存储三份的。但是 HDFS 的数据只能写入一次,不支持文件的修改,同时只支持单用户的数据写,不支持多用户的数据写。

在 HDFS 中,数据的复制是由 NameNode 完成的。同时,DataNode 还需要向 NameNode 定时发送心跳信息,这样 NameNode 才可以收到心跳信号表示该 DataNode 可以正常工作。

1. HDFS 副本放置策略

副本的放置策略对 HDFS 系统的可靠性会有很大的影响,同时也会影响其性能。HDFS 的一个很大的优点就是它有高效的副本放置策略,这使得 HDFS 变得与众不同。HDFS 使用了一种名为机架感知策略的副本放置方法,提高了数据的可靠性,同时能最大化利用系统的网络资源。

对于一个用于生产环境下的 HDFS,由不同的跨多个机架的节点组成。由于不同机架之间的通信使用的是网络,因此,对于带宽来说,一个机架内的带宽相对来说会比较高。

在 HDFS 集群中,DataNode 有自己的唯一 ID,数据的读/写以及 NameNode 的定位都是根据 ID 进行的。在实际的应用中,往往会把数据放在不同的机架上,这样一个机架发生故障不会使得数据全部丢失,毕竟所有机架都发生故障的概率还是比较低的。而且,这种策略使得读操作不会占用本地机架的全部带宽,而是将带宽分散到不同的机架上。从原理上讲,节点的选择是随机的,因此可以保证数据的均匀分布,也可以保证集群的负载均衡。但是在写的时候会给集群带来很大的负担。

HDFS 在默认状态下有三个副本。因此需要三个位置来存放数据副本:一般的策略是先随机存放第一个副本;然后根据第一个副本的机架,将第二个副本放置在该机架的不同节点上;根据前两个放置的策略来选择第三个副本放置的位置,选择不同于前两个副本的机架存放。相比于节点发生故障的概率,机架发生故障的概率要小得多,因此这种放置策略不会对系统的可靠性带来很大的影响。同时,由于两个副本在同一个机架上,对写性能有一定的提升,如果放置在三个不同的机架上,系统的写性能会受到影响而下降。

图 5-3 所示的为副本数目为 3 时的放置策略。

2. HDFS 副本选择

HDFS 系统中,客户端读取数据时,优先访问离它最近的节点上的数据副本。这样可以带来低延时的收益,同时也不会给系统的带宽带来很大的影响。如图 5-3 所示,假如客户端所在的服务器在机架 A 上,那么优先选择机架 A 上节点所拥有的数据副本,如果离机架 B 比较接近,则优先选择机架 B。而且 HDFS 系统也支持跨数据中心的数据副本访问。

5.2.2　容错和故障处理

在 HDFS 中有一个固定大小数据块的概念,每个数据块的大小为 64 MB。因此,每个

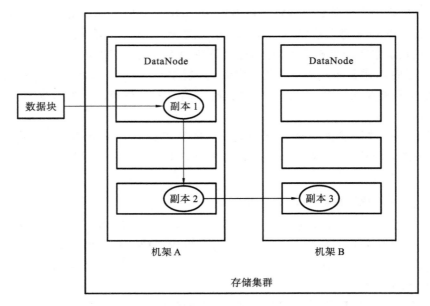

图 5-3　HDFS 副本放置策略

文件都会被分为固定大小的数据块,然后对每个数据块采用冗余三份的方式存储。按照前文中机架感知的策略,将其中的一份数据存储在本地机架的节点中,另一份数据存储在本地机架的另一个节点中,最后一份数据存储在远端机架的节点中。我们所说的远端不代表物理上的远,而是与客户端不在一个机架上。一般把距离用户较近的机架作为"本地机架"。

在系统中,发生错误是常态,是不可避免的。但是错误发生也是有概率的,比如数据错误,即存储的数据发生了错误。数据错误概率的增加是随着数据量的增加而增加的,而数据量的增加可能是集群规模增大导致的结果。当出现了数据错误就要进行数据恢复,否则会影响系统的可靠性和稳定性,HDFS 采用的一种数据恢复机制是:在数据节点中有数据校验信息,将数据块中的数据和校验块的数据进行比较,如果不一致,说明数据块中的数据发生了错误,将错误信息以错误报告的方式提交给元数据节点,然后元数据节点根据收到的错误报告,将该数据块加到 HDFS 的出错列表中,等待被处理。

NameNode 的处理结果是,将删除命令封装到心跳信息中发送给 DataNode,DataNode 收到删除命令后,会删除发生错误的数据块。但是,如果副本数是 3 个,数据被删除后只有 2 个,这会影响数据副本数的稳定。NameNode 会从 DataNode 的列表中重新选择一个 DataNode 来保存数据块。选择完成后,副本节点会将数据块拷贝到新的 DataNode 节点中,以此保证数据副本的完整性。

5.2.3　负载均衡

如果系统只有一个节点,负载均衡则不重要,但是,如果一个集群中有 1000 个节点,这时就要考虑负载均衡。如果需要 HDFS 能够更好地发挥分布式的作用,那么就要保证存储在集群中的文件能够比较均匀地分布在集群中各个节点上面。但是,集群本身并不能保证负载的均衡,这时候自带的均衡工具 Balancer 将会发挥比较重要的作用。

Balancer 的主要工作就是保证系统的负载均衡,因为有的节点负载比较高,有的节点负载比较低,负载高的节点在下一次请求到来的时候发挥的作用小于负载低的节点,同时负载还会在二者之间进行数据的迁移,让整个集群重新达到平衡。尤其当集群中增添了一批新的节点时,这批机器都是低负载,而原先集群中的机器都是相对较高的负载,通过 Balancer 的作用,系统的负载达到平衡。通常情况下 Balancer 并不能保证绝对的均衡,因为还需要考虑备份策略对负载的影响,我们只能尽量控制每个节点的均衡差不会超过我们设定的阈值。我们可以通过这个命令运行该程序:bin/start -balancer. sh -t 5%。其中 5% 就是刚才说的阈值,也就是说,达到负载均衡后,两个节点的负载差值不能超过 5%。另外还可以通过设置参数,限制 Balancer 在执行数据节点之间的数据转移时占用多少网络带宽。这个参数可以在配置文件中修改,通常默认为 1 MB。

5.3　HDFS 数据组织方式与读/写流程分析

5.3.1　HDFS 数据组织

1. 元数据

元数据有很多类型,在 NameNode 节点中,主要有以下三种类型。

(1) 文件命名空间。

(2) 文件到数据块的映射关系。

(3) 数据块到 DataNode 的映射关系。

文件命名空间,也就是我们平时所说的 Namespace,其中包含了文件或者目录的 Name 信息,以及文件或者目录中是否有父目录和子目录等。文件到数据块的映射关系涉及文件分割,一个大文件分成多个数据块,分割后的文件和数据块的一一映射关系是怎样的,都存储在这个映射关系中。数据块到 DataNode 的映射关系就是数据块的分布情况,在读/写数据的时候知道去哪个 DataNode 中寻找数据块。三种元数据中,前两种都是永久存储在 NameNode 的磁盘中,这样就不会因为内存掉电而丢失元数据,第三种元数据并不存储在 NameNode 的磁盘中,而是在系统启动时根据 DataNode 以及数据块的分布情况加载到 NameNode 的内存中。在 HDFS 的 NameNode 中,保存元数据主要是 FsImage 和 Edits 这两个文件。

2. 数据组织

1) 数据块

如前文所述,HDFS 会将大文件分割成固定大小的数据块,用户可以指定数据块的大小。数据块默认的大小是 64 MB。

2) 数据处理过程

客户端向集群写入数据的时候并不是立即发送给数据节点,如果文件大小不足一个数据块,会先存储在本地的临时文件中,相当于一个缓存,当本地的临时文件达到数据块大小的时候才会发送给 NameNode 请求写入数据。NameNode 收到客户端的请求后,从集群中指定一个数据块来写入数据,当写入完成后,将数据块的信息返回给客户端,同时告诉客户端写入数据成功。

3）流水线复制

为了防止单份数据的丢失,系统都会存储多个数据副本来保证数据的可靠性。这些副本会分布存放到不同数据节点上。客户端首先向第一个数据节点写入数据,后面的副本策略并不是由客户端触发,也就是说,客户端不用写入三次数据节点,而是由数据节点自己完成数据副本的工作,一般是将本地写入的数据复制到另外的数据副本中。这就是流水线复制。

5.3.2　HDFS 通信原理

HDFS 中节点的通信都是通过网络进行的,使用的是经典的 C/S 模式,即 Client-Server 模式。其中请求服务方为 Client,响应请求的为 Server。通信的内容包含心跳信息等控制数据。例如,DataNode 的节点分布情况、数据块的使用情况等都是通过网络发送给 Name-Node 的。

HDFS 中的四种通信情景,如表 5-1 所示。

（1）客户端→NameNode。

（2）客户端→DataNode。

（3）DataNode→NameNode。

（4）DataNode（A）→ DataNode（B）。

表 5-1　HDFS 集群通信机制及其主要功能

客 户 端	服 务 端	通 信 协 议	描　　述
Client	NameNode	ClientProtocol	获取数据块的元数据信息等
DataNode	NameNode	DataNodeProtocol	发送心跳信息等
Client	DataNode	ClientDataNodeProtocol	数据块读、写和恢复等
DataNode(A)	DataNode(B)	InterDataNodeProtocol	流水线复制数据块等

HDFS 的通信协议都是建立在 TCP/IP 协议之上的。客户端和 NameNode 的通信是通过 ClientProtocol 来完成的,其目的是获取需要的元数据信息。在 DataNode 和 Name-Node 之间建立 DataNodeProtocol,以完成 DataNode 向 NameNode 发送心跳信息等功能。ClientProtocol 和 DataNodeProtocol 都是封装在 RPC 协议之中的。NameNode 不会主动发起 RPC,只响应来自 Client 端和 DataNode 的 RPC 请求。客户端从元数据节点获取到相应的数据块的元数据信息后,会通过 ClientDataNodeProtocol 去和 DataNode 通信,从而获取实际想要的数据信息。DataNode 和 DataNode 之间也是进行一个通信,主要是通过 Inter-DataNodeProtocol 来完成的。

5.3.3　HDFS 文件读取

HDFS 的文件读取流程如图 5-4 所示。从图中可以看出,客户端需要和元数据节点通信获取元数据信息后,再去和数据节点通信进行实际的数据读取操作。

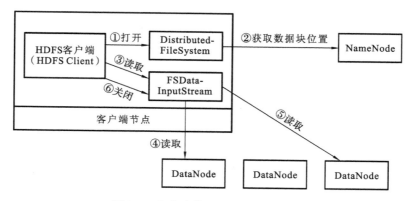

图 5-4 客户端从 HDFS 中读取数据

首先,客户端创建一个 FileSystem 的对象,再调用这个对象的 open() 函数来获取 NameNode 中的元数据。FileSystem 是 HDFS 中 DistributedFileSystem 的一个实例,见步骤①。DistributedFileSystem 会通过 RPC 协议调用 NameNode 来确定请求文件所在的位置,NameNode 会根据请求返回数据块的信息,见步骤②。其中数据块的信息里有 DataNode 的地址信息,客户端根据地址信息去相应的数据节点上读取数据,如果客户端本身就是一个 DataNode,那么它将从本地读取文件。

然后,接手工作的是 DistributedFileSystem,DistributedFileSystem 根据从 NameNode 获取的数据,向 HDFS Client 返回一个支持文件定位的输入流对象 FSDataInputStream,用于给客户端读取数据。其中 FSDataInputStream 包含一个 FSDataInputStream 对象,这个对象用来管理 DataNode 和 NameNode 之间的 I/O。

接下来的操作是,客户端会调用 read() 函数,见步骤③。而 DFSInputStream 对象会根据获取的 DataNode 地址去进行通信,建立连接后可以进行数据的 read 操作。如果数据块分布在不同的数据节点中,重复调用 read 函数,见步骤④和步骤⑤。

客户端完整读取一个文件后,会通过 FSDataInputStream 对象发起 close 函数,见步骤⑥。

HDFS 的集群会经常发生故障,其主要包括两种类型:一种是节点的故障;另一种是数据块的故障。对于节点的故障,如果客户端在向数据节点请求数据时发生故障,由于数据副本机制的存在,客户端会去寻找距离最近的数据副本读取数据块,同时将这种情况报告给 NameNode。对于数据故障,也就是数据块的故障,客户端会根据数据的校验数据来确定该数据是否发生了错误,如果数据发生了错误,则丢弃该数据,然后报告给 NameNode。

在设计中比较重要的一点是,客户端不是直接和数据节点通信,而是通过 NameNode 获取需要读取的一个数据节点。因此,客户端每次访问的都不会是同一个数据节点。由于数据的读/写也是在客户端和数据节点之间进行的,这减轻了 NameNode 的压力,同时方便并发访问。

5.3.4 HDFS 写入文件

HDFS 写入文件的流程如图 5-5 所示。整个过程也是分为两个阶段:分别为 Client 端与

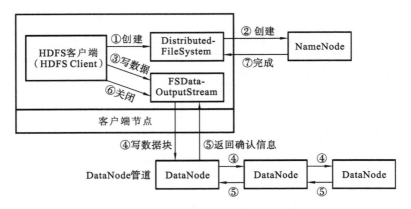

图 5-5 客户端向 HDFS 中写入数据

NameNode 的通信和 Client 端与 DataNode 的通信。下面描述一个文件写入的具体流程。

首先,客户端调用 create 函数来发起创建文件的请求。具体执行的是 DistributedFlie-System 的对象,这时候创建的文件是一个空的,没有相关的数据块信息。

然后,NameNode 会对新创建的文件进行验证,确保其不在集群中。通过验证后,即可执行实际的创建工作,若创建成功,DistributedFileSystem 返回一个 FSDataOutputStream 给客户端写入数据;若创建失败则会抛出一个异常信息。其中,这里的 FSDataOutput-Stream 和读取数据时的 FSDataInputStream 一样包含一个数据流对象 DFSOutputStream,客户端将使用它来处理与 DataNode 和 NameNode 之间的通信。

最后,客户端执行具体的文件写入,创建一个 FSDataOutputStream 对象实例,这个对象会根据文件的大小将其进行切分。在 HDFS 中有一个数据队列来存放这些切分的数据块。而在 FSDataOutputStream 中,NameNode 会根据副本数目创建一个 DataNode 管道,然后将数据块放入管道中进行数据复制。

在数据复制完成后,会返回一个确认信息给客户端,这时候客户端会调用 FSDataOut-putStream 对象的 close 函数关闭连接,此时,一个文件的写入过程完成。

5.3.5 HDFS 文件读 / 写性能分析

上面主要分析了 HDFS 的文件读/写过程。在 HDFS 的架构中采用单一元数据节点,避免了多个节点之间数据的同步和数据一致性问题。但是,单个元数据节点会成为系统的瓶颈,这一点在数据量比较大的时候尤其明显。当请求量非常大时,过于密集的文件的访问将对系统的单 NameNode 结构造成瓶颈。

随着数据量的增加,系统的元数据也会随之增加。在 HDFS 中,元数据是存在元数据节点的内存里,即使内存足够大,但对于庞大的文件数量,NameNode 要找到与其对应的元数据也得耗费一定的查询时间。

因为元数据节点的存在,客户端每次进行文件读/写都要和 NameNode 进行通信获取元数据后才去 DataNode 中进行数据访问。对于搜索引擎的倒排索引等大文件来说,由于写入的文件非常大,只需建立一次连接就可以将大文件分块写入 DataNode 中,而且连接所产生的开销相对于写入的过程来说是非常小的。但是对于小文件来说,每次都需建立这么多的连接,且连接的开销是非常大的,这样的操作会造成小文件的写入效率非常低。对于读文件也是如此。

总的来说,HDFS 的 NameNode 仍会造成读/写性能的瓶颈。同时,虽然 HDFS 应用于大文件中不会对 HDFS 的性能造成影响,能很好地支持大文件的读/写,但是,如果 HDFS 应用于大量的小文件的读写中,将会造成系统的整体性能下降。

5.4　HDFS 操作命令

在 HDFS 中,有两种类型的文件操作方式,即命令行和 Java API 调用的方式,第二种也就是编程式调用。本节首先介绍第一种文件操作方式。

5.4.1　用户操作命令

1. 文件系统 shell 命令——DFS

HDFS 支持普通文件系统的所有语义操作。下面介绍 HDFS 中文件系统命令的用法以及简单用例。

HDFS 文件操作的基本命令格式如下:

```
hadoop fs -cmd <args>
```

表 5-2 列出了 cmd 的所有命令格式。

表 5-2　HDFS 文件系统 shell 命令

编　号	命　令	用　法
1	appendToFile	hadoop fs -appendToFile <localsrc> ...<dst>
2	cat	hadoop fs -cat URI [URI ...]
3	checksum	hadoop fs -checksum URI
4	chgrp	hadoop fs -chgrp [-R] GROUP URI [URI ...]
5	chmod	hadoop fs -chmod [-R] < MODE[,MODE]... | OCTALMODE> URI [URI ...]
6	chown	hadoop fs -chown [-R] [OWNER][:[GROUP]] URI [URI]
7	copyFromLocal	hadoop fs -copyFromLocal <localsrc> URI
8	copyToLocal	hadoop fs -copyToLocal [-ignorecrc] [-crc] URI <localdst>
9	count	hadoop fs -count [-q] [-h] [-v] <paths>
10	cp	hadoop fs -cp [-f] [-p | -p[topax]] URI [URI ...] <dest>
11	df	hadoop fs -df [-h] URI [URI ...]
12	du	hadoop fs -du [-s] [-h] URI [URI ...]
13	dus	hadoop fs -dus <args>

编　　号	命　　令	用　　法
14	expunge	hadoop fs -expunge
15	get	hadoop fs -get [-ignorecrc] [-crc] \<src\> \<localdst\>
16	getfacl	hadoop fs -getfacl [-R] \<path\>
17	getfattr	hadoop fs -getfattr [-R] -n name ∣ -d [-e en] \<path\>
18	getmerge	hadoop fs -getmerge [-nl] \<src\> \<localdst\>
19	ls	hadoop fs -ls [-d] [-h] [-R] \<args\>
20	lsr	hadoop fs -lsr \<args\>
21	mkdir	hadoop fs -mkdir [-p] \<paths\>
22	moveFromLocal	hadoop fs -moveFromLocal \<localsrc\> \<dst\>
23	mv	hadoop fs -mv URI [URI ...] \<dest\>
24	put	hadoop fs -put \<localsrc\> ... \<dst\>
25	rm	hadoop fs -rm [-f] [-r ∣-R] [-skipTrash] URI [URI ...]
26	setrep	hadoop fs -setrep [-R] [-w] \<numReplicas\> \<path\>
27	stat	hadoop fs -stat [format] \<path\> ...
28	tail	hadoop fs -tail [-f] URI
29	test	hadoop fs -test -[defsz] URI
30	touchz	hadoop fs -touchz URI [URI ...]

表 5-2 中展示了 HDFS 文件操作的所有命令,下面对主要的文件命令进行解释:

(1) appendToFile:将单个或多个文件追加到指定文件中。

- hadoop fs -appendToFile localfile /user/hadoop/hadoopfile//文件追加
- hadoop fs -appendToFile localfile1 localfile2 /user/hadoop/hadoopfile//多个文件追加

(2) cat:查看内容。

- hadoop fs -cat hdfs://nn1.example.com/file1 hdfs://nn2.example.com/file2
- hadoop fs -cat file:///file3 /user/hadoop/file4//查看多个文件

(3) checksum:数据校验,为了保证数据一致性。

- hadoop fs -checksum hdfs://nn1.example.com/file1
- hadoop fs -checksum file:///etc/hosts

(4) chgrp:change group 修改所属组。-R 表示递归,GROUP 表示组名。

(5) chmod:修改权限,-R 表示递归。

- hadoop fs -chmod 777/input/CHANGES.txt

(6) chown:修改所有者,-R 表示递归。

- hadoop fs -chown root /input/CHANGES.txt

（7）copyFromLocal：与 put 命令类似，将本地 FileSystem 中的文件复制到 HDFS 中。

- hadoop fs-copyFromLocal test.txt /user/sunlightcs/test.txt

（8）copyToLocal：与 get 命令类似，将 HDFS 中的文件拷贝到本地 FileSystem 中。

- hadoop fs -copyToLocal /user/sunlightcs/test.txt test.txt

（9）count：统计 PATH 目录下的子目录数、文件数、文件大小、文件名/目录名。

- hadoop fs -count-q -h /input

（10）cp：复制命令。-f 强制覆盖，-p 保留原有权限信息。

- hadoop fs-cp /input/CHANGES.txt /input/README.md

（11）df：显示剩余空间。

- hadoop dfs -df /user/hadoop/dir1

（12）du：统计文件夹的大小信息。

- hadoop fs -du /user/hadoop/dir1 /user/hadoop/file1

（13）dus：显示文件的大小。

- hadoop fs-dus -h/input/

（14）expunge：清空回收站中的数据。

- hadoop fs-expunge

（15）get：把 hdfs 中数据下载到本地。

- hadoop fs-get /input/test.txt a.txt　　//下载 test.txt 到本地并且重新命名为 a.txt

（16）getfacl：显示权限信息。

- hadoop fs-getfacl /input/README.md　//查看文件的权限
- hadoop fs-getfacl -R /input　//查看目录的权限

（17）getfattr：显示其他信息。有几个参数选项。
-R：针对的是目录。
-n：显示扩展属性的 name。
-d：显示所有的扩展属性。
-e：对检索的信息编码。
path：文件或者目录。

- hadoop fs -getfattr -d /file
- hadoop fs -getfattr -R -n user.myAttr /dir

（18）getmerge：合并，把 hdfs 中的文件合并到本地中。

- hadoop fs -getmerge -nl /src /opt/output.txt
- hadoop fs -getmerge -nl /src/file1.txt /src/file2.txt /output.txt

（19）ls：列出指定目录下的内容。

- hadoop fs -ls /user/hadoop/file1
- hadoop fs -ls -R /user/hadoop/dir

按照本地文件系统显示的方式来显示文件或者目录的信息。

（20）lsr：ls 的递归版本，类似于 Unix 中的 ls-R。

- hadoop fs-lsr /dir

（21）mkdir：创建目录。

- hadoop fs-mkdir-p /test/test1/test/test2

（22）moveFromLocal：类似于 put 命令，不同的是在拷贝之后不会删除源文件。

- hadoop fs -moveFromLocal b.txt /test/test1/

（23）mv：在 HDFS 目录中移动文件。

- hadoop fs-mv /output/text1.txt /output/text2.md

（24）put：等同于 Copy From Local，用于将本地系统文件（夹）复制到 HDFS 系统上去。

- hadoop fs -put a.txt b.txt /test/testdir/

（25）rm：删除。
有几个参数选项。
-f：是否确认。
-r：递归删除。
skipTrash：直接删除。

- hadoop fs-rm -r /dir/

（26）setrep：修改副本数。-w 参数表示等待复制完成，如果文件数目比较大，很费时间。

- hadoop fs -setrep -w 3 /user/hadoop/dir1

（27）stat：显示文件统计信息。

- hadoop fs -stat "% F % u:% g % b % y % n" /file

（28）tail：输出文件最后 1 KB 的信息。

- hadoop fs -tail pathname

（29）test：测试命令。其中参数 e：判断文件是否存在；参数 z：长度是否为 0 字节；参数 d：是否是目录。

- hadoop fs -test -e filename

（30）touchz：创建一个大小为 0 字节的文件。

- hadoop fs -touchz pathname

2. 检查工具——fsck

HDFS 可以使用 fsck 工具来检测文件状态(见表 5-3)。

表 5-3　HDFS fsck 命令

编　　号	命　　令	描　　述
1	<path>	检查的起始目录
2	-move	将损坏的文件移到 /lost＋found
3	-delete	删除损坏的文件
4	-openforwrite	打印出正在写的文件
5	-files	打印出所有被检查的文件
6	-blocks	打印出 block 报告
7	-locations	打印出每个 block 的位置
8	-racks	打印出 DataNode 的网络拓扑结构

fsck 命令用法如下:

```
Usage:
hdfs fsck <path>
[-list-corruptfileblocks |
[-move | -delete | -openforwrite]
[-files [-blocks [-locations | -racks]]]]
```

5.4.2　Administration 操作命令

集群对于用户来说是不可见的,但是系统管理员需要了解集群的一些信息,比如集群中有 DataNode 掉线了等。同时也为了简化运维人员的操作,HDFS 设计了一系列的管理命令来,下面让我们一探究竟。

1. 负载均衡命令——balancer

HDFS 的 balancer 可在 DataNode 间重新平衡数据,将数据块从过度利用的节点移至利用不够的节点。我们一般需要使用 Ctrl-C 这个命令来终止操作。

用法:

```
hadoop balancer [-threshold]
// -threshold 磁盘容量的百分比。这会覆盖缺省的阈值。
```

2. admin 命令——dfsadmin

这个命令相当于是一个超级管理员的命令。可以使用这个命令进行 troubleshooting (故障排除)。

用法:

```
hdfs dfsadmin [GENERIC_OPTIONS]
        [-report [-live] [-dead] [-decommissioning]]
```

```
[-safemode enter | leave | get | wait]
[-saveNamespace]
[-rollEdits]
[-restoreFailedStorage true |false |check]
[-refreshNodes]
[-setQuota <quota>  <dirname> ...<dirname> ]
[-clrQuota <dirname> ...<dirname> ]
[-setSpaceQuota <quota>  <dirname> ...<dirname> ]
[-clrSpaceQuota <dirname> ...<dirname> ]
[-setStoragePolicy <path>  <policyName> ]
[-getStoragePolicy <path> ]
[-finalizeUpgrade]
[-rollingUpgrade [<query>  |<prepare>  |<finalize> ]]
[-metasave filename]
[-refreshServiceAcl]
[-refreshUserToGroupsMappings]
[-refreshSuperUserGroupsConfiguration]
[-refreshCallQueue]
[-refresh <host:ipc_ port>  <key>  [arg1..argn]]
[-reconfig <datanode |...>  <host:ipc_ port>  <start |status> ]
[-printTopology]
[-refreshNamenodes datanodehost:port]
[-deleteBlockPool datanode-host:port blockpoolId [force]]
[-setBalancerBandwidth <bandwidth in bytes per second> ]
[-allowSnapshot <snapshotDir> ]
[-disallowSnapshot <snapshotDir> ]
[-fetchImage <local directory> ]
[-shutdownDatanode <datanode_ host:ipc_ port>  [upgrade]]
[-getDatanodeInfo <datanode_ host:ipc_ port> ]
[-triggerBlockReport [-incremental] <datanode_ host:ipc_ port> ]
[-help [cmd]]
```

下面介绍几种常用命令,如表 5-4 所示。

表 5-4　HDFS dfsadmin 命令解析

命 令 选 项	描　　述
-report	输出一些基本的系统信息
-safemode enter ｜ leave ｜ get ｜ wait	安全模式维护命令。安全模式是 NameNode 的一个状态,这种状态下,NameNode: (1) 不接受对名字空间的更改(只读); (2) 不复制或删除块。 安全模式是 NameNode 启动时的缺省模式。如果副本数目不足时会离开此模式

续表

命 令 选 项	描　　述
-refreshNodes	更新系统的 hosts 文件,将发生故障的节点退出,将新加入的节点加入
-finalizeUpgrade	完成 HDFS 的升级操作。数据节点和元数据节点将上一个版本的工作目录删除。这个操作完成整个升级过程
-upgradeProgress status｜details｜force	系统升级的状态信息
-metasave filename	保存 NameNode 的主要数据结构到 hadoop. log. dir 属性指定的目录下的＜filename＞文件。下面的项目在 filename 中都有相应的内容与之对应: (1) NameNode 收到的 DataNode 的心跳信号; (2) 等待被复制的块; (3) 正在被复制的块; (4) 等待被删除的块
-setQuota ＜quota＞ ＜dirname＞…＜dirname＞	为每个目录 ＜dirname＞设定配额＜quota＞。主要是限制目录树中的子树的数量。 如果发生以下情况会报错: (1) N 不是一个正整数; (2) 用户不是管理员; (3) 这个目录不存在或是文件; (4) 目录的数量超过了设定的配额的值
-clrQuota ＜dirname＞…＜dirname＞	为每一个目录＜dirname＞清除配额设定。 如果发生以下情况是会报错的: (1) 这个目录不存在或是文件; (2) 用户不是管理员。 如果目录原来没有配额不会报错
-help［cmd］	对指定的命令显示 help 信息

3. NameNode 操作命令——namenode

HDFS 提供了一个命令来专门对 NameNode 节点进行管理和操作。

用法:

```
hdfs namenode [-backup] |
        [-checkpoint] |
        [-format [-clusterid cid ] [-force] [-nonInteractive] ] |
        [-upgrade [-clusterid cid] [-renameReserved<k-v pairs> ] ] |
        [-upgradeOnly [-clusterid cid] [-renameReserved<k-v pairs> ] ] |
        [-rollback] |
        [-rollingUpgrade <downgrade |rollback> ] |
        [-finalize] |
```

```
[-importCheckpoint] |
[-initializeSharedEdits] |
[-bootstrapStandby] |
[-recover [-force] ] |
[-metadataVersion ]
```

下面介绍几种常用命令，如表 5-5 所示。

表 5-5　HDFS namenode 命令解析

命 令 选 项	描　　　述
-format	格式化指定的 NameNode
-upgrade	分发新版本的 hadoop 后，NameNode 应以 upgrade 选项启动
-rollback	将 NameNode 回滚到前一版本
-finalize	finalize 结束后移除之前的文件状态。最近的一次升级将成为当前。roll-back 选项将不再可用。在完成之后，它会关闭 NameNode
-importCheckpoint	将之前的 checkpoint 中保存的 image 信息导入到现在的状态中。检查点路径从 fs.checkpoint.dir 属性获取到
-initializeSharedEdits	使用场景是对 NameNode 进行数据备份
-recover [-force]	执行系统修复工作，恢复元数据
-metadataVersion	返回元数据的版本信息

5.4.3　Debug 操作命令

为了帮助 HDFS 系统管理员和开发者调试 HDFS，HDFS 提供了一套 debug 命令，目前主要有两个：verify 和 recoveryLease。

1. verify

用来验证 HDFS 的元数据和块文件。具体参数解析如表 5-6 所示。

用法：

```
hdfs debug verify [-meta <metadata-file> ] [-block <block-file> ]
```

表 5-6　HDFS debug verify 参数解析

命 令 选 项	描 述 信 息
-block block-file	对应的是数据块在 DataNode 上本地路径
-meta metadata-file	对应的是元数据在 DataNode 上本地路径

2. recoveryLease

这个命令用来恢复指定路径上的租约。路径必须驻留在一个 HDFS 文件系统。重试的默认号码是 1。

用法：

```
hdfs debug recoverLease [-path <path> ] [-retries <num-retries> ]
```

5.5　HDFS 基本编程接口

在上一节中描述了命令行的操作方式。还有一种常用的方式就是 Java API 调用的方式。API 接口定义在 org. apache. hadoop. fs. FileSystem 中。

在 Hadoop 中,文件系统的操作是由 FileSystem 类中的方法来实现了,下面结合 FileSystem 来具体阐述 API 的调用过程。

5.5.1　从 Hadoop URL 中读取数据

1. FileSystem API 读取数据

在前面的文件读取流程中大致介绍了读取数据的流程,打开文件输入流是通过 FileSystem API 来完成的。在 Hadoop 中,文件是以路径的方式来显示的,例如:hdfs://localhost/user/ha/. file1。

主要有以下两种静态方法来生成 FileSystem 实例:

- public static FileSystem get(Configuration conf) throws IOException;
- public static FileSystem get(URI uri, Configuration conf) throws IOException。

正如在文件系统中读取流程描述的那样,生成 FileSystem 实例后会去调用 open()函数读取输入流,主要也有两种方式,其中一种方式会使用默认缓冲区:

- public FSDataInputStream open(Path fi) thows IOException;
- public abstract FSDataInputStream open(Path fi, in bufferSize) throws IOException。

下面是一个具体的实例:

```
public class FileSystemCat {
    public static void main(String[] args) throws Exception {
        String uri=args[0];
        Configuration conf=new Configuration();
        FileSystem fs=FileSystem.get(URI.create(uri), conf);
        InputStream in=null;
        try {
            in=fs.open(new Path(uri));
            IOutils.copyBytes(in, System.out, 4096, false);
        } finally {}
    }
}
```

2. FSDataInputStream

open()方法会返回一个具体的实例,即 FSDataInputStream 的对象。FSDataInput-

Stream 类继承了 java. io. DataInputStream 类,如下代码所示:

```
package org.apache.hadoop.fs;
  public class FSDataInputStream extends DataInputStream
      implements Seekable, PositionedReadable {
      // implementation elided
  }
```

Seekable 接口可以快速找到文件的指定位置,具体实现代码如下所示:

```
public interface Seekable {
  void seek(long pos) throws IOException;
  long getPos() throws IOException;
  boolean seekToNewSource(long targetPos) throws IOException;
}
```

FSDataInputStream 类对 PositionedReadable 的接口也进行了实现,并读取指定偏移量位置处的数据:

```
public interface PositionedReadable {
    public int read(long position, byte[] buffer, int offset, int len) throws IO-
Exception;
    public void readFully(long position, byte[] buffer, int offset, int len)
throws IOException;
    public void readFully(long position, byte[] buffer) throws IOException;
}
```

5.5.2 写入数据

1. 通过 FileSystem API 写入数据

如 HDFS 写入文件所述,有一个创建文件的 create 函数:

```
public FSDataOutputStream create(Path f) throws IOException
```

除了创建一个新文件,还有一种方法就是在已经创建的文件后面追加写入数据。
下面的例子是将本地文件系统中的数据复制到 Hadoop 集群中。

```
public class FileCopyWithProgress {
  public static void main(String[] args) throws Exception {
    String localSrc=args[0];
    String dst=args[1];
      InputStream in = new BufferedInputStream (new FileInputStream (lo-
calSrc));
    Configuration conf=new Configuration();
    FileSystem fs=FileSystem.get(URI.create(dst), conf);
    OutputStream out=fs.create(new Path(dst), new Progressable() {
      public void progress() {
```

```
        System.out.print(".");
      }
    });
      IOUtils.copyBytes(in, out, 4096, true);
    }
  }
```

2. FSDataOutputStream 对象

FileSystem 实例的 create()方法返回 FSDataOutputStream 对象,与 FSDataInput-Stream 类相似,它也有一个查询文件当前位置的方法:

```
package org.apache.hadoop.fs;
public class FSDataOutputStream extends DataOutputStream implements Syncable {
  public long getPos() throws IOException {
    // implementation elided
  }
    // implementation elided
}
```

但与 FSDataInputStream 类不同的是,FSDataOutputStream 类不允许在文件中定位,因为 HDFS 不支持任意偏移位置的写入数据,只能进行顺序写入或者追加写入。

3. 目录操作

FileSystem 实例提供了创建目录的方法:

```
public boolean mkdirs(Path f) throws IOException
```

这个方法和本地文件系统中 mkdir 的作用类似。

5.5.3 删除数据

删除数据或者目录的方法是调用 FileSystem 的 delete()方法:

```
public boolean delete(Path f, boolean recursive) throws IOException
```

5.5.4 编程示例

下面展示一个实际的编程实例,程序如下:

```
import java.io.BufferedReader;
import java.io.IOException;
import java.io.InputStream;
import java.io.InputStreamReader;

import org.apache.hadoop.conf.Configuration;
import org.apache.hadoop.fs.BlockLocation;
import org.apache.hadoop.fs.FSDataOutputStream;
import org.apache.hadoop.fs.FileStatus;
```

```
import org.apache.hadoop.fs.FileSystem;
import org.apache.hadoop.fs.Path;
import org.apache.hadoop.hdfs.DistributedFileSystem;
import org.apache.hadoop.hdfs.protocol.DatanodeInfo;

public class Demo {

    public static void main(String[] args) throws IOException {

        // 创建 conf
        Configuration conf=new Configuration();
        // 根据配置文件信息,创建出不同的实例(hdfs、ftp、local、http 等)
        FileSystem fs=FileSystem.get(conf);

        createFile(fs, "/tmp/0000.txt");
    }

    /* *
     *
     * @@Description: 创建文件或者文件夹
     * @param fs
     * @param path
     * @throws IOException
     */
    public static void createFile(FileSystem fs, String path) throws IOException {
        Path f=new Path(path);
        fs.create(f).close();
    }

    /* *
     *
     * @@Description: 删除文件或递归删除文件夹
     * @param fs
     * @param path
     * @param recursive
     * @return
     * @throws IOException
     */
    public static boolean deleteFile(FileSystem fs, String path, boolean recursive) throws IOException {
        Path f=new Path(path);
        return fs.delete(f, recursive);
    }
```

```java
/**
 *
 * @@Description:读取文件返回 string
 * @param fs
 * @param path
 * @return
 * @throws IOException
 */
public static String readDFSFileToString (FileSystem fs, String path)
throws IOException {
    Path f=new Path(path);
    if (!fs.exists(f)) {
        return null;
    }

    String str=null;
    StringBuilder sb=new StringBuilder(1024);
    try (InputStream in=fs.open(f); BufferedReader bf=new BufferedReader
(new InputStreamReader(in));) {

        long time=System.currentTimeMillis();
        while ((str=bf.readLine()) !=null) {
            sb.append(str);
            sb.append("\n");
        }
        System.out.println(System.currentTimeMillis() - time);
        return sb.toString();
    }
}

/**
 *
 * @@Description:将 string 写出到 hdfs,覆盖
 * @param fs
 * @param path
 * @param string
 * @throws IOException
 */
public static void writeStringToDFSFile (FileSystem fs, String path,
String string) throws IOException {
    Path f=new Path(path);

    try (FSDataOutputStream os=fs.create(f, true);) {
```

```
            os.writeBytes(string);
        }
    }

    /* *
     *
     * @@Description:上传本地文件至hdfs
     * @param fs
     * @param filePath
     * @param uploadPath
     * @throws IOException
     */
    public static void upload(FileSystem fs, String filePath, String upload-
Path) throws IOException {
        Path src=new Path(filePath);
        Path dst=new Path(uploadPath);

        fs.copyFromLocalFile(src, dst);
        System.out.println("upload to"+fs.getConf().get("fs.default.name"));

        FileStatus files[]=fs.listStatus(dst);

        for (FileStatus file:files) {
            System.out.println(file.getPath());
        }

    }

    /* *
     *
     * @@Description:创建文件夹
     * @param fs
     * @param dir
     * @return
     * @throws IOException
     */
    public static boolean mkdir(FileSystem fs, String dir) throws IOException {
        Path path=new Path(dir);
        return fs.mkdirs(path);
    }

    /* *
     *
     * @@Description: 删除文件夹
```

```
 * @param fs
 * @param dir
 * @return
 * @throws IOException
 */
public static boolean deleteDir(FileSystem fs, String dir) throws IOException {
    Path path=new Path(dir);
    return fs.delete(path, true);
}

/**
 *
 * @@Description: move
 * @param fs
 * @param oldPath
 * @param newPath
 * @return
 * @throws IOException
 */
public static boolean rename(FileSystem fs, String oldPath, String new-
Path) throws IOException {
    Path old=new Path(oldPath);
    Path nw=new Path(newPath);
    return fs.rename(old, nw);
}

/**
 *
 * @@Description: 获取文件最后更新时间
 * @param fs
 * @param filePath
 * @throws IOException
 */
public static void lastTime(FileSystem fs, String filePath) throws IOEx-
ception {
    Path path=new Path(filePath);
    FileStatus fileStatus=fs.getFileStatus(path);
    System.out.println("Modification time is:" + fileStatus.getModifica-
tionTime());

}

/**
 *
```

```
     * @@Description: 查看 block 分布主机
     * @param fs
     * @param filePath
     * @throws IOException
     */
    public static void fileLoc(FileSystem fs, String filePath) throws IOException {
        Path path=new Path(filePath);
        FileStatus filestatus=fs.getFileStatus(path);
        BlockLocation[] blkLocations = fs.getFileBlockLocations(filestatus,
0, filestatus.getLen());

        for (int i=0; i<blkLocations.length; i++) {
            String[] hosts=blkLocations[i].getHosts();

            for (String str:hosts) {
                System.out.println("block"+i+"location:"+str);
            }

        }
    }

    /**
     *
     * @@Description:获取所有的 DataNode 节点信息
     * @param fs
     * @throws IOException
     */
    public static void getList(FileSystem fs) throws IOException {
        DatanodeInfo[] dataNodeInfo=((DistributedFileSystem) fs).getDataN-
odeStats();
        String[] names=new String[dataNodeInfo.length];

        for (int i=0; i<dataNodeInfo.length; i++) {
            names[i]=dataNodeInfo[i].getHostName();
            System.out.println("node " +i+ " hostname: " +names[i]);
        }
    }

    /**
     *
     * @@Description: 文件追加
     * @param fs
     * @throws IOException
```

```
    */
public static void append(FileSystem fs) throws IOException{
    Path f=new Path("/tmp/ab.txt");
    Configuration conf=new Configuration();
    conf .set("dfs.client.block.write.replace-datanode-on-failure.poli-
cy" ,"NEVER" );
    conf.set("dfs.client.block.write.replace-datanode-on-failure.enable" ,
"true" );

    FSDataOutputStream fos=fs.append(f);
    fos.write(" world".getBytes());
    fos.close();
    }

}
```

第6章　列式存储数据库 HBase

6.1　HBase 简介

HBase 是一个开源的、分布式的非关系型数据库(NoSQL)，它是使用 Java 面向对象的编程语言实现的。它现在是 Apache 软件基金会的 Hadoop 顶级项目中的一部分，是一种基于 HDFS 的分布式数据库，为 Hadoop 提供一种类似于 BigTable 规模的服务。HBase 是建立在 Hadoop 文件系统之上的分布式面向列的数据库，是一个横向扩展的开源项目。

6.1.1　NoSQL

NoSQL(Not-Only-SQL)是对不同于传统关系型数据库数据管理系统的统称，NoSQL 不使用 SQL 作为它的查询语言，它的数据可以不用固定的表格模式来存储。

NoSQL 数据库分为四大类：列式存储数据库、键值存储数据库、文档型数据库，以及图形数据库。

NoSQL 数据库适用于以下五个场景：① 简单的数据模型；② 服务系统更加灵活；③ 较高的 DataBase 性能；④ 数据一致性要求不高；⑤ 由指定的键可以得到复杂的值。

6.1.2　HBase 的特点

HBase 具有以下特点。

(1) HBase 可以支持高并发读/写操作。

(2) HBase 集成了 Jetty(开源的 servlet 容器)，启动 HBase 时也就启动了内置的 Jetty。因此，Jetty 可以很便捷地通过 Web 界面查看 HBase 当前的运行状况，也可以管理 HBase。

(3) HBase 和传统的关系型数据库有很大的差别，它非常适合存储非结构化、结构化的数据，因为它的数据存储是基于列式而非行式的，从而提高了大数据的读/写操作效率，并且在创建表时可以不指明列，也可以在后续操作中动态添加所需的列。由于不存储空列的数据，故大大节省了存储空间。

(4) HBase 存储的数据是松散的，它是键-值对和数据库行式之间的一种数据存储方式。

6.1.3　HBase 与 RDBMS

(1) 半结构化、非结构化的数据使用 HBase 数据库进行存储。HBase 支持数据的动态添加，而 RDBMS 不支持数据的动态添加。

(2) 在海量的稀疏数据中，很多数据的稀疏度甚至达到 99%。由于 RDBMS 的行和列都是固定的，NULL 的列会浪费大量的存储空间，故 HBase 存储的数据是稀疏的矩阵结构。

这种存储方式有很明显的优势:不存储 NULL 的列,既节省了存储空间,又提高了客户端的读/写性能。

(3)针对多个版本的数据问题,HBase 不对数据进行直接的删除和更新操作,所有数据都追加到数据库中。当 Region 中的 StoreFile 数量超过设置的数量阈值时,多个小的 StoreFile 合并成一个大的 StoreFile,此时会触发 HBase 的合并操作,并进行数据的删除和更新操作。RDBMS 不会存储数据的历史记录,如果想要查询历史记录,则此时 HBase 的优势就显示出来。

(4)针对海量数据情况,对于 RDBMS 来说,随着数据量的不断增加,关系型数据库会采用读取分离策略:写操作通过主节点来操作,读操作通过多个从节点来操作。这样产生的后果就是服务器的成本不断增加。随着数据量的进一步增加,主节点承载不了这种压力,关系型数据库采取分库的策略,根据数据关联性的大小进行数据部署分离;当一张表的数据不断增加时,将导致数据查询速度越来越慢,于是关系型数据库采取分表的策略,例如对主键 ID 进行取模,将原有的一张表分成多张表,从而减少一张表的数据记录。对于 HBase 来说,表可以进行水平切分,随着数据量的不断增加,只要添加服务器,就能解决海量数据问题。这是因为数据存储在 HDFS 中,保证了数据的可靠性。

(5)HBase 采用的是列式存储,而 RDBMS 采用的是行式存储。列式存储相较于行式存储有以下优点:① 查询速度快,每一列可并发查询,不用消耗大量时间和系统资源为数据建立索引,数据就是索引,大大降低了 I/O;② 每一列有相同的数据类型,可采用高效的压缩算法来减少服务器成本。

6.2　HBase 的基础架构

HBase 的服务器是 Master-Slave 架构,由 HMaster Server(Master 节点)和 HRegion Server(Slave 节点)集群组成,HBase 的系统架构图如图 6-1 所示,整个 HBase 服务器集群由 ZooKeeper(分布式协调服务)来进行协调监控集群中机器的状态和处理出现的故障。集群中可以有多个 Master 节点,但是同一时间只能有一个 HMaster。ZooKeeper 负责选出一个 Master 节点,其他主节点作为 backup 节点来解决节集群单节点故障问题。对于 RegionServer,ZooKeeper 实时监控其 HRegionServer 进程状态,并将 RegionServer 的状态实时向 HMaster 反馈。对于出现故障的 RegionServer,HMaster 将这个节点上的 Region 重新分配给集群中其他的 RegionServer;对于新上线的 RegionServer,HMaster 会分配一些 Region 给它实现负载均衡。分配到 HRegionServer 集群管理节点上的 Region,接受客户端的读/写请求,同时为了实现负载均衡,RegionServer 将会对较大的 Region 进行拆分。HMaster Server 管理着集群中 HRegion Server 节点,但是它不存储数据。当一个 HBase 集群启动后,Master 节点会在 Slave 节点上开启一个 HRegionServer 进程,同时在 Master 节点上会开启一个 HMaster 进程,负责 RegionServer 的负载均衡并为其分配相应的 Region。

HBase 服务器中有一张 meta 表(元数据表),这张表保存着集群中所有的 Region 存储

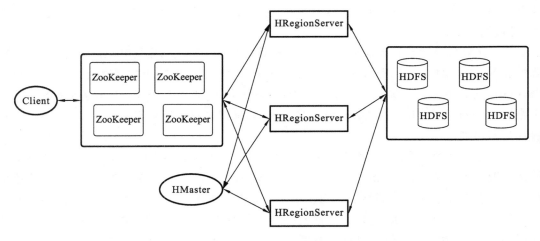

图 6-1 HBase **系统架构图**

的节点位置信息。ZooKeeper 负责存储 meta 表所在的节点位置信息。客户端是整个
HBase 服务集群的入口,只有进行管理类操作时才会和 HMaster 进行通信,查询请求和
ZooKeeper 进行通信,读/写请求和 RegionServer 进行通信。当客户端发起读/写请求时,
不会和 HMaster 进行通信。客户端首先向 ZooKeeper 请求 meta 表的位置,获取 meta 表的
内容(为了减少请求,避免重复查询,客户端会缓存这个位置信息),从 meta 表中获取数据在
RegionServer 的存储位置,然后使用 HBase RPC 与对应的 RegionServer 通信,并对数据进
行读/写操作。由图 6-1 可知,HBase 服务器中的数据存储在 HDFS 中。

6.2.1 HRegion 服务器

HBase 集群中除了 Master 节点外,其他的每一个节点上都运行一个 HRegion Server,
每一个 HRegion Server 由一个 HLog 和多个 HRegion 组成,如图 6-2 所示的是 HRegion
Server 的系统架构图。HBase 采用的是 WAL(write ahead log,先写日志)的方式,一个
HLog 是由多个 HRegion 共享的,一个 HRegion 是由多个 Store 组成,而一个 Store 实际上
存储的是一个 ColumnFamily(列族)下的数据。Store 是由一个 MemStore 和多个 StoreFile
(又名 HFile)组成,其中 MemStore 是常驻内存的。客户端发出数据更新操作,其数据首先
写入 MemStore 中,当 MemStore 的大小达到预先设置的阈值时,数据会 Flush 到 StoreFile
中,所以 Store 中会存在数量比较多的小的 StoreFile;当 StoreFile 的数量达到预先设置的
阈值时,会触发 HRegion 的 compact(合并)操作,它会将多个小的 StoreFile 文件合并成一
个大的 StoreFile 文件。

当客户端进行读/写操作时,首先会找到分配数据的 RegionServer,数据会被提交到该
RegionServer 上的 HLOG 文件中,然后再写入 Store 上的 MemStore 中。RegionServer 定
时向 ZooKeeper 反馈心跳信息,如果一段时间内未收到该 RegionServer 发来的心跳信息,
ZooKeeper 就会认为这个 RegionServer 已经下线了(出现宕机等故障),然后它与 HMaster
进行通信,其中 HMaster 将该 RegionServer 上的 HLog(日志文件)进行拆分并分发到其他

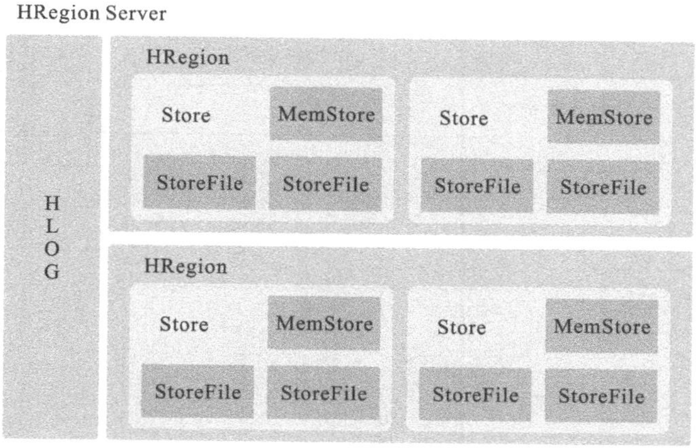

HRegion Server

图 6-2　HRegion Server **系统架构图**

在线（健康）的 RegionServer 上。

6.2.2　HMaster **服务器**

客户端只有进行对表的管理操作时才会与 HMaster 进行通信，所以 HMaster 管理客户端对 table 表的增删改查操作（比如删除表、改变表的结构等操作），不是对数据进行操作。HMaster 管理 HRegionServer 的负载均衡，调整 Region 的分布。对于集群中 Region-Server 的上线和下线操作，HMaster 会实时调整整个集群的 Region 的分布情况，而对于不断增大的 Region，为了实现负载均衡，会对较大的 Region 进行分割操作，负责新 Region 的重新分配。HMaster 的故障失效只会导致所有元数据无法被修改、Region 的拆分以及集群中的负载均衡等无法完成，但是不会影响 table 表中数据的读/写。因为 table 表中的数据读/写操作是通过与 RegionServer 进行通信完成的。

6.2.3　ZooKeeper **分布式协调服务**

ZooKeeper 存储着 HBase 的元数据信息。默认情况下，HBase 管理着 ZooKeeper 的实例，启动 HBase 时会启动 ZooKeeper，关闭 HBase 的同时也会关闭 ZooKeeper，此时启动的 ZooKeeper 进程名字是 HQuorumPeer；一般用户会配置独立的 ZooKeeper 服务，此时启动的 ZooKeeper 进程名字是 QuorumPeerMain。通过 ZooKeeper 底层的选举机制可解决 HBase 集群中单节点故障问题，因为整个 HBase 集群都是由 ZooKeeper 进行协调管理的，所以 HMaster、HRegionServer 在启动的时候都会向 ZooKeeper 进行注册。ZooKeeper 存储着 HBase:meta 表所在的节点位置信息，如图 6-3 所示的是 Region 的定位过程，首先读取 ZooKeeper 中的文件信息，获取 meta 表的文件信息（meta 表存储着 table 表的信息，包括集群中 Region 的列表及对应的 RegionServer 的服务器地址），然后向 RegionServer 查找对应的 Region，完成读/写操作。ZooKeeper 一般推荐配置为奇数个，可通过其内部的选举机制来解决单节点故障问题。

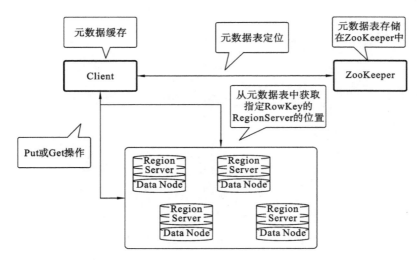

图 6-3　Region 定位过程

6.3　安装 HBase

HBase 有单机、伪分布式、全分布式三种运行模式。本节主要介绍全分布式运行模式的安装,第 3 章已经介绍了 Hadoop 集群的安装详解,这里不再赘述。HBase 服务集群通过 ZooKeeper 来进行协调管理的,HBase 自身提供 ZooKeeper 实例,但是仅为单机和伪分布式运行模式提供服务,因此为了安装全分布式运行模式的 HBase,首先必须安装 ZooKeeper,然后安装 HBase。

6.3.1　安装 ZooKeeper

ZooKeeper 安装和 Hadoop 安装流程大致一样,它的集群的节点数最好是奇数个。首先去 Apache 官网上下载相应的发行压缩包,然后进行一些文件配置,集群中具体操作步骤如下。

(1) 下载 ZooKeeper 版本发行压缩包:在 ZooKeeper 的 Apache 官网上(http://zookeeper.apache.org/)下载一个已经发行的稳定版本的 ZooKeeper 压缩包,然后将其解压缩到服务器指定的文件夹。

(2) 配置 ZooKeeper:在 ZooKeeper 目录下新建一个 data 目录。使用命令:mkdir data。

(3) 在 data 目录下面新建 myid 文件,使用命令:vim myid。myid 中的文件内容是一个正整数值,用来唯一标识当前节点,因此不同节点的 myid 中的数值也不相同。

(4) 在 ZooKeeper 的 conf 目录下,新建 zoo.cfg 文件:cp zoo_sample.cfg zoo.cfg。

(5) 修改 zoo.cfg 文件,同时修改 dataDir 指定的路径,将这个路径修改为创建的 data 路径,在文件末尾加入以下参数:

```
server.1=master:2888:3888
server.2=slave1:2888:3888
server.3=slave2:2888:3888
```

其中:server 后面的 1、2、3 对应的是 myid 的值;master、slave 是在 host 中映射的主机名。

(6) 将配置好的 ZooKeeper 文件发送到集群中其他节点上,使用命令:scp -r ...,并在节点上修改 myid 文件中的数值,和 zoo.cfg 文件中配置的对应,例如:Master 节点对应的 myid 数值为 1,Slave1 节点对应的 myid 数值为 2,Slave2 节点对应的 myid 数值为 3。

(7) 在 ZooKeeper 目录下,使用命令 bin/zkServer.sh start 启动 ZooKeeper。

(8) 查看 ZooKeeper 的启动状态,使用命令 bin/zkServer.sh status。

本示例集群中共三个节点,其中一个是 Leader 模式,两个是 Follower 模式,如图 6-4 所示。

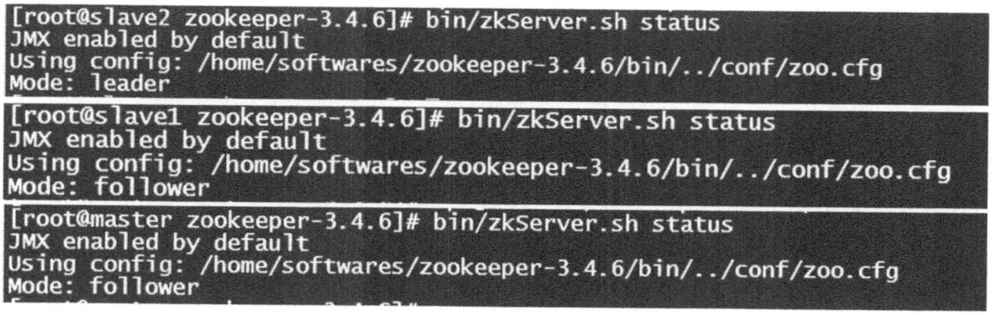

```
[root@slave2 zookeeper-3.4.6]# bin/zkServer.sh status
JMX enabled by default
Using config: /home/softwares/zookeeper-3.4.6/bin/../conf/zoo.cfg
Mode: leader
[root@slave1 zookeeper-3.4.6]# bin/zkServer.sh status
JMX enabled by default
Using config: /home/softwares/zookeeper-3.4.6/bin/../conf/zoo.cfg
Mode: follower
[root@master zookeeper-3.4.6]# bin/zkServer.sh status
JMX enabled by default
Using config: /home/softwares/zookeeper-3.4.6/bin/../conf/zoo.cfg
Mode: follower
```

图 6-4　集群中节点 ZooKeeper 状态

6.3.2　安装 HBase

HBase 的安装步骤和上述 ZooKeeper 的安装步骤相似,首先去 Apache 官网上下载相应的发行压缩包,然后进行一些文件配置,集群中具体操作步骤如下。

(1) 下载 HBase 版本发行压缩包:在 HBase 的 Apache 官网上(http://hbase.apache.org/)下载一个已经发行的稳定版本的 HBase 压缩包,然后将其解压缩到服务器指定的文件夹。

(2) 修改 HBase 的环境变量配置文件,然后修改 conf 目录下的 hbase-env.sh 文件,再修改 export JAVA_HOME= '你的 jdk 安装目录',设置 export HBASE_MANAGES_ZK 为 false,表明 HBase 不管理自身提供的 ZooKeeper 实例,而是使用外置的 ZooKeeper 实例。

(3) 修改 hbase-site.xml 文件:

```xml
<property>
    <name> hbase.rootdir</name>
    <value> hdfs://master:8020/hbase</value>
</property>

<property>
    <name> hbase.zookeeper.quorum</name>
    <value> master,slave1,slave2</value>
</property>

<property>
    <name> hbase.cluster.distributed</name>
    <value> true</value>
```

```
</property>

<property>
    <name> hbase.zookeeper.property.dataDir</name>（指定的 data 目录）
    <value> /home/softwares/zookeeper-3.4.6/data</value>
</property>
```

（4）修改 RegionServers 文件，添加从节点，其中 Slave1 和 Slave2 节点是从节点：

```
slave1
slave2
```

（5）将修改后的 HBase 文件同步到其他从节点上（Slave1，Slave2），使用命令 scp -r…。

6.3.3　运行 HBase

HBase 服务器的启动流程。

（1）首先启动集群中的 HDFS。

（2）再启动 ZooKeeper 分布式协调服务。

（3）最后才启动 HBase：bin/start-hbase.sh，如图 6-5 所示。

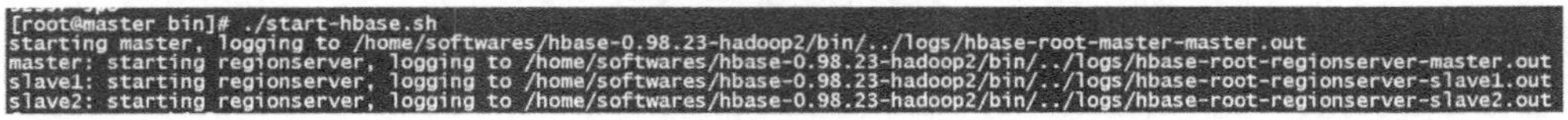

```
[root@master bin]# ./start-hbase.sh
starting master, logging to /home/softwares/hbase-0.98.23-hadoop2/bin/../logs/hbase-root-master-master.out
master: starting regionserver, logging to /home/softwares/hbase-0.98.23-hadoop2/bin/../logs/hbase-root-regionserver-master.out
slave1: starting regionserver, logging to /home/softwares/hbase-0.98.23-hadoop2/bin/../logs/hbase-root-regionserver-slave1.out
slave2: starting regionserver, logging to /home/softwares/hbase-0.98.23-hadoop2/bin/../logs/hbase-root-regionserver-slave2.out
```

图 6-5　启动 HBase 后集群中的进程

（4）查看集群的进程：jps。图 6-6 是 Master 节点上运行的 Java 进程，图 6-7 是 Slave1 节点上运行的 Java 进程，图 6-8 是 Slave2 节点上运行的 Java 进程。

```
[root@master bin]# jps
5754 NodeManager
5333 DataNode
5147 NameNode
770 Jps
6018 JobHistoryServer
6363 QuorumPeerMain
32526 HMaster
32687 HRegionServer
```

图 6-6　Master 节点上运行的 Java 进程

```
[root@slave1 conf]# jps
10210 Jps
5005 ResourceManager
5133 NodeManager
5601 WebAppProxyServer
4789 DataNode
9868 HRegionServer
5718 QuorumPeerMain
```

图 6-7　Slave1 节点上运行的 Java 进程

（5）进入 shell 命令行 bin/hbase shell，如图 6-9 所示。

（6）查看集群的状态 status，如图 6-10 所示。

由图 6-10 可知，集群中有三个 HRegionServer 节点，一个 Master 节点，且整个集群处于负载均衡的状态，没有出现宕机的节点。

```
[root@slave2 conf]# jps
5036 DataNode
7726 Jps
5192 SecondaryNameNode
7393 HRegionServer
5880 QuorumPeerMain
5431 NodeManager
```

图 6-8 Slave2 节点上运行的 Java 进程

```
[root@master hbase-0.98.23-hadoop2]# bin/hbase shell
2017-01-16 17:00:40,567 INFO  [main] Configuration.deprecation: hadoop.native.lib is deprecated.
HBase Shell; enter 'help<RETURN>' for list of supported commands.
Type "exit<RETURN>" to leave the HBase Shell
Version 0.98.23-hadoop2, r44c724b56dc1431209f561cb997fce805f9f45f9, Wed Oct  5 01:05:05 UTC 2016
```

图 6-9 HBase 命令行界面

```
hbase(main):001:0> status
SLF4J: Class path contains multiple SLF4J bindings.
SLF4J: Found binding in [jar:file:/home/softwares/hbase-0.98.23-hadoop2/lib/slf4j-log
SLF4J: Found binding in [jar:file:/home/softwares/hadoop-2.7.1/share/hadoop/common/li
SLF4J: See http://www.slf4j.org/codes.html#multiple_bindings for an explanation.
1 active master, 0 backup masters, 3 servers, 0 dead, 1.0000 average load
```

图 6-10 HBase 服务器的状态

（7）退出命令行 exit，如图 6-11 所示。

```
hbase(main):002:0> exit
[root@master hbase-0.98.23-hadoop2]#
```

图 6-11 退出命令行命令

（8）在浏览器中输入 master:60010（用户的主机地址），打开 HBase 的 Web 控制台，如图 6-12 所示。

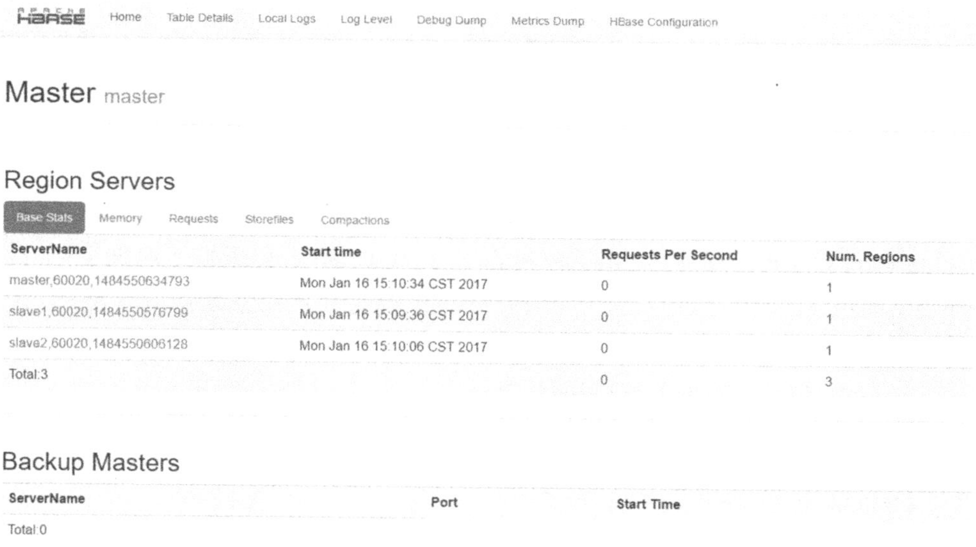

HBASE   Home   Table Details   Local Logs   Log Level   Debug Dump   Metrics Dump   HBase Configuration

Master master

Region Servers

Base Stats   Memory   Requests   Storefiles   Compactions

ServerName	Start time	Requests Per Second	Num. Regions
master,60020,1484550634793	Mon Jan 16 15:10:34 CST 2017	0	1
slave1,60020,1484550576799	Mon Jan 16 15:09:36 CST 2017	0	1
slave2,60020,1484550606128	Mon Jan 16 15:10:06 CST 2017	0	1
Total:3		0	3

Backup Masters

ServerName	Port	Start Time
Total:0		

图 6-12 HBase 的 Web 控制台

（9）关闭集群 bin/stop-hbase.sh，如图 6-13 所示。

```
[root@master hbase-0.98.23-hadoop2]# bin/stop-hbase.sh
stopping hbase....
slave2: no zookeeper to stop because no pid file /tmp/hbase-root-zookeeper.pid
master: no zookeeper to stop because no pid file /tmp/hbase-root-zookeeper.pid
slave1: no zookeeper to stop because no pid file /tmp/hbase-root-zookeeper.pid
[root@master hbase-0.98.23-hadoop2]#
```

图 6-13　关闭 HBase 集群

6.4　HBase 的基本操作

在 HBase 数据库中,数据存放在带标签的表中,和 RDBMS 一样,表是由行和列组成的。行和列交叉的格子称为单元格(Cell),因为数据都采用追加的方式插入表中,所以单元格在表中有很多个版本。默认情况下这个版本号是由 HBase 自动分配的,是数据插入表中的时间戳。

对于操作空间,HBase 和 RDBMS 一样也可以指定 Namespace,如果不指定 Namespace,则进入默认的 Namespace:default。

对于数据操作,HBase 支持的数据操作主要有以下四种,如表 6-1 所示。

表 6-1　主要的数据操作

属 性 名 称	描　　　　述
Put	向 HBase 数据库中增加或修改一行数据
Delete	在 HBase 数据库中或删除指定列族,或删除指定的列的不同时间戳的版本,或删除指定的列
Get	在 HBase 数据库中获取指定行、列、行和列族中的所有列、列的不同时间戳的版本、指定列的指定版本
Scan	在 HBase 数据库中获取所有行、指定行(根据行键范围)

这些数据操作都是由 org. apache. hadoop. hbase. client 包中的 HTable 类提供的接口,通过这些接口,可以实现 HBase 数据库的 CRUD 的基本操作。所谓 CRUD 是指 Create(增)、Delete(删)、Update(改)、Read(查),也就是数据库最初的基本操作:增、删、改、查。

在 HBase 中,每一行数据的读/写操作具有原子性,当读/写一个正在修改的行时,会出现两种情况:一种是读/写到修改后的数据;另一种是读/写到修改前的数据。

6.4.1　HBase 的数据模型

HBase 的数据模型是由表组成的,以表的形式存储数据,其中表是由行和列组成的。HBase 可以看作是由行键(Row Key)、列族(Column Family)和时间戳(Timestamp)组成的,逻辑视图如表 6-2 所示。下面详细介绍 HBase 数据模型中的 6 个关键概念:表、行、列族、Cell、时间戳以及 Region。

表 6-2　表的逻辑视图

行　　键	时　间　戳	列　　　族	
RowKey	T2	C1：1	Value1
	T1	C1：2	Value2

● 表（Table）：HBase 中的表映射在 HDFS 文件中，所以表的命名一定要合法。表由很多行、列组成，每列根据时间戳可能有多个版本，每一列由一个或多个列族组成。

● 行（Row）：表中的每一行都是一个数据对象，是由唯一的 Row Key 来进行标识，Row Key 是以字节数组来进行存储的。

● 列族（Column Family）：表中的每一列都必须组织在某个列族中，在使用表之前需要对列族进行定义，列族是通过 Column Qualifier（列标识）来进行数据映射的。表中的数据其实就是 Key-Value，其中列标识就是 Key，所对应的值就是 Value，如表 6-2 所示的表逻辑视图中 1 和 2 就是列标识。

● 单元（Cell）：表中的一个 Cell 是由 Row Key、Column Family、Column Qualifier 以及时间戳（版本号）共同组成的，Cell 以及 Cell 中的数据都没有数据类型，其存储形式是二进制字节码。

● 时间戳（Timestamp）：表中的每个 Cell 中的数据都以时间戳来进行索引标识的。在没有指定时间戳的情况下，对 Cell 数据进行读取时，默认读取最新的数据（按照时间戳倒序对不同版本的数据进行排序）；写入 Cell 数据时，默认获取当前的系统时间。一般情况下，HBase 保留和维护 3 个时间戳的版本数据。

● 区域（Region）：表按照水平划分可以分成若干个 Region，当数据量不断增大到设置的阈值时，较大的 Region 就会自动划分成两个基本相同的新 Region。

如图 6-14 所示的是 HBase 物理存储结构图，当表中的数据不断增大时，由上述 Region 概念可知，一张表就会被划分为多个 Region，且每个 Region 是存储在同一个服务器中。

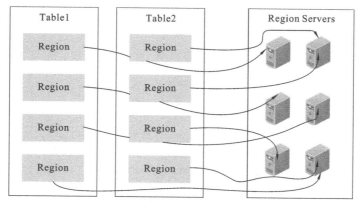

图 6-14　HBase 物理存储结构图

6.4.2　Put 操作

Put 操作可分为两类：单行操作和多行操作。首先介绍单行 Put 操作。

创建一个 Put 对象,可使用以下的四个构造方法:

```
Put (byte[] row)
Put (byte[] row,long ts)
Put (byte[] row,RowLock rowLock)
Put (byte[] row,long ts,RowLock rowLock)
```

参数说明:ts 表示时间戳;RowLock 表示使用行锁;row 是用户提供的一个行键,用唯一的行键来标识表中每一行的数据。行键 row 在 HBase 中的数据类型是 byte[]数组类型,当然也可以用数据类型转换方法将其他数据类型转换为 byte[]数组类型,HBase 提供了一个包含这些方法的类:

```
static byte[] toBytes (ByteBuffer bb)
static byte[] toBytes (String s)
static byte[] toBytes (boolean b)
static byte[] toBytes (float f)
static byte[] toBytes (int val)
static byte[] toBytes (long val)
```

当创建一个 Put 对象后,可以向这个对象添加数据,具体方法如下:

```
Put add (byte[] family , byte[] qualifier , byte[] value)
Put add (byte[] family , byte[] qualifier , byte[] value,long ts)
```

参数说明:family 表示一个列族;qualifier 表示列族下的一列;value 表示添加的数据;ts 表示时间戳。对于上述的第一个方法,由于方法签名中没有时间戳,Put 对象会用上述构造方法中的时间戳,如果构造方法没有传入时间戳,时间戳则由 RegionServer 提供。

通过 Put 对象插入数据。具体方法如下:

```
Put add (KeyValue kv) throws IOException
```

KeyValue 实例代表表中的一个单元格(由行键、列族和时间戳指定的值),也可以使用 get()方法获取 Put 添加的 KeyValue 实例:

```
List<KeyValue> get (byte[] family , byte[] qualifier)
Map<byte[],List<KeyValue> > getFamilyMap()
```

用户在查询指定单元格是否存在时不需要遍历整个集合,可使用以下四种方法:

```
boolean has (byte[] family, byte[] qualifier)
boolean has (byte[] family, byte[] qualifier,long ts)
boolean has (byte[] family, byte[] qualifier,byte[] value)
boolean has (byte[] family, byte[] qualifier,long ts,byte[] value)
```

可传入列族、列名或者时间戳查询该单元格是否存在数据或传入数据字节与单元格中的数据是否匹配,如果存在或匹配则返回 true,如果不存在或不匹配则返回 false。

除了上述的一些方法,Put 类还提供了如表 6-3 所示的其他方法。

表 6-3　Put 类提供的方法

方　　法	描　　述
getRow()	得到 Put 实例的行键
getRowLock()	得到 Put 实例的行 RowLock 实例
size()	得到本次添加的键值实例的大小
isEmpty()	判断 FamilyMap 是否为空
numFamilies()	返回 FamilyMap 的数量，即键值实例中列族的数量
heapSize()	得到 Put 实例的堆大小
getWriteToWAL()	得到 WAL 的值
setWriteToWAL()	设置关闭服务器预写日志功能
getTimeStamp()	得到 Put 实例的时间戳
getLockId()	得到可选的锁 ID

可以通过以下方法向 HBase 中插入数据：

```
void put (Put put) throws IOException
```

Put 输入参数是单个 Put 对象或者多个 Put 对象。关于 Put 对象，上述学习了 Put 类提供的方法以及 Put 的构造方法。

通过示例代码演示向 HBase 插入数据：

```
import org.apache.hadoop.conf.Configuration;
import org.apache.hadoop.hbase.HBaseConfiguration;
import org.apache.hadoop.hbase.client.HTable;
import org.apache.hadoop.hbase.client.Put;
import org.apache.hadoop.hbase.util.Bytes;
import java.io.IOException;

public class Put01 {
    public static void main(String[] args) throws IOException {
    Configuration conf= HBaseConfiguration.create();
                                        //创建 HBase 客户端应用程序使用的配置文件
        HTable hTable= new HTable(conf,"table01");   //创建一个 HTable 客户端
        Put put= new Put (Bytes.toBytes("row01"));   //创建一个 Put 对象
        put.add(Bytes.toBytes("family01"),Bytes.toBytes("qualifier01"),
    Bytes.toBytes("value01"));
                    //向 Put 对象中添加列 family01:qualifier01 和值 value01
    put.add(Bytes.toBytes("family02"),Bytes.toBytes("qualifier02"),
    Bytes.toBytes("value02"));
                    //向 Put 对象中添加列 family02:qualifier02 和值 value02

    hTable.put(put);   //将 Put 对象添加到 HBase 表中
```

```
            }
        }
```

使用 hbase shell 查看上述代码是否运行成功：

```
hbase(main) 001> list
TABLE
table01

hbase(main) 002> scan 'table01'
ROW COLUMN+ CELL
row01 column= family01:qualifier01,timestamp= 1795065877834,value= value1
row01 column= family02:qualifier02,timestamp= 1795065877834,value= value2
```

6.4.3　Get 操作

Get 操作和 Put 操作类似可分为两类：单行操作和多行操作。首先介绍单行 Get 操作：创建一个 Get 对象，可使用以下的两个构造方法：

```
Get(byte[] row)
Get(byte[] row,RowLock rowlock)
```

这两个 Get 构造方法都是通过传入行键 Row 来获取行，其中 RowLock 参数在 Put 操作这一节介绍过，用来设置行锁，是个可选的参数。也可以用一些参数准备的获取单元格的数据：

```
Get addFamily(byte[] family)
```

只允许取得一个列族的数据，如果需要取得多个列族的数据，可以使用多次调用 addFamily 方法。

```
Get addColumn(byte[] family , byte[] qualifier)
```

和 addFamily 方法一致，只允许取得一个列的数据，如果需要取得多个列的数据，可以多次调用 addColumn 方法。

```
Get setTimeRange(long minStamp.long maxStamp) throws IOException
```

获取 minStamp 到 maxStamp 时间段内的数据。

```
Get setTimeStamp(long timeStamp)
```

获取该时间戳的数据。

```
Get getMaxVersions()
```

获取最大版本的实例。

```
Get setMaxVersions(int MaxVersions) throws IOException
```

把获取的最大版本设置为 MaxVersions。

如表 6-4 所示的是 Get 类提供的一些方法。

表 6-4　Get 类提供的方法

方　　法	描　　述
getRow()	返回行实例
getRowLock()	返回行锁实例
getLockId()	返回行锁的 ID，没有指定行锁就返回－1
getTimeRange()	返回时间戳范围
setFilter()/getFilter()	使用过滤器实例
setCacheBlocks()/getCacheBlocks()	获取 RegionServer 的块缓存
numFamilys()	获取列族的大小
hasFamilies()	检查列族或列是否在当前实例中
familySet/getFamilyMap()	获取表中的列族和列

与 Put 操作相反，用户从表中取出一行数据时，需要将 byte[] 数组类型转化为基本数据类型，HBase 提供了将 byte[] 数组转化为基本数据类型的方法，相关方法如下所示：

```
static String toString(byte[] b)
static boolean toBoolean(byte[] b)
static long toLong(byte[] b)
static float toFloat(byte[] b)
static int toInt(byte[] b)
```

可以通过以下方法从 HBase 数据库中获取数据：

```
Result get (Get get) throws IOException
```

关于 Get 对象，上述学习了 Get 类提供的方法以及 Get 的构造方法。
通过示例代码演示向 HBase 插入数据：

```
import org.apache.hadoop.conf.Configuration;
import org.apache.hadoop.hbase.HBaseConfiguration;
import org.apache.hadoop.hbase.client.HTable;
import org.apache.hadoop.hbase.client.Put;
import org.apache.hadoop.hbase.util.Bytes;
import java.io.IOException;

public class Get01 {
    public static void main(String[] args) throws IOException {
    Configuration conf= HBaseConfiguration.create();
                            //创建 HBase 客户端应用程序使用的配置文件
        HTable hTable= new HTable(conf,"table01");  //创建一个 HTable 客户端
        Get get= new Put (Bytes.toBytes("row01"));  //创建一个 Get 对象
    get.addColumn(Bytes.toBytes("family01"),
```

```
                Bytes.toBytes("qualifier01"));            //向 Get 对象中添加列 family01:qualifier01
                Result result= table.get(get);        //获取行数据
                byte[] value= result.getValue(Bytes.toBytes("family01"),
                Bytes.toBytes("qualifier01"));          //从返回结果中取得的列数据
                System.out.println("Value:"+ Bytes.toString(value));
                                                    //将获取的数据转化为 String 类,然后打印出来
        }
    }
```

Result 实例封装了 HBase 表中所有符合获取条件的单元格数据,Result 提供了一些方法可以获取特定的返回值,这些方法如下:

```
        byte[] getValue(byte[] family,byte[] qualifier)
```

获取指定行最新版本的 family:qualifier 列的数据。

```
        byte[] value()
```

获取指定行第一个列的最新版本(时间戳)的数据。

```
        byte[] getRow()
```

返回 Get 类的行键。

```
        int size()
```

返回 key/value 对的总数目。

```
        boolean isEmpty()
```

判断返回结果是否为空。

```
        KeyValue[] raw()
```

返回 KeyValue 实例的数组。

```
        List<KeyValue> list()
```

把 raw()方法返回的 KeyValue 数组转化为 List。

6.5 HBase 客户端

面向不同的编程语言 HBase 拥有不同的客户端,访问 HBase 时可以直接用客户端API,也可以用将原生 Java API 包装成其他协议的代理,但这种代理底层还是访问了HTable 提供的 API,这样不同的编程语言就可通过其对应的 API 协议来访问 HBase。HBase 提供了 Java 客户端的 API、能够支持完整的客户端以及管理 API 的 Rest 服务器和支持跨语言的 API(安装 Thrift 编译器)。

6.5.1 Java

HBase 提供了 Java 客户端的 API,一般就是编写 Java 代码来进行操作的。在第 6.4 节

Put 操作和 Get 操作中有详细的介绍,用户直接通过 HTable 并使用 RPC(Remote Proce-dure Call,远程过程调用协议)同 HBase 服务器进行交互。表 6-5 描述了 Java 几个相关的类和其对应的 HBase 数据模型之间的关系。

表 6-5　Java 类与 HBase 数据模型之间的关系

Java 类	HBase 数据模型
HBaseAdmin	数据库(DataBase)
HBaseConfiguration	
HColumnDescriptor	列族(Column Family)
Put	行列操作
Get	
Scanner	
HTable	表(Table)
HTableDescriptor	

6.5.2　Rest

客户端通过 Rest 访问 HBase 的流程图如图 6-15 所示。

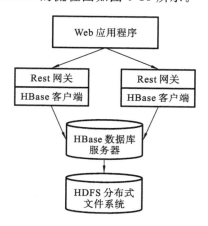

图 6-15　Rest 访问 HBase 的流程图

Rest 的相关配置参数如表 6-6 所示。

表 6-6　Rest 的相关的配置参数

属　　性	描　　述
hbase.rest.port	值是 HBase Rest Server 的端口号,默认是 8080 端口
hbase.rest.readonly	定义 Rest Server 的运行模式:true 和 false 两种模式,默认是 fasle 模式。设置为 false 时允许所有的 HTTP 请求(GET、POST、PUT、DELETE);设置为 true 时,只允许 GET 请求

续表

属　　　性	描　　　述
客户端安全操作配置	hbase. rest. keytab. file hbase. rest. kerberos. principal

启动 rest 服务。

（1）以默认方式启动，端口是 8080：bin/hbase rest start。

（2）以自定义的端口 port 方式启动 bin/hbase rest start -p port。port 是用户可自定义端口号，例如以端口 8686 方式启动 bin/hbase rest start 8686。

（3）以 daemon 脚本方式启动 bin/hbase-daemon. sh start rest -p 8686。

停止 rest 服务。通过 hbase-daemon 脚本停止 rest 服务 bin/hbase-daemon. sh stop rest。

6.5.3　Thrift

客户端通过 Thrift 访问流程图，如图 6-16 所示。

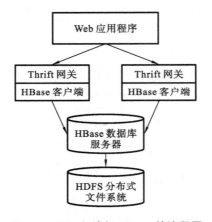

图 6-16　Thrift 访问 HBase 的流程图

（1）下载 Thrift，首先从 Apache 网站上下载已发行的稳定的 Thrift 版本，然后编译 Thrift。在编译之前，安装系统的依赖包，如 LibTool、Flex、Automake、Boost 以及 Bison 库。

（2）编译 Thrift，在 Thrift 解压缩路径下，运行命令 . /configure。

（3）安装 Thrift，运行命令 make install。

（4）启动 Thrift 服务 bin/hbase start thrift2 或者 bin/hbase-daemon. sh start thrift2。

（5）关闭 Thrift 服务 bin/hbase stop thrift2 或者 bin/hbase-daemon. sh stop thrift2。

（6）Thrift 生成其他语言命令，进入 Thrift2 目录下，运行命令 thrift　-gen 语言（java、php、py 等）hbase. thrift。例如生成 python 语言，使用命令 thrift　-gen py hbase. thrift。用户可通过生成语言的 API 访问 HBase。

Thrift2 接口的主要结构如表 6-7 所示。

表 6-7 Thrift2 接口的主要结构

属　　　性	描　　　述
TColumn	对列的封装
TResult	对单行及其查询结果(一些列值)的封装
TGet	对查询一行数据的封装,可以设置行内的查询条件
TPut	与 TGet 一样,不同是 TPut 是写入若干列
TDelete	与 TGet 一样,不同是 TDelete 是删除若干列
TColumnValue	对列及其值得封装
TRowMutations	若干个 TPut 和 TDelete 的集合,完成对一行内数据的原子操作
TScan	对查询多行和多列的封装

6.6 HBase 编程实践

6.6.1 模式设计

HBase 数据库模式设计应该需要遵循以下四个原则:① 列族的数量和列族的势(Cardinality);② 行键(Row Key)的设计;③ 尽量最小化行键和列族的大小;④ 版本的数量。通过示例详细描述 HBase 的模式设计,表 6-8 的 student 表,表 6-9 的 course 表和表 6-10 的 courseselection 表是 RDBMS 存储结构。

表 6-8 student 表

字段	no	name	sex	age
描述	学号	姓名	性别	年龄

表 6-9 course 表

字段	Cno	name	credit
描述	课程号	课程名	学分

表 6-10 courseselection 表

字段	no	Cno	score
描述	学号	课程号	分数

在 HBase 数据库中,数据存储的模式如表 6-11、表 6-12 所示。

表 6-11 HBase 中的 student 表

Row Key	Column Family		Column Family	
	student	value	courseselection	value
no	student:name student:sex student:age	name_value sex_value age_value	courseselection:Cno courseselection:score	Cno_value score_value

表 6-12　HBase 中的 course 表

Row Key	Column Family		Column Family	
	course	value	courseselection	value
Cno	course：name course：credit	name_value credit_value	courseselection：Cno courseselection：score	Cno_value score_value

从上述五张数据表可以知道，HBase 可以实现 RDBMS 中的数据表，其中 Row Key 是 HBase 中的索引，所以 HBase 中数据的查询速度比 RDBMS 中数据的查询速度快，执行效率更高。

6.6.2　HBase 示例

在 6.4 节和 6.5 节对 HBase API 有简单的介绍，本节通过一个简单的示例更加详细地介绍 HBase 的一些使用方法。

```
package com.wenhua.HBase01;
import java.io.IOException;
import org.apache.hadoop.hbase.HBaseConfiguration;
import org.apache.hadoop.conf.Configuration;
import org.apache.hadoop.hbase.HColumnDescriptor;
import org.apache.hadoop.hbase.HTableDescriptor;
import org.apache.hadoop.hbase.client.Result;
import org.apache.hadoop.hbase.client.ResultScanner;
import org.apache.hadoop.hbase.client.Scan;
import org.apache.hadoop.hbase.client.HTable;
import org.apache.hadoop.hbase.client.Put;
import org.apache.hadoop.hbase.client.Get;
import org.apache.hadoop.hbase.client.HBaseAdmin;
import org.apache.hadoop.hbase.util.Bytes;

public class HBase01 {
    //声明静态配置 HBaseConfiguration
    static Configuration configuration=HBaseConfiguration.create();

    //使用 HBaseAdmin 和 HTableDescriptor 创建一张表
    public static void create(String table,String CF) throws Exception {
        HBaseAdmin hBaseAdmin=new HBaseAdmin(configuration);
        if(hBaseAdmin.tableExists(table)) {
            System.out.println("表存在");
            System.exit(0);
        }else{
            HTableDescriptor hTableDescriptor=new HTableDescriptor(table);
            hTableDescriptor.addFamily(new HColumnDescriptor(CF));
            hBaseAdmin.createTable(hTableDescriptor);
```

```
        System.out.println("表成功创建");
    }
}


//使用 HTable 和 Put 向表中添加数据
public static void put (String table,String RK,String CF,String column,String
data) throws Exception{
    HTable hTable=new HTable (configuration,table);
    Put put= new Put(Bytes.toBytes(row));
    put.add(Bytes.toBytes(CF),Bytes.toBytes(column), Bytes.toBytes(data));
    table.put(put);
    System.out.println("Put:"+ RK+","+ CF+":"+ column+","+ data);
}


//使用 HTble 和 Get 来获取表的一条数据
public static void get(String table,String RK) throws IOException {
    HTable hTable= new HTable(configuration,table);
    Get get= new Get (Bytes.toBytes(RK));
    Result result= hTable.get(get);
    System.out.println("Get:"+ result);
}


//使用 HTable 和 Scan 来获取表中所有的数据
public static void scan(String table) throws IOException {
    HTable hTable= new HTable(configuration,table);
    Scan scan= new Scan ();
    ResultScanner resultScanner= hTable.getScanner(scan);
    for(Result result: resultScanner){
        System.out.println("Scan:"+ result);
    }
}


//删除已经存在的表,首先 Disable,然后再 Delete
public static Boolean delete (String table) throws IOException {
    HBaseAdmin hBaseAdmin= new HBaseAdmin(configuration);
    if(hBaseAdmin.tableExists(table)){
        try{
            hBaseAdmin.disableTable(table);
            hBaseAdmin.deleteTable(table);
        }catch (Exception e){
            e.printStackTrace();
            return false;
        }
    }
```

```
    }
    return true;

    //主方法测试
    public static void main (String [] args) {
        String table= "table01";
        String CF= "cf";
        try{
            HBase01.create(table, CF);
            HBase01.put(table, "rk",CF, "column", "data");
            HBase01.get(table, "rk");
            HBase01.scan(table);
            if(HBase01.delete(table)= = true)
                System.out.println("成功删除表:"+ table);
        } catch (Exception e){
            e.printStackTrace();
        }
        }
    }
```

在上述代码中实现了表的 Create、Put、Get、Scan 和 Delete 操作,可通过注释帮助学习和理解相关操作的实现。

上述代码运行的结果如下。

```
表创建成功
Put:rk,cf:column,data
Get: keyvalues= {rk/cf:column/1224871546635/Put/vlen= 4}
Scan: keyvalues= {rk/cf:column/1224871546635/Put/vlen= 4}
成功删除表:table01
```

第7章　数据仓库工具 Hive

7.1　关于 Hive

图 7-1 展示的是 Hive 的体系结构模块图,包括如下模块:JDBC/ODBC、CLI(Command Line Interface)、HWI(Hive Web Interface)、Thrift Server、Driver(compiles、optimizes、executes)和 MetaStore。这些模块可分为两大类:客户端模块和服务端模块。

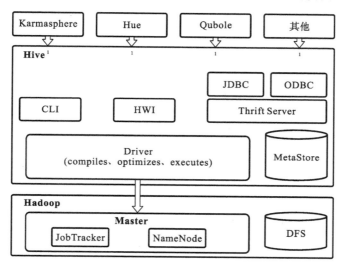

图 7-1　Hive 体系结构模块图

1. 客户端模块

客户端模块主要包括以下几部分。

● CLI:Command Line Interface,即命令行接口。

● HWI:一个称为 Hive 网页界面的简单网页界面,通过网页的方式访问 Hive 所提供的服务。

● Thrift 客户端:JDBC/ODBC 等客户端接口是建立在 Thrift 客户端之上的。

2. 服务端模块

服务端模块主要包括以下几部分。

● Driver 模块:该模块由 compiles、optimizes 和 executes 组成,所有的命令和查询都会进入 Driver 模块,通过该模块(包括解释器、编译器、优化器)对输入的 HiveQL 语句从词法分析、语法分析进行解析和编译,对所需要的计算进行优化,生成查询计划,并将查询计划存储在 HDFS 中,然后按照指定的步骤执行(通常调用底层的 MapReduce 计算框架,并启动多个 MapReduce 任务(Job)来执行)。

● MetaStore 模块:Hive 将元数据存储在如 MySQL、RDBMS 中。Hive 中的元数据包括表的名字、表的列和分区及其属性、表的属性(是否为外部表等)、表的数据所在目录等。

● Thrift Server:Thrift 是由 FaceBook 开发的一个软件框架,用来进行可扩展且跨语言的服务的开发。Hive 集成了 Thrift 服务,为不同的编程语言提供 Hive 接口。

● Hadoop:Hive 的数据存储在 HDFS 中,由 MapReduce 完成大部分的查询工作。

7.1.1　安装 Hive

在第 3 章搭建的 Hadoop 集群上安装 Hive,首先在 Apache 官网(https://hive.apache.org/)上下载一个发行的稳定版本,然后进行解压缩。注意与安装的 Hadoop 版本的兼容问题,Hadoop2.X.Y 版本兼容目前所发行的所有 Hive 版本。

配置 Hive,在 $ HIVE_HOME/conf/ 目录下新建 hive-site.xml 文件,修改内容如下:

```
<configuration>

    <property>
        <name> hive.hwi.listen.host</name>
        <value> 0.0.0.0</value>
    </property>
    <property>
        <name> hive.hwi.listen.port</name>
        <value> 9999</value>
    </property>

    <property>
        <name> hive.hwi.war.file</name>
        <value> lib/hive-hwi-1.2.0.war</value>
    </property>

    <property>
        <name> hive.server2.thrift.port</name>
        <value> 10000</value>
    </property>

    <property>
        <name> hive.server2.thrift.bind.host</name>
        <value> master</value>
    </property>

    <property>
        <name> hive.metastore.warehouse.dir</name>
        <value> hdfs://master:8020/user/hive/warehouse</value>
    </property>
```

```
<property>
    <name> hive.exec.scratchdir</name>
    <value> /tmp/hive-$ {user.name}</value>
</property>

<property>
    <name> javax.jdo.option.ConnectionURL</name>
    < value> jdbc:mysql://master:3306/hive? createDatabaseIfNotExist=
    true</value>
    <description> JDBC connect string for a JDBC metastore</description>
</property>

<property>
    <name> javax.jdo.option.ConnectionDriverName</name>
    <value> com.mysql.jdbc.Driver</value>
    <description> Driver class name for a JDBC metastore</description>
</property>
<property>
    <name> javax.jdo.option.ConnectionUserName</name>
    <value> root</value>
</property>

<property>
    <name> javax.jdo.option.ConnectionPassword</name>
    <value> 123456</value>
</property>

</configuration>
```

7.1.2　运行 Hive

在默认数据库下新建一个名为 city 的表,分隔符字符等数据编码在第 7.2 节讨论。
CLI 只是 hive 命令提供的其中一项服务,输入 hive -service help 可查看服务列表。

7.1.3　Hive 与 RDBMS

1. Schema on Write vs Schema on Read

在传统数据库中,表的模式(Schema)是在数据加载时强制确定的。如果在加载时发现
数据和模式不匹配,则会拒绝加载。因为数据校验是在写入数据库时对照模式的,所以这种
设计称为 Schema on Write。

在 Hive 中,Hive 对底层存储并没有这样的控制,不在写数据时对数据进行验证,而是
在读数据时进行,这称为 Schema on Read。

2. 更新、事务及索引

更新、事务及索引是关系型数据库中的核心内容,但 Hive 一直没有过多涉及这些方面。因为 Hive 是基于 HDFS 及 MapReduce 的,虽然全表扫描以常规方式进行,但是更新是通过将数据写入新的表来实现的。对于有大量数据的数据仓库应用来说,这种工作方式很好。

Hive 可以通过 INSERT INTO 插入批量的数据文件到表中,也可以使用 INSERT IN-TO TABLE … VALUES 插入 SQL 中指定的小批量数据。虽然支持更新操作,但是 HDFS 不提供原地更新的功能。所以插入、更新、删除操作存在于增量文件中,而增量文件定期通过 MapReduce 作业合并到表中。这些特性只有在启用事务的情况下才使用。

Hive 支持表级别和分区级别的锁机制,锁机制通过 ZooKeeper 透明地实现。因此,用户无须显式地获取和释放锁,虽然可以通过 SHOW LOCKS 来查看当前哪一些锁正在使用。锁机制默认情况下是关闭的。

3. HiveQL 和 SQL 的比较

Hive 的 SQL 方言叫 HiveQL(HQL),是 SQL-92、MySQL 以及 Oracle SQL 的一种混合。HQL 对 SQL-92 的支持正在不断改进,其中也支持 SQL 后续版本的特性,如 SQL: 2003 的窗口函数(window function, also known as analytic function)。HQL 对 SQL 的扩展基于 MapReduce,例如多表插入(Multitable Insert)、Transform、Map、Reduce 从句。HiveQL 和 SQL 的比较如表 7-1 所示。

表 7-1 HiveQL 和 SQL 的比较

特征	SQL	HiveQL
更新	Update、Insert、Delete	Update、Insert、Delete
事务	支持	支持
索引	支持	支持
数据类型	Integral、Floating-point、Fixed-point、Text 和 Binary String、Temporal	Boolean、Integral、Floating-point、Fixed-point、Text 和 BinaryString、Temporal、Array、Map、Struct
函数	内置了几百个函数	内置了几百个函数
多表插入	不支持	支持
create table…as select	SQL-92 不支持,但是 MySQL 等提供支持	支持
SELECT	SQL-92	支持
关联	SQL-92	Inner、Outer、Semi、Map、Cross、Join
子查询	从句中	From、Where、Having
视图	可更新,支持物化和非物化	只读视图,不支持物化视图
扩展点	自定义函数,存储过程	自定义函数,MapReduce 脚本

7.2 数据类型与文件格式

大多数数据库可以完全控制其中的数据,这种控制既包括对数据存储到磁盘过程的控制,也包括对数据生命周期的控制。Hive 由用户控制,可以很容易使用各种工具来管理和处理数据。

7.2.1 数据类型

Hive 支持的数据类型可以分为两大类:基本数据类型和集合数据类型。

1. 基本数据类型

Hive 支持的基本数据类型如表 7-2 所示,包括:Tinyint、Smallint、Int、Bigint、Boolean、Float、Double、String、TimeStamp、Binary、Decimal、Char、Varchar、Date。

表 7-2 基本数据类型

数 据 类 型	长　　　度	示　　　例
Tinyint	1 byte 有符号整数	10
Smalint	2 byte 有符号整数	10
Int	4 byte 有符号整数	10
Bigint	8 byte 有符号整数	10
Boolean	布尔类型、true 或者 false	false
Float	单精度浮点数	3.1415926
Double	双精度浮点数	3.1415926
String	字符序列。可以指定字符集,也可以使用单引号或者双引号	'hello world',"BigData"
TimeStamp	整数、浮点数或者字符串	1327882394
Binary	字节数组	集合数据类型

2. 集合数据类型

Hive 支持关系型数据库很少出现的三种集合数据类型:Struct、Map 和 Array。表 7-3 所示的示例实际上调用的是内置函数。

表 7-3 集合数据类型

数 据 类 型	描　　　述	示　　　例
Struct	Struct 可以包含不同数据类型的元素。这些元素可以通过"点语法"的方式来得到所需要的元素,比如 user struct{username:string、password:string},也可以通过 user.username 得到这个用户的用户名	struct('royal','sun')
Map	Map 包含键-值对,可以通过 Key 来访问元素。比如 'user' 是一个 Map 类型,其中 username 是 Key,password 是 Value;也可以通过 user['username'] 来得到这个用户对应的 password	map('username', 'royal', 'password','sun')

数 据 类 型	描　　述	示　　例
Array	Array 类型由一系列相同数据类型的元素组成,这些元素可以通过下标来访问,如 Array 类型的变量 names 是由['royal','sun','feng']组成的,也可以通过 names[1]来访问元素 sun,因为 Array 类型的下标是从 0 开始的	Array ('royal','sun')

7.2.2　存储格式

用户可能已经熟悉使用逗号分隔值(CSV)或者制表符(TSV)分割文本文件,且 Hive 支持这些文件格式。针对不需要以逗号或者制表符作为分隔符的文本文件,Hive 默认使用了几个控制字符,如表 7-4 所示,使用术语 field 来替换默认分隔,如第 7.1.2 节的示例。

表 7-4　Hive 中默认的记录和字段分隔符

分　隔　符	描　　述
\n	对于文本文件来说,每行都是一条记录,因此换行符可以分割记录
^A(Ctrl+A)	用于分割字段(列),在 create table 语句中可以使用八进制编码\001 表示
^B	用于分隔 Array 或者 Struct 中的元素或用于 Map 中键-值对之间的分隔。在 create table 语句中可以用八进制编码\002 表示
^C	用于 Map 中键-值之间的分隔。在 create table 语句中可以用八进制编码\003 表示

用户可以使用自定义的分隔符,而不使用这些默认的分隔符。下面给出了指定分隔符的示例:

```
create table student(
    name      string,
    sex       string,
    age       int,
    major     array<string> ,
    account   map<string,string> ,
    address   struct<street:string,city:string,province:string >
)
row format delimited
fields terminated by '\001'
collection items terminated by '\002'
map keys terminated by '\003'
lines terminated by '\n'
stored as textfile;
```

lines terminated by '\n'和 stored as textfile 不需要 row format delimited 关键字。row format delimited 关键字必须放在列、集合和 Map 分隔符之前。

字符\001 是^A 的八进制,row format delimited fields terminated by '\001'表示 Hive

将使用\001 字符分隔列；字符\002 是^B 的八进制，row format delimited collection items terminated by '\002'表示 Hive 将使用\002 字符分割集合间的元素；字符\003 是^B 的八进制，row format delimited map keys terminated by '\003'表示 Hive 将使用\003 字符分割 Map 中的键-值对。

目前，在 Hive 发行的版本中，行与行之间的分隔符只能是'\n'。默认情况下保存 textfile 文件格式，Hive 还支持其他文件格式，在后续章节再行论述。

下面是以'\t'进行列分割的命令：

```
create table course {
    course_name   string,
    course_grade   string,
    course_type   string,
}
row format delimited
fields terminated by '\t';
```

7.3　HiveQL：Hive 查询语言

HiveQL 是 Hive 的查询语言，一种类似 SQL 的语言，简称 HQL。它与大部分的 SQL 语法兼容，但是它不完全支持任何一种 ANSI SQL 标准的修订版。HQL 可以勉强看作是对 MySQL 的 SQL 方言的模仿，但是两者还是存在显著的差异。HQL 不支持行级插入、删除和更新操作，也不支持索引和事务，其子查询和 join 操作也有一定的局限性，有些特点是 SQL 语言无法企及的，如多表查询 transform、map 和 reduce 等子句。这是因其底层依赖于 Hadoop 云平台这一特性决定的。Hive 增加了在 Hadoop 背景下可以提供更高性能的扩展和一些个性化的扩展，在特定需求下还可以增加外部函数程序。

启动 Hive 后，如果用户没有指定所要使用的数据库，那么将会使用默认的 default 数据库。

查看 Hive 中所包含的数据库，命令如下：

```
hive> show databases;
default
```

用户创建一个名为 wenhua 的数据库，命令如下：

```
hive>  create database wenhua;
```

如果数据库 wenhua 已经存在，则会抛出一个错误异常，可将命令修改为：

```
hive>  create database if not exists wenhua;
```

再次查看 Hive 中所包含的数据库，命令如下：

```
hive> show databases;
default
wenhua
```

删除数据库,命令如下:

```
hive> drop database if exists wenhua;
```

if exists 和上述的 if not exists 都是可选的,这样可以避免数据库 wenhua 不存在而抛出的警告信息。

使用名为 wenhua 的数据库,命令如下:

```
hive> use wenhua;
```

查看 wenhua 数据库下所包含的表,命令如下:

```
hive> show tables;
user
citys
grades_rank
```

7.3.1　数据定义

1. 创建表

create table 语句符合 SQL 语法要求,但是在 Hive 中具有显著的扩展功能,使其可以有更广泛的灵活性,如可以定义表的数据文件存储的位置、使用的存储格式等。下面的表结构也适用于第 7.2.2 节数据类型所申明的 student 表:

```
create table if not exists wenhua.student(
    name      string comment  '学生姓名',
    sex       string comment  '学生性别',
    age       int comment    '学生年龄',
    major     array<string>  comment '学生的专业课程',
    account   map<string,string>
          comment '学生的账号(学号,密码)',
    address   struct<street:string,city:string,province:string>
          comment '学生的详细住址'
)
comment '学生表'
tblproperties ('creator'= 'royal',''create_at'= '2016-12-25 11:20:34',….)
location '/user/hive/warehouse/wenhua.db/student';
```

如果当前所处的数据库不是目标数据库,则可以使用上述方法在表名前添加一个数据库名来指定目标数据库,如 wenhua. student,就是在 wenhua 数据库中新建一个名为 student 表。if not exists 表明,如果新建的表已经存在数据库中,Hive 就会忽略后面的执行语句。

注意:如果新建的表和已经存在的表存在模式上的差异,那么 Hive 并不会为此做出错误提示;如果使用 if not exists 语句,Hive 就会忽略这个差异。

用户可以在字段后面添加注解说明,也可以对表本身添加一个注解说明。通过 location 关键字可以为表中的数据指定一个存储路径(元数据存在关系型数据库中,元数据会保存这个路径)。

　　/user/hive/warehouse 是 Hive 在 HDFS 的默认存储路径地址,Hive 创建的数据库目录会存放在该路径下,创建的数据库表目录会存放在这个表所属的数据库目录之后。默认 default 数据库除外,因为在/user/hive/warehouse 目录下没有对应于 default 数据库的目录,所以,在用户没有明确指定其他路径的前提下,default 数据库中的表目录会直接位于/user/hive/warehouse 目录之后。

　　可以直接拷贝数据库中已经存在的表模式,命令如下:

```
hive> create table if not exists wenhua.student2
> like wenhua.student
> location '/user/hive/warehouse/wenhua.db/student2';
```

表模式等其他信息都不可重新定义,但可单独指定拷贝表的存储路径。

2. 删除表

Hive 支持与 SQL 中 drop table 命令类似的操作:

```
drop table if exists student;
```

　　同样,if exists 关键字是可选的,这样可以避免 student 表不存在而抛出的警告信息。

　　对于管理表,删除表会同时删除表的元数据信息和表中的数据;对于外部表,删除表只会删除表的元数据信息,表中的数据不会被删除。

　　管理表和外部表将在第 7.4 节详细论述,本节不做详细说明。

3. 修改表

　　可以通过 alter table 语句对表属性进行修改,但仅仅会修改表元数据。该语句可修改表模式中出现的错误、改变分区的路径等其他操作,对表数据本身不会有任何修改。

　　将 wenhua 数据库中的 student 表重命名为 wenhua_student,命令如下:

```
hive> alter table wenhua.student rename to wenhua.wenhua_student;
```

　　为外部表增加一个新的分区,可以在一个修改语句中同时增加多个分区,命令如下:

```
    hive> alter table wenhua.student add if not exists
    > partition (academy= '基础学部') location
'/user/hive/warehouse/wenhua.db/ student/academy= 基础学部
    > partition (academy= '外语学部') location
'/user/hive/warehouse/wenhua.db/ student/academy= 外语学部
    > partition (academy= '信息科学与技术学部') location
'/user/hive/warehouse/wenhua.db/student/academy= 信息科学与技术学部
    > ……;
```

　　用户可以通过高效地移动位置来修改分区的路径,但只是将数据从原有的位置拷贝到指定的路径,且原有的数据并不会被删除,命令如下:

```
hive> alter table wenhua.student partition(academy= '信息科学与技术学部')
```

```
> set location '/home/data/ academy= 信息科学与技术学部';
```

4. 删除分区

```
hive> alter table wenhua.student drop if exists partition(academy= '信息科学与
技术学部');
```

对于管理表,分区内的数据和元数据信息会同时被删除;而对于外部表,分区内的数据不会被删除。

修改列信息,允许改变列名、数据类型、注释、列位置或者它们的任意组合,命令如下:

```
hive> alter table wenhua.student change column name realname string
    > comment '学生真实姓名'
    > after age;
ALTER TABLE table_name CHANGE [COLUMN] col_old_name col_new_name column_type
[COMMENT col_comment] [FIRST|AFTER column_name]
```

即使字段名或者字段类型没有改变,用户也需要完全指定旧的字段名,并给出新的字段名以及新的字段类型。如果用户想将这个字段移动到第一个位置,那么使用 first 关键字即可。如果用户移动的是字段,那么需要通过一些方法修改数据以使其能够和新的模式进行匹配(进行测试)。

在分区字段之前和在已有的字段之后增加新的字段,可通过 alter colume tablename change column 语句将错误的字段调整到正确的位置,命令如下:

```
hive> alter table wenhua.student add columns(
    > award string comment '学生获得的奖励列表');
```

删除或者替换列,仅仅修改了表中的元数据信息,不会修改或者删除数据,命令如下:

```
hive> alter table wenhua.student replace columns(
    > name1 string,name2 string,name3 string);
```

查看修改后的 student 表,命令如下:

```
hive> describe student;
name1 string
name2 string
name3 string
```

5. 修改表属性

可修改表的属性,但是无法删除属性,命令如下:

```
alter table table_name set tblproperties (property_name= property_value,
property_name=property_value,...)
```

可以增加表的元数据,last_modified_by、last_modified_time 属性自动被添加和管理,可以使用 describe extended table_name 查询新增的表属性。

6. 修改存储属性

命令如下：

```
alter table table_name clustered by (col_name, col_name, ...) [SORTED BY (col_
name, ...)] INTO num_buckets BUCKETS
```

上述修改表的语句改变了表的物理存储属性，但它仅修改表的 Hive 的元数据，不会更改现存的数据，需要自己确定实际的数据布局是否符合元数据的定义。

7. Touch 语句

存在一个直接修改 HDFS 上文件的外部脚本，当表中存储的文件在 Hive 之外被这个外部脚本修改了，不会触发 Hook 的执行，但是外部脚本可以调用 Touch 语句来触发 Hook 的执行，然后标记表或分区为已修改。修改表或者分区的语句如下：

```
alter table table_name touch partition('partition_name'='partition_value')
```

8. archive 和 unarchive 分区

为了缓解大量小文件消耗 NameNode 内存，从而引入 Hadoop Archive。它会将分区内的文件打成一个 HAR 文件，只会降低文件数，不会减少任何的存储空间。HAR 文件是通过在 HDFS 上构建一个层次化的文件系统来工作，对每一个 HAR 文件的访问都需要完成两层 Index 文件的读取和文件本身数据的读取。

UnArchive 是 Archive 的反向操作。下面是具体的语句示例，使用场景是分区表中独立的分区：

```
alter table table_name archive partition('partition_name'='partition_value')
alter table table_name unarchive partition('partition_name'='partition_value')
```

7.3.2　数据操作(DML)

本节介绍 Hive 的查询语言，加载数据到表中以及从表中导出数据。其中加载、导出数据是一个拷贝或移动的操作。

1. 向管理表中加载数据

将本地文件系统数据加载到 wenhua 数据库中的 student 表下的 academy＝CS 分区，语句如下：

```
hive> load data local inpath '/home/data/wenhua/student.txt' overwrite into
table wenhua.student partition(academy= 'CS');
```

在分区目录不存在的情况下，上述语句首先会创建分区目录，然后再加载数据到该目录下。

将 HDFS 上的数据加载到 wenhua 数据库中的 student 表下的 academy＝CS 分区，语句如下：

```
hive>  load data inpath 'hdfs://master:8020/wenhua/student.txt' overwrite in-
```

```
to table wenhua.student partition(academy='CS');
```

由上述语句可以看出,从分布式文件系统和本地文件系统加载数据语句的不同在于是否有 local 关键字以及数据源的路径。

如果目标文件夹中存在数据,在有 overwrite 关键字的情况下,用新的数据覆盖原来的数据;在没有 overwrite 关键字的情况下,目标文件夹不存在源文件名时直接追加到目标文件夹而目标文件夹存在源文件名时重新命名源文件名然后再追加到目标文件夹。

注意:① Hive 要求数据源文件和目标文件目录必须在同一个文件系统中,所以在从 HDFS 上加载数据时不能从一个集群的 HDFS 移动到另一个集群的 HDFS 中;

② inpath 下的文件路径不能包含任何文件夹,只能是文件格式;

③ 在加载数据时,Hive 不会验证所加载的数据和表的模式是否匹配,但是会验证数据的文件格式和定义的表结构是否一致。例如:student 表在创建时定义的存储格式是 textfile 格式,但是向 student 表导入的数据格式必须是 textfile 格式。

2. 将查询结果向表中加载数据

1) 静态分区插入

通过 insert 语句将查询结果加入表中,一次插入,语句如下:

```
insert overwrite table table_name
[partition (partition_name1= value1, partition_name2= value2...)]
select statement from from_table;
```

多次插入,语句如下:

```
from from_table ft
insert overwrite table_name
[partition_name1= value1, partition_name2= value2]
select statement where ft. partition_name1= value1 and partition_name2= value2
insert overwrite table_name
[partition_name1= value3,partition2= value4]
select statement where ft. partition_name1= value3 and
partition_name2= value4;
```

注意:① 如果上述语句中 select statement 中的 statement 用 * 代替,将会出现列不匹配的错误信息。因为指定了分区,所以 statement 是将分区去掉的列信息;

② 官方针对多次插入给出说明,可以混合使用 insert overwrite 和 insert into 语句。经测试发现,在混合使用的情况下,overwrite 和 into 的语义都是追加到文件中,而 overwrite 是覆盖写的意思,出现了 bug,所以混合使用不能达到用户的目的。

如果需要创建非常多的分区,上述的语句就会显得冗杂,Hive 提供了动态分区功能解决这种问题。

分区表中的数据导入非分区表,语句如下:

```
hive>  create table test_employee(id int,name string,country string,state
```

```
string) row format delimited fields terminated by '\t';
hive> insert overwrite table test_employee select * from employee;
```

employee 表是分区表,test_employee 表是非分区表,但是 test_employee 表模式和 employee 表模式相同。

2)动态分区插入

动态分区的功能在默认情况下是关闭的,这种情况下要求至少有一列分区字段是静态的,它会影响程序的设计。所以学生在使用动态分区前需要设置如表 7-5 所示的一些属性,这样有助于我们游刃有余地使用动态分区。

表 7-5　动态分区属性

属 性 名 称	缺省值	描　　述
hive. exec. dynamic. partition	false	设置成 true,表示开启动态分区功能
hive. exec. dynamic. partition. mode	strict	设置成 nonstrict,表示允许所有分区都是动态的
hive. exec. max. dynamic. partitions. pernode	100	每个 Mapper 或 Reducer 可以创建的最大动态分区个数
hive. exec. max. dynamic. partitions	1000	一个动态分区创建语句可以创建的最大动态分区个数
hive. exec. max. created. files	100000	全局可以创建的最大文件个数,Hadoop 计数器会跟踪记录创建的文件数

具体设置语句如下:

```
hive> set hive.exec.dynamic.partition=true;
hive> set hive.exec.dynamic.partition.mode=nonstrict;
hive> set hive.exec.max.dynamic.partitions.pernode=1000;
```

设置完成后,使用动态分区加载多个分区的数据,语句如下:

```
hive> insert into table staged_employees partition(cnty,st) select e.id,e.
name,e.country,e.state from employees e;
.........
```

根据 select 语句最后两列也就是 e.country,e.state 来确定分区字段 cnty 和 st。

学生可以混合使用动态和静态分区,但是静态分区键必须出现在动态分区键之前,下面是测试示例:

```
hive> insert overwrite table staged_employees partition(cnty='UK',st)
    > select e.id,e.name,e.state from employees e where e.country='UK';
```

上述语句中,cnty 是静态分区键,st 是动态分区键。同样地,select 语句最后一列也就是 e.state 确定分区字段 st。

3. 将数据从表中导出

简单地拷贝文件夹或文件,有两种方式,其中一种如下:

```
hadoop fs -cp source_ path target_ path
```

另外一种如下：

```
insert overwrite local directory '/home/data/employee'
select id,name,country,state from employees where state='UK';
```

使用 local 关键字，则 Hive 写入本地文件系统，反之写入 HDFS 中。写入文件的数据每列用'\001'分开，写进文件系统时会对文件进行序列化。如果每一列都不是原始的数据类型，那么这些列将会被序列化 JSON 的数据格式。

7.3.3 数据查询(DQL)

学生在学习这一节前要先了解 SQL 语法。Hive 的数据查询语言包括 select、where、order by、sort by、distribute by、cluster by 等。

下面是一个标准的 select 语句的语法定义：

```
select [all|distinct] select_expr,select_expr,...
from table_reference
[where where_condition]
[cluster by col_list | [distribute by col_list] [sort by col_list [desc|asc]]]
[limit number]
```

上述带有中括号[]的语句都是可选的，下面对 Hive 的数据查询的相关语句进行详细的说明。

1）all|distinct

all 定义返回所查询到的所有行记录，默认情况下就是 all；distinct 定义删除查询的重复的行记录，返回无重复的行记录。

2）select_expr

select_expr 定义表中列的数据或者对查询得到的列经过内置函数或者 UDF 等处理后的数据。

3）table_reference

table_reference 定义数据库中的表、视图或者一个 select 子查询语句。

4）where where_condition

where 定义根据 where_condition 对已查询得到的记录进行筛选。

5）distribute by col_list

distribute by col_list 控制 MapReduce 任务中 Map 的输出在 Reduce 中的划分情况，保证相同的 col_list 记录会分发到同一个 Reduce 中进行处理。

6）sort by col_list [desc|asc]

sort by col_list 对 col_list 进行 desc(降序)或者 asc(升序)，默认是升序排列的。

7）cluster by col_list

cluster by col_list 等同于 distribute by col_list 和 sort by col_list [desc|asc]这两条语句的结合，但是要求 distribute by 语句必须写在 sort by 之前。

8) limit number

limit number 定义控制查询结果的行记录数,具体的数字由 number 决定,随机选取查询结果中 number 数据输出。

9) order by

order by 对查询数据结果进行全局排序,而 sort by 在 Reduce 端对局部数据进行排序。

10) group by

group by 对查询数据结果进行分组输出。

11) join(连接语句)

在学习这一语句之前,我们先创建两张表分别为 student 表和 course 表:

```
create table student (id string,name string,sex int,academy string,telephone
string)
row format delimited fields terminated by ',';
create table course(id string,course_name string,course_grade double)
row format delimited fields terminated by ',';
```

并将准备好的数据分别加载到 student 表和 course 表中,查询数据可知:

```
hive> select * from student;
U201472810    zhangsan   1   CS    15768999351
U201472811    lisi       0   CS    15768999352
U201472812    wangwu     0   CS    15768999353
hive> select * from course;
U201472810    c 语言程序设计            85.5
U201472810    数据结构与算法设计         90
U201472811    c 语言程序设计            70
U201472811    数据结构与算法设计         65
U201472813    c 语言程序设计            88
U201472813    数据结构与算法设计         89
```

- inner join

inner join 即内连接,对上述两张表进行内连接查询:

```
hive > select s.name,s.academy,c.course_name,c.course_grade
    > from student s join course c on s.id=c.id;
zhangsan        CS        c 语言程序设计            85.5
zhangsan        CS        数据结构与算法设计         90.0
lisi            CS        c 语言程序设计            70.0
lisi            CS        数据结构与算法设计         65.0
```

on 子句指定了两张表之间数据进行连接的条件。

加入 where 条件语句后的查询 zhangsan 同学课程情况:

```
hive > select s.name,s.academy,c.course_name,c.course_grade
    > from student s join course c on s.id=c.id where s.name='zhangsan';
```

| zhangsan | CS | c 语言程序设计 | 85.5 |
| zhangsan | CS | 数据结构与算法设计 | 90.0 |

也可对多张表进行 join 连接操作，Hive 是按照从左至右的顺序执行的，先缓存左边的表。join 语句会在 where 条件判断之前执行。

● left outer join

left outer join 即左外连接，对上述两张表进行左外连接查询：

```
hive > select s.name,s.academy,c.course_name,c.course_grade
    > from student s left outer join course c on s.id=c.id;
```

zhangsan	CS	c 语言程序设计	85.5
zhangsan	CS	数据结构与算法设计	90.0
lisi	CS	c 语言程序设计	70.0
lisi	CS	数据结构与算法设计	65.0
wangwu	CS	NULL	NULL

由上述查询结果可知：左外连接操作中，符合 join 左边表中的所有记录都会被返回，而 join 右边表没有符合 on 连接条件的列的值将会是 NULL。

● right outer join

right outer join 即右外连接，对上述两张表进行右外连接查询：

```
hive > select s.name,s.academy,c.course_name,c.course_grade
> from student s right outer join course c on s.id=c.id;
```

zhangsan	CS	c 语言程序设计	85.5
zhangsan	CS	数据结构与算法设计	90.0
lisi	CS	c 语言程序设计	70.0
lisi	CS	数据结构与算法设计	65.0
NULL	NULL	c 语言程序设计	88.0
NULL	NULL	数据结构与算法设计	89.0

由上述查询结果可知：右外连接操作中，符合 join 右边表中的所有记录都会被返回，而 join 左边表没有符合 on 连接条件的列的值将会是 NULL。

● full outer join

full outer join 即全外连接，对上述两张表进行全外连接查询：

```
hive > select s.name,s.academy,c.course_name,c.course_grade
    > from student s full outer join course c on s.id=c.id;
```

zhangsan	CS	数据结构与算法设计	90.0
zhangsan	CS	c 语言程序设计	85.5
lisi	CS	数据结构与算法设计	65.0
lisi	CS	c 语言程序设计	70.0
wangwu	CS	NULL	NULL
NULL	NULL	数据结构与算法设计	89.0
NULL	NULL	c 语言程序设计	88.0

由上述查询结果可知：全外连接操作中，返回所有表中的所有记录，如果任一张表的查

询字段没有符合条件的值,那么这个字段将会返回 NULL。

- left semi-join

left semi-join 即左半开连接,它将会返回左边表的记录,select 和 where 语句中不能引用右边表的字段,否则将会抛出错误异常。对上述两张表进行左半开连接查询:

```
hive > select s.name,s.academy,c.course_name,c.course_grade
     > from student s left semi join course c on s.id=c.id;
zhangsan         CS
lisi             CS
```

由上述查询结果可知:左半开连接将会返回符合 on 条件的左边表的记录,不返回右边表的记录。通常情况下,半开连接比内连接更加高效,因为右边表查找到对应的记录就立即返回,不再往下查询。另外,Hive 不支持右半开连接。

- map join

map join 即 Hive 在 map 端执行连接操作。如果一个连接表可以放进内存中,Hive 可以在 map 的内存中执行较小表的连接操作。执行 map 端连接查询不执行 reduce 操作,所以这个查询不支持右外连接和全外连接。在 SQL 查询语句中使用注释来触发 map 连接,如下查询:

```
hive> select /*+   mapjoin(s) */ s.*,c.* from student s join course c on s.id=c.id;
U201472810   zhangsan   1   CS   15768999351   U201472810   c 语言程序设计   85.5
U201472810   zhangsan   1   CS   15768999351   U201472810   数据结构与算法设计   90.0
U201472811   lisi       0   CS   15768999352   U201472811   c 语言程序设计   70.0
U201472811   lisi       0   CS   15768999352   U201472811   数据结构与算法设计   65.0
```

7.3.4　视图

视图用于保存一个 select 语句的查询结果,是一个逻辑结构,创建视图时不物化到磁盘上,它不会存储数据。

1) 使用视图替换多层嵌套子查询

student 表和 course 表是 7.3.3 节创建的,下面是一个具有嵌套的子查询语句:

```
from (select * from student s join course c on s.id=c.id)
t select t.name where t.course_grade> 90
```

查询出课程成绩大于 90 分的学生姓名。
将嵌套子查询用视图替换:

```
create view student_name as select * from student s join course c on s.id=c.id;
```

在视图中进行查询:

```
select name from student_name where course_grade> 90;
```

这样就大大地简化了嵌套子查询语句。

2）使用视图过滤基表的数据

例如处于隐私考虑需要过滤掉 student 表中的 telephone 数据：

```
create view student_data as select id,name,sex from student;
```

通过视图 student_data 将学生的电话数据隐藏了。

3）视图删除和查看

视图删除：drop view if exists student_data；

视图查看：Hive 没有提供 show views 接口，但是用 show tables 语句也能查看到视图。

7.3.5　索引

对 student 表创建索引，语句如下：

```
hive > create index student_index on table student(id)
    > as 'org.apache.hadoop.hive.ql.index.compact.CompactIndexHandler'
    > with deferred rebuild
    > in table student_index_table;
```

对索引进行重建，语句如下：

```
hive > alter index student_index_table on student rebuild;
    > select * from student_index_table;
U201472810  hdfs://master:8020/user/hive/warehouse/student/student.txt[0]
U201472811  hdfs://master:8020/user/hive/warehouse/student/student.txt [37]
U201472812  hdfs://master:8020/user/hive/warehouse/student/student.txt [70]
```

因为创建索引时指定 deferred rebuild，而新索引是空的，所以需要对索引进行重建。

查看索引，语句如下：

```
hive> show index on student;
> student_index student id student_index_table compact
```

删除索引：

```
hive> drop index if exists student_index on table student;
```

7.4　表

Hive 表是由存储的数据和描述表的元数据组成的，元数据由 RDBMS（关系型数据库）存储并管理，不是存储在 HDFS 中。数据一般存储在 HDFS 中或者 Hadoop 的本地文件系统中。Hive 抽象结构图如图 7-2 所示。

Hive 的存储是建立在 Hadoop 文件系统之上的，它本身没有专门的数据存储格式，主要包括四类数据模型。

表（Table）：数据库表，分为 Managed Table（管理表）和 External Table（外部表）。

分区（Partition）：employees 表中包含 Country 和 State 两个分区，分别对应两个目录。

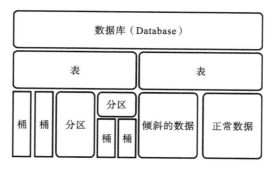

图 7-2　Hive 抽象结构图

桶(Bucket)：对于指定的列进行 Hash 计算，根据 Hash 值切分数据，每个桶对应一个文件。

外部表(External Table)：指向已经在 HDFS 中存在的数据，其数据存储在创建的 HDFS 文件中，而不存储在数据仓库中，当删除表时，数据不会被删除(和表的区别)。

7.4.1　管理表和外部表

1. 管理表

管理表也叫内部表或者托管表，Hive 控制着数据的生命周期，当管理表被删除时，这个表中的数据也会被删除。如 7.1.1 节安装 Hive 的配置文件可知，Hive 将管理表中的数据存储在配置文件中，并命名为 hive. metastore. warehouse. dir 的 Value 值所定义的目录下。

创建管理表的语句如下：

```
hive > create table student (id string,name string,sex int,password string)
    > row format delimited
    > fileds terminated by '\t';
```

2. 外部表

外部表和内部表是相对的，Hive 并不控制着数据的生命周期，也不管理着外部表的数据。外部表只是表和数据一层映射，使用外部表可以为同一个数据集关联不同的模式。当外部表被删除时，与数据之间的映射(表的元数据)也被删除了，但这个表中的数据不会被删除。创建外部表时使用 external 关键字，并且指定外部数据的存储位置，语句如下：

```
hive > create external table student (id string, name string, sex int, password
    string)
    > location '/home/data/student.txt';
```

也可以把创建数据或者修改表的存储数据地址推迟到创建表之后，语句如下：

```
hive> alter table student location '/user/hive/warehouse/wenhua.db/student';
```

非分区的外部表创建时需要指定 location，分区的外部表创建时不需要指定 location，后面使用 alter table 语句单独增加分区。

7.4.2 分区和桶

1. 分区

分区是对表的物理结构的进一步划分,使用分区后可加快数据的查询速度,一张表可以通过多维度来进行分区。分区的创建可以使用 partition by 关键字来定义,下面用 Country 和 State 来对 employee 表构建分区,语句如下:

```
hive > create table employee (id string,name string,address string,telephone string)
    > partition by (country string,state string);
```

对分区表加载数据,语句如下:

```
hive > load data local inpath '/home/data/employee/china.txt' into table employee
    > partition (country='china',state='hubei');
```

其实分区字段也可以看成表中列的属性,当查询所有列的信息时,分区字段也会出现在查询结果中。

查询表中的分区,语句如下:

```
hive> show partition employee;
> country=china/state=hubei
> country=us/state=newyork
```

2. 桶

桶是对分区的进一步划分,也是对表的进一步划分。其 Sampling(取样)更加高效,在处理大规模的数据集时,可在一小部分数据集上运行查询。使用 clusterde by 关键字指定列来划分桶和桶的个数,语句如下:

```
hive > create table bucketed_student (id int,name string)
    > clustered by(id) into 5 buckets;
```

上述语句将表 bucketed_student 按列 id 划分为 5 个桶。每个桶就是表或分区中的一个文件,一般以 00000X_0 来命名。每一个桶对应于 MapReduce 任务的输出分区,相当于 MapReduce 任务中的 Partitioner 的功能,桶的个数等同于 Reduce 任务的个数。

7.5 函数

在执行 HQL 查询时,我们一般会用到内置的数学函数,用于处理单个数据列的,表 7-6 展示了 Hive 内置的部分数学函数。

表 7-6 数学函数

返回值类型	样 式	描 述
Bigint	round(double t)	返回 Double 型 t 的 Bigint 类型的近似值
Double	round(double t,int n)	返回 Double 型 t 的保留 n 位小数的 Double 型的近似值

续表

返回值类型	样　　式	描　　述
Bigint	floor(double t)	返回小于等于 t 的最大 Bigint 型值
Bigint	ceil(double t) ceiling(double t)	返回大于等于 Bigint 型值
Double	rand() rand(int i)	每行返回一个 Double 型随机数,整数 i 是随机因子
Double	exp(double t)	返回 e 的 t 次方,返回的是个 Double 型值

聚合函数是计算多行输入得到一个输出结果,表 7-7 展示了 Hive 内置的部分聚合函数。

表 7-7　聚合函数

返回值类型	样　　式	描　　述
Bigint	count(*)	计算总行数,包括含有 NULL 值的行
Bigint	count(expr)	计算提供的 expr 表达式的值非 NULL 的行数
Bigint	count(distinct expr[,expr_.]	计算提供的 expr 表达式的值排重后非 NULL 的行数
Double	sum(col)	计算指定行的值得和
Double	avg(col)	计算指定行的值得平均值
Double	min(col)	计算指定行的最小值
Double	max(col)	计算指定行的最大值

表生成函数是和聚合函数相对的,通过它单列可扩展成多列或者多行。表 7-8 展示了 Hive 内置的部分表生成函数。

表 7-8　表生成函数

返回值类型	样　　式	描　　述
N 行结果	explode(array arr)	返回 0 到多行结果,每行都对应输入的 Array 数组中的一个元素
N 行结果	explode(map m)	返回 0 到多行结果,每行对应每个 Map 的 Key-Value 对,其中一个字段是 Map 的 Key,另一个字段对应 Map 的 Value
数组的类型	explode(array<type> a)	对于 a 中的每个元素,explode()会生成一行记录包含这个元素
结果插入表中	inline(array<struct[,struct]>)	将结构体数组提取出来并插入到表中
Tuple	json_tuple(string jsonStr,p1,p2,…,pn)	对输入的 JSON 字符串进行处理,和 get_json_object 这个 UDF 类似,不过更加高效,其通过一次调用就可以获得多个键值

Hive 所提供的内置函数有时解决不了读者想要的查询,但是 Hive 提供了 UDF(用户自定义函数),学生可以用 Java 语言写处理代码,然后打成 jar 包,在查询中调用它们。

Hive 提供的 UDF 有三种。

(1) UDF:即用户自定义的普通函数,处理单个行数据,输出一个行数据。

(2) UDAF:即用户自定义的聚合函数,处理多个行数据,输出一个行数据。

(3) UDTF:即用户自定义的表生成函数,处理单个行数据,输出多个行数据。

下面分别介绍这三种 UDF。

7.5.1 UDF

UDF 必须满足两个条件:① 必须是 org. apache. hadoop. hive. ql. exec. UDF 的子类;② 必须实现了 evaluate()方法。其中 evaluate()方法不是接口定义的,它的签名、返回值类型以及数据类型都不是确定的。Hive 会查找 UDF 中满足条件的 evaluate()方法。

通过示例分析 UDF,求一个升序数组中,N 个最大值的和。其 Java 代码如例 7-1 所示。

例 7-1 求一个升序数组中,N 个最大值的和的 UDF。

程序如下:

```
package com.wenhua.udf;

import org.apache.commons.lang.StringUtils;
import org.apache.hadoop.hive.ql.exec.UDF;
import java.lang.Object;
public class wenhuaUDF extends UDF {
    /
     * 返回升序数组的 N 各最大值的和
     * @param arguments 第一个参数为 hive 的数组,对应 java 的 list,第二个参数为 size
     * @return
     */
    public long evaluate(Object[] arguments) {
        List<Object> list=(List<Object>)arguments[0];
        if(list.size()==0){
            return 0l;
        }
        int index=(int)Double.parseDouble(arguments[1].toString());
        if(list.size()<index){
            index=list.size();
        }
        long result=0l;
        for (int i=0; i <index; i++ ) {
            result + =Long.parseLong(list.get(list.size()-1-i).toString());
        }
        return result;
    }
```

```
    }
```

把程序打成 Jar 包,并创建临时函数(自定义函数 class 文件需要在 Hive 的 classpath下),语句如下:

```
add jar /home/software/hive-1.2.1/lib/sizesum.jar
create temporary function size_sum as 'com.wenhua.udf. wenhuaUDF
```

与使用内置函数一样使用 UDF,语句如下:

```
hive > select size_sum(address) from student;
    > 40
```

7.5.2　UDAF

UDAF 必须满足两个条件:① 创建一个继承 org. apache. hadoop. hive. ql. exec. UDAF的类 Resolver;② 在类 Resolver 中创建一个静态内部类 Evaluator,并实现以下 5 个方法。
- init()方法:初始化计算函数。
- iterate()方法:对每一行的输入数据进行聚集计算。
- terminatePartial()方法:返回部分聚集计算的结果。
- merge()方法:合并多个部分聚集计算的结果。
- terminate()方法:返回最终的聚集计算的结果。

Evaluator 实现了 UDAF 真正的处理逻辑,Hive 通过 Resolver 类从具体参数找到对应的 Evaluator 类。

通过示例分析 UDAF,程序如下:

```
package com.wenhua.udaf;

import org.apache.hadoop.hive.ql.exec.UDAF;
import org.apache.hadoop.hive.ql.exec.UDAFEvaluator;
import org.apache.hadoop.io.Text;
import java.util.HashMap;
import java.util.Map;
public class wenhuaUDAF extends UDAF {
    public static class Evaluator implements UDAFEvaluator
    {
        //存放不同学生的总分
        private static Map<String,Integer> ret;

        public Evaluator()
        {
            super();
            init();
        }
```

```
//初始化
public void init()
{
    ret=new HashMap<String,Integer> ();
}

//Map 阶段,遍历所有记录
public boolean iterate(String strStudent,int nScore)
{
  if(ret.containsKey(strStudent))
  {
     int nValue=ret.get(strStudent);
     nValue +=nScore;
     ret.put(strStudent,nValue);
  }
  else
  {
     ret.put(strStudent,nScore);
  }
  return true;
}

//返回最终结果
public Map<String,Integer> terminate()
{
  return ret;
}

//Combiner 阶段,本例不需要
public Map<String,Integer> terminatePartial()
{
    return ret;
}

//Reduce 阶段
public boolean merge(Map<String,Integer> other)
{
    for (Map.Entry<String, Integer> e:other.entrySet()) {
        ret.put(e.getKey(),e.getValue());
    }
    return true;
}
  }
}
```

使用 UDAF,程序如下:

```
hive > add jar /home/software/hive-1.2.1/lib/score.jar;
    > create temporary function totalscore as 'com.wenhua.udaf. wenhuaUDAF ';
    > select totalscore(course_grade) from course;
```

7.5.3　UDTF

UDTF 必须满足两个条件:① 创建一个继承 org. apache. hadoop. hive. ql. udf. generic. GenericUDTF 的类;② 实现以下三个方法。

- initialize:返回 UDTF 所设定的行信息,完成初始化工作,然后调用 process 方法。
- process:调用 forward()方法产生一行,将产生多个列的值放在一个数组中,再将该数组传入到 forward()函数中。
- close:最后调用的关闭方法。

通过示例分析 UDTF,程序如下:

```
package com.wenhua.udtf;
import java.util.ArrayList;

import org.apache.hadoop.hive.ql.udf.generic.GenericUDTF;
import org.apache.hadoop.hive.ql.exec.UDFArgumentException;
import org.apache.hadoop.hive.ql.exec.UDFArgumentLengthException;
import org.apache.hadoop.hive.ql.metadata.HiveException;
import org.apache.hadoop.hive.serde2.objectinspector.ObjectInspector;
import org.apache.hadoop.hive.serde2.objectinspector.ObjectInspectorFactory;
import org.apache.hadoop.hive.serde2.objectinspector.StructObjectInspector;
import org.apache.hadoop.hive.serde2.objectinspector.primitive.Primitive-
ObjectInspectorFactory;

public class wenhuaUDTF extends GenericUDTF{
    Integer nTotalScore=Integer.valueOf(0);       //总分
    Object forwardObj[]=new Object[1];
    String strStudent;                            //学生姓名
    @Override
    public void close() throws HiveException {
                                                  //输出最后一个学生的总分
      forwardObj[0]=(strStudent+ ":"+ String.valueOf(nTotalScore));
      forward(forwardObj);
    }

    @Override
    public StructObjectInspector initialize(ObjectInspector[] args)
    throws UDFArgumentException {
        strStudent="";
```

```
    ArrayList<String> fieldNames=new ArrayList<String> ();
        ArrayList<ObjectInspector> fieldOIs=new ArrayList<ObjectInspec-
        tor> ();
        fieldNames.add("col1");
         fieldOIs.add(PrimitiveObjectInspectorFactory.javaStringObjectIn-
        spector);
        return
        ObjectInspectorFactory.getStandardStructObjectInspector
        (fieldNames,fieldOIs);
    }
    @Override
    public void process(Object[] args) throws HiveException {
        if(! strStudent.isEmpty() && ! strStudent.equals(args[0].toString()))
        {
            //当学生名字变化时,输出该学生的总分
            String[] newRes=new String[1];
            newRes[0]= (strStudent+ ":"+ String.valueOf(nTotalScore));
            forward(newRes);
            nTotalScore=0;
        }
        strStudent=args[0].toString();
        nTotalScore+ =Integer.parseInt(args[1].toString());
        }
}
```

使用 UDTF,程序如下:

```
hive > add jar /home/software/hive-1.2.1/lib/udtf_score.jar;
    > create temporary function score as 'com.wenhua.udtf. wenhuaUDTF ';
    > select score (course_grade) from course;
```

7.6 Hive 的实践

可使用不同语言(Java、C++、Python 以及 PHP 等)编写的客户端访问 Hive,Hive 服务器与 Hive 进行通信可使用三种(Thrift、JDBC 和 ODBC)连接器的客户端,服务器监听的端口号可通过设置 HIVE_PORT 来实现,默认情况下,HIVE_PORT 端口号是 10000,如图 7-3 所示是客户端三种访问 Hive 的结构图。

7.6.1 Hive 的 JDBC 接口

首先启动 Hive Thrift 服务,语句如下:

```
hive> hive --service hiveserver2
```

启动 hiveserver 服务,通过 JDBC 示例代码演示 Hive 查询操作,语句如下:

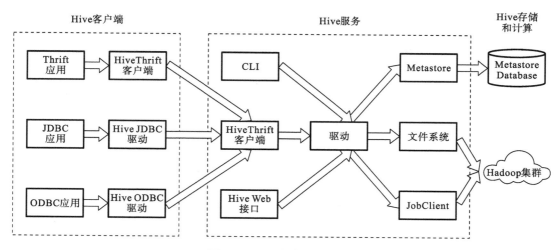

图 7-3　Hive 客户端-服务图

```java
package com.royal.service;

import com.royal.dao.ICityDao;
import com.royal.entity.City;
import com.royal.utils.TreeUtil;
import org.springframework.stereotype.Service;

import javax.annotation.Resource;
import java.sql.*;
import java.util.ArrayList;
import java.util.List;

/* *
 * Created by RoyalFeng on 2016/10/12.
 */

@Service
public class CityService {
    /* * Hive 的驱动字符串 */
    private static String driver="org.apache.hive.jdbc.HiveDriver";

    @Resource
    ICityDao iCityDao;

    //根据 id 查找子节点
    public List<City> returnTree(int rootId){
        TreeUtil treeUtil=new TreeUtil();
        return treeUtil.getChildrenNodeById(rootId);
```

```
        }

    //三层树结构
    public City recursiveTree(int rootId){
        TreeUtil treeUtil=new TreeUtil();
        return treeUtil.generateTreeNode(rootId);
    }


    public List<City> getAllCitys(){
        City city=null;
        List<City> citys=new ArrayList< >();
        try{
            //加载 Hive 驱动
            Class.forName(driver);
            //获取 Hive2 的 JDBC 连接,注意默认的数据库是 default
        Connection conn=DriverManager.getConnection("jdbc:hive2://
        master:10000/default","root", "123456");
            String sql="select  * from test";
            PreparedStatement st=conn.prepareStatement(sql);
            ResultSet rs=st.executeQuery();
            while(rs.next()){
                city=new City();
                city.setCount(rs.getString("count"));
                city.setName(rs.getString("name"));
                city.setId(rs.getString("id"));
                city.setParentid(rs.getString("parentid"));
                citys.add(city);
            }
            st.close();
            conn.close();
        }catch (SQLException e){
            throw new RuntimeException(e);
        }catch (Exception e){
            System.out.print(e.toString());
        }
        return citys;
    }
```

实现以下两步即可查询操作:

① Class. forName("org. apache. hive. jdbc. HiveDriver")加载驱动;

② Connection conn=DriverManager. getConnection("jdbc:hive2://master:10000/default","root", "123456");获取 hive2 的 jdbc 连接,其中 root 和 123456 是 mysql 数据库的连接账号和密码。

上述代码是 JDBC 连接 Hive server,学生也可使用 ODBC、Python 等尝试连接 Hive

server。

7.6.2　Hive 数据分析

我们在前面的章节已经探讨过 Hive 将 SQL 编译为 MapReduce 任务,执行 HQL 的过程就是执行 MapReduce 任务的过程。

常见的 SQL 语句转换为 MapReduce,如下:Join、Group By、Distinct。

(1) Join 的实现原理(见图 7-4):

```
selects.name,c.Cid from course o join student s on s.uid=c.uid;
```

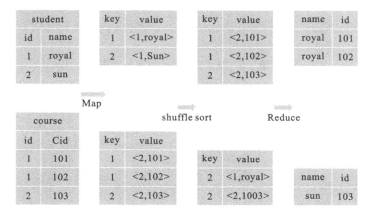

图 7-4　Join 的实现原理

(2) Group By 的实现原理(见图 7-5):

```
select rank,isonline,count(*) from city group by rank,isonline;
```

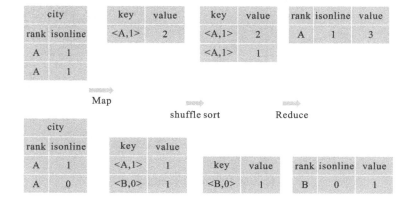

图 7-5　Group By 的实现原理

(3) 单个 Distinct 的实现原理(见图 7-6):

```
select Cid,count(distinct Cid) num from course group by Cid;
```

id	Cid
1	101
2	102
2	101

key	value	Partition Key
<101,1>	1	101
<102,2>	1	102
<101,2>	1	101

key	value
<101,1>	1
<101,2>	1
<101,2>	1

Cid	num
101	2

Map   shuffle sort   Reduce

id	Cid
1	102
1	102
2	101

key	value	Partition Key
<102,1>	1	102
<101,2>	1	101

key	value
<102,1>	2
<102,2>	1

Cid	num
102	2

图 7-6　单个 Distinct 的实现原理

（4）多个 Distinct 的实现原理（见图 7-7）：

```
select Cid,count(distinct id),count (distinct date) from course group by Cid;
```

第一种实现方式：

id	Cid	date
1	101	111
2	102	111
2	101	112

Map →

key	value	Partition Key
<101,1,111>	1	101
<102,2,111>	1	101
<101,2,112>	1	101

第二种实现方式：

id	Cid	date
1	101	111
2	102	111
2	101	112

Map →

key	value	Partition Key
<101,0,111>	1	101
<101,1,111>	1	101
<101,0,2>	1	101
<101,1,111>	1	101
<101,0,2>	1	101
<101,1,112>	1	101

图 7-7　多个 Distinct 的实现原理

第8章 分布式实时计算框架 Storm

8.1 背景介绍

8.1.1 实时计算场景

前面已介绍了诸多大数据技术,通过这些技术,可以方便从爆发式增长的数据信息中获得有价值的数据信息。虽然前面介绍的 MapReduce 计算框架让数据分析人员处理大规模数据分析更加便捷,但由于 MapReduce 计算框架自身的特点,它只能普遍应用在离线批处理程序中。然而,在当今时代信息爆发式增长的同时,人们对信息时效性的要求也越来越高。

以我们常用的音乐播放器软件为例,某用户平时搜索了与国产电视剧相关的音乐,并收听了一些国产电视剧音乐。他今天准备跑步,希望听到国外的摇滚音乐,但是无论他今天搜索了多少摇滚音乐,系统还是会在私人 FM 频道为他不遗余力地推荐与国产电视剧相关的音乐,而对他寻找摇滚音乐的行为视而不见,那么这个系统的设计是有缺陷的。

为什么会出现上面的情景?熟悉系统开发的人员都知道,这是因为用户推荐功能的设计思路是每天为用户进行一次全量的日志处理,以此为经验推断用户的喜好,而且这个过程一般是在系统负载比较低的深夜进行,那么用户今天白天做的事情只能在明天才能反映出来。在这种场景下,我们就需要一个实时计算的系统来满足类似业务的需要。

8.1.2 实现一个实时计算系统

大数据使用已经广泛、成熟的开源软件为 Hadoop 或者 Hive。基于开源软件实现自己的批处理系统,Hadoop 由于吞吐量大、容错性强等特点,在海量数据处理上得到了业内的普遍认可。但是,Hadoop 并不适合实时计算的场景,因为 Hadoop 的设计者在设计它时就是为了解决批处理问题。那么,若是让我们自己设计实时计算系统,有哪些问题需要我们去考虑?

- 低延迟:一个实时计算系统,对于海量数据处理的延迟必须在秒级以下。
- 高性能:实现实时计算不能以大量牺牲机器的性能为代价。
- 分布式:系统设计要联系其应用场景,若是应用场景的业务、数据和计算的需求用单机就能解决,那么不用考虑分布式。
- 可伸缩性强:随着业务的发展,数据量、计算量也会不断增大,系统需要简单、快速地实现计算任务的扩容。
- 高容错:分布式情况下,单机节点的工作状态不影响整个集群中任务的处理结果。
- 易于开发:应用程序开发者不需要考虑系统底层的消息传递、任务调度等。

● 消息不丢失：每条消息至少被成功处理一次，如果是要求精确计算的场景，每条消息仅被成功处理一次。

● 消息严格有序：有些消息之间是相互关联的，比如同一条数据的新增和修改，需要严格根据消息的发布顺序执行。

由此可见，实现一个实时计算系统的难度和代价十分巨大，开发者不仅要关注应用逻辑计算处理本身，还要为了数据的实时流转、交互、分布大伤脑筋。而 Storm 针对上述问题，给出了它的解决方案。

8.2　Storm 体系概要

8.2.1　Storm 简介

Storm 是 Twitter 开源的实时计算系统，它具有分布式、高容错的特征，项目托管在全球知名的开源社区——Github 上，项目地址为：https://github.com/apache/storm，目前的最新版本为 2.2.0。Storm 通过简单的 API 使开发者可以简单可靠地处理持续的数据流来进行实时计算，它使用 Clojure 语言编写。

Storm 在分布式流处理时，通过一组指定的通用原语，实时对消息进行处理并对持久化的数据进行更新；Storm 也经常用来进行"连续计算"，对数据流做一系列连续操作，并将处理结果以流的形式返回给用户；Storm 还可用于分布式远程方法调用，以并行的方式运行开销大的计算。

Storm 可以便捷地在一个处理机集群中实现或修改复杂的实时计算组件，Storm 用于实时处理，就好比 Hadoop 用于批处理。Storm 可以让每个消息都得到处理，并且运行效率高、吞吐量大，当处理机集群为小集群时，Storm 可以每秒处理百万级的消息。Storm 还提供了多种编程语言的 API 支持，可以使用如 Java、Scala 等编程语言来做开发，Storm 还支持流式传输到 Storm 拓扑结构中的结构化查询语言通信——可以通过标准输入、标准输出以 JSON 格式协议与 Storm 集群通信。

8.2.2　Storm 数据模型

Storm 使用 Tuple 来作为它的数据模型。Tuple 是一系列值的集合，每个值都有一个 Key，并且它的值支持任意数据类型。当前版本下，Storm 中的 Tuple 的值几乎支持所有的数据类型，而且 Storm 还支持自定义的类型来作为值的类型，只需要自行编写自定义类型的序列化过程。

一个 Tuple 表示流式数据中的一个基本单元，如图 8-1 中的 Tuple，它包含 4 个 Field。

Field1(String)	Field2(Int)	Field3(Char)	Field4(Float)

图 8-1　Tuple 结构

Tuple 本质上是由一个 Key-Value 对组成的 Map，但由于实现计算组件时，Tuple 中每个 Field 的 Key 已经完成定义，所以 Tuple 只需按序填入各个 Field 的 Value，构造一个

Value 的集合即可,如图 8-2、图 8-3 所示。

```java
@Override
public void nextTuple() {
    this.spoutOutputCollector.emit(new Values("a", 1, 0.3D), "this is a tuple");
}
```

图 8-2　在 Spout 中发布一个 Tuple

```java
@Override
public void execute(Tuple tuple) {
    List<Object> values = tuple.getValues();
    values.forEach(o -> System.out.println("execute value " + o));
    this.collector.ack(tuple);
}
```

图 8-3　在 Bolt 中处理 Tuple

8.2.3　Storm 组件及核心概念

在 Storm 中有一些核心基本概念,包括 Nimbus、Supervisor、Worker、Task、Executor、Topology、Spout、Bolt、Tuple、Stream、Stream Grouping 等,接下来具体看看这些概念。

1. 集群概念

集群由代表各个角色的物理节点组成。

(1) Nimbus:与 Hadoop 中的 JobTracker 相似,负责代码分发、资源分配以及计算任务调度,并且监控整个分布式集群的运行状态。

(2) Supervisor:类似于 Hadoop 里的 TaskTracker,负责接收 Nimbus 分配的任务、Startup 或 Shutdown 节点管理的 Worker 进程。

(3) Worker:运行具体逻辑处理组件的应用进程,Topology 的子集由各个 Worker 进程执行,相当于每个 Worker 处理一个 Job,而正在运行中的 Topology 由集群中诸多 Worker 进程组成。

(4) Task:Worker 中每一个 Spout /Bolt 的线程称为一个 Task。在 Storm 0.8 之后,物理线程会被 Spout /Bolt 共享,这样的物理线程称为 Executor。

图 8-4 所示的为集群中角色的关系。

2. 计算组件概念

(1) Topology(计算拓扑):在 Storm 的概念中,把一个由多个逻辑处理组件组装而成的实时计算应用程序称为 Topology。Topology 由众多 Spout 和 Bolt 组成一个有向无环图结构,其中 Spout 和 Bolt 以消息分组策略相连接。Topology 虽然类似于 Hadoop 中的 MapReduce Job,但它们有关键上的区别:MapReduce Job 在运行终点会使整个计算程序停止;而 Storm 中的 Topology 会不停地运行,除非手动关闭它。

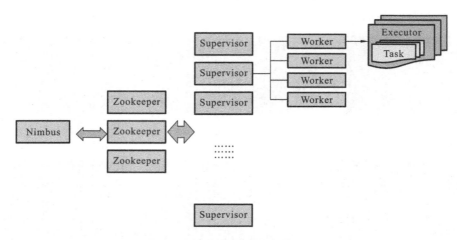

图 8-4 Storm 集群中角色的关系

（2）Spout（数据源）：在一个 Topology 中产生源数据流的组件。一般情况下，Spout 会从数据源（数据库或磁盘文件）中读取数据，并将数据转换为 Storm 中流通的数据形式。

（3）Bolt（消息处理者）：在 Storm 中接收上游发送的数据并对其进行逻辑处理的组件。Bolt 可以执行任意用户定义的业务操作，如归约、计算、写数据库等。

（4）Tuple（元组）：消息传递的基本单元，在第 8.2.2 节中已做了介绍。

（5）Stream（消息流）：Storm 中的消息流是一种抽象概念，实际是一个无边界的 Tuple 序列。消息流被 Spout/Bolt 组件生产或消费，在 Storm 中以二进制序列的形式进行传输。每个消息流在定义的时候需要分配一个 ID。最常见的消息流是单向的消息流，在 Storm 中，OutputFieldsDeclarer 定义了一些方法，可以让你定义一个 Stream 而不用指定这个 ID。在这种情况下，这个 Stream 会有一个默认的 ID，即 1。

（6）Stream Grouping（消息分组策略）：即消息流的分组策略，用于定义以 Tuple 的方式传递两个组件。在定义一个 Topology 时，需要制定每个 Bolt 接收数据流的策略。Stream Grouping 就是用来定义 Stream 应该如何分配 Bolts 上的多个 Tasks。

Storm 里面有 6 种类型的 Stream Grouping。

● Shuffle Grouping：随机分组，是最常见的分组方式。Storm 会随机选择 Stream 中的 Tuple，并发送给下游的 Bolt，其原则是令各 Bolt 实例接收到的 Tuple 数量均衡。

● Fields Grouping：按字段分组，用于定义一个确定的字段，保证该字段中相同的 Tuple 会被同一个 Bolt 消费，而该字段中不同的 Tuple 则会被不同的 Bolt 消费。

● All Grouping：广播发送，对于每一个 Tuple，所有的 Bolt 都会收到。

● Global Grouping：全局分组，这个 Tuple 被分配到 Storm 中的 Bolt 上的其中一个 Task。

● Non Grouping：不分组，表示 Tuple 可以被任意 Bolt 消费。

● Direct Grouping：直接分组，这种分组方法较为特殊。使用该分组方式，消息就会被指定的消费者指定由哪个 Task 处理。

图 8-5 所示的为计算组件之间的关系。

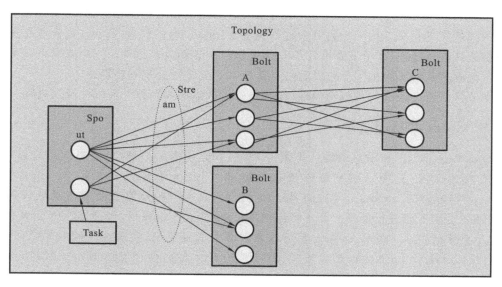

图 8-5　Storm 中计算组件之间的关系

8.2.4　Storm 特征

正如 Hadoop 定义了 MapReduce 计算原语,从而简化了大数据并行批处理的工作一样,Storm 也为实时计算定义了计算原语,从而简化了并行实时数据处理的复杂性。Storm 官方列举了如下几个 Storm 的关键特征。

● 适用场景广:Storm 提供的计算原语适用于大多数应用场景,比如消息流的处理、对数据库进行持续操作,它采用分布式并行化的方式将一些对资源消耗较大的任务进行处理。

● 可伸缩性强:Storm 集群的计算效率高,吞吐量大,可以达到每秒钟百万级数。如果需要在现有集群的基础上扩展计算业务,只需要在集群中添加机器,同时增加任务并行度即可。Storm 之所以有较强的可伸缩性,主要是因为 Storm 的集群配置、任务调度等工作是基于 Apache ZooKeeper 的。

● 保证数据不丢失:Storm 能确保每一条消息都会被处理,这也是实时计算平台的关键。

● 健壮性强:Storm 的设计理念之一就是方便管理,它不要求集群管理人员掌握很多 Storm 的配置、维护、调优的知识。

● 高容错:Storm 可以通过消息的响应来判断消息是否处理失败,如果处理失败,Storm 会将消息再次发送。这种方式可以确保一个消息的成功处理。

● 语言无关性:Storm 中的数据源组件和逻辑处理组件均允许用户使用任何语言来定义,尽管通常使用的是 Java,但是 Storm 中的 Topology 可以用任何语言设计。

8.3　Storm 数据流模型

通过前面内容的学习,我们知道 Storm 是一个分布式、高容错、可靠性强的实时计算平台。

实际上，Storm 集群在运行过程中会把工作任务委托给不同类型的组件，每个组件负责处理一项特定的任务。Storm 集群中的数据源由 Spout 组件管理，Spout 生产数据并发送给下游组件进行处理，其中下游组件是一种叫 Bolt 的逻辑处理组件。一个 Strom 计算任务的整个流程就是将 Spout 生产的数据在许多 Bolt 之间进行处理和转换。

本节将介绍 Storm 的数据流模型，即 Storm 的数据源和数据处理组件及其机制。

8.3.1　Spout 数据源组件

Spouts 是 Storm 中最重要的计算组件，它的职责是生产消息流，并将消息流以 Tuple 的形式发送出去，以便下游的组件接收并处理。Storm 中定义了两种 Spouts：可靠的 Spouts 和非可靠的 Spouts。可靠的 Spouts 会保证任何 Tuple 在没有被成功处理的情况下，重新发送到下游进行处理。而不可靠的 Spouts 发送 Tuple 后，即便该 Tuple 被处理失败，也不会重新发送。每个 Spouts 都可以发射多个消息流，要实现这样的效果，可以使用 OutFieldsDeclarer.declareStream 来定义多个 Stream，然后使用 SpoutOutputCollector 来发射指定的 Stream。

图 8-6 所示的为实现 IRichSpout 接口的 Spout 类。

```
public class SpoutDeamon implements IRichSpout {
    @Override
    public void open(Map map, TopologyContext topologyContext, SpoutOutputCollector spoutOutputCollector) {...}

    @Override
    public void close() {...}

    @Override
    public void activate() {...}

    @Override
    public void deactivate() {...}

    @Override
    public void nextTuple() {...}

    @Override
    public void ack(Object o) {...}

    @Override
    public void fail(Object o) {...}

    @Override
    public void declareOutputFields(OutputFieldsDeclarer outputFieldsDeclarer) {...}

    @Override
    public Map<String, Object> getComponentConfiguration() { return null; }
}
```

图 8-6　实现 IRichSpout 接口的 Spout 类

图 8-6 中的接口方法对应着 Spout 各个生命周期，下面详细介绍一个 Spout 实例在 Topology中都经历了哪些阶段。

（1）在定义 Topology 实例过程中，定义好 Spout 实例。

（2）在提交 Topology 实例给 Nimbus 的过程中，会调用 TopologyBuilder 实例的 createTopology()方法，以获取定义的 Topology 实例。在运行 createTopology()方法的过程中，会去调用 Spout 上的 declareOutputFields()方法和 getComponentConfiguration()方法，

declareOutputFields()方法配置 Spout 实例的输出,getComponentConfiguration()方法输出针对 Spout 实例的配置项参数。Storm 会将上述流程中涉及的数据序列化,并将数据传输给 Nimbus。

（3）Worker 节点上的 Thread,接收 Nimbus 的序列化数据,并对其反序列化,从而获得 Spout 实例,以及该实例对应的配置项等。在 Thread 中 Spout 实例的 declareOutputFields()和 getComponentConfiguration()方法不会再运行。

（4）当 Thread 获得一个 Spout 实例及其配置后,它将先调用该 Spout 实例的 open()方法,在这个方法调用中,需要传入一个 SpoutOutputCollector 实例,后面使用该 SpoutOutputCollector 实例输出 Tuple。

（5）Spout 实例会先保持 Deactivated 模式,并在一段时间后切换到 Activated 模式,同时调用 Spout 实例的 activate()方法。

（6）在 Thread 中按配置的 Task 数量新建 Task 集合,在每个 Task 中轮询调用线程池 Thread 对应的 Spout 实例的 nextTuple()、ack()和 fail()方法。任务处理成功,调用 ack()方法;任务处理失败,调用 fail()方法。

（7）Topology 运行过程中,如果发送失效命令给 Thread,那么这个 Thread 所拥有的所有 Spout 实例会切换到 Deactivated 模式,同时调用这些 Spout 实例的 deactivate()方法。

（8）当关闭一个 Thread 时,Thread 对应的 Spout 实例会调用 close()方法,可以在该方法中对一些资源进行释放操作。但如果是强制关闭 Thread,那么这个 close()方法有可能不会被调用。

综上所述,Spout 组件在其整个生命周期中,最重要的方法就是 nextTuple()方法,在该方法中可以发射一个消息 Tuple 到 Topology 中,处在下游的 Bolt 组件会接收并处理该 Tuple,然后通知 Spout 该 Tuple 已被处理。我们在编写 Spout 组件时应该注意一点,在 nextTuple()方法中不允许出现阻塞 Spout 的代码,原因是 Storm 在同一 Thread 中调用 Spout 的所有方法。在 Spout 组件中还有两个比较重要的方法:ack()和 fail()。ack()方法在一个 Tuple 被成功处理完成后被调用,如果没有得到 Tuple 被处理的通知,则调用 fail()方法。注意,只有对于可靠的 Spout,才会调用 ack()方法和 fail()方法。

8.3.2　Bolt 消息处理组件

Bolts 是 Storm 集群里的一种重要组件,除数据源读取操作外,任何针对消息的处理逻辑都可以在 Bolt 中实现,可以用 Bolt 实现对数据的过滤、分类、归约、更新数据库等一系列操作。Bolt 的功能由用户定义,它可以是消息的处理者,甚至可以对消息不做处理,只对消息进行转发。如果需要 Bolt 对数据做比较复杂的处理,那么可以定义多个 Bolt 来进行。事实上,在实际应用中,一条消息通常需要经过多个处理步骤。例如,统计今日播放量排行前十名的音乐,首先要对当天所有播放过的音乐根据播放次数进行排序操作,之后在结果集中取出前十名的音乐的基本信息。一般情况下,一个完整的 Topology 会包含许多 Bolt,它们之间相互关联,形成复杂的有向无环图结构。

图 8-7 所示的为实现 IRichBolt 接口的 Bolt 类。

图 8-7 中的接口方法对应着 Bolt 各个生命周期,下面详细介绍一个 Bolt 实例在 Topol-

```
public class BoltDeamon implements IRichBolt {

    @Override
    public void prepare(Map map, TopologyContext topologyContext, OutputCollector outputCollector) {...}

    @Override
    public void execute(Tuple tuple) {...}

    @Override
    public void cleanup() {...}

    @Override
    public void declareOutputFields(OutputFieldsDeclarer outputFieldsDeclarer) {...}

    @Override
    public Map<String, Object> getComponentConfiguration() { return null; }
}
```

图 8-7　实现 IRichBolt 接口的 Bolt 类

ogy 中都经历了哪些阶段。

（1）在定义 Topology 实例过程中，定义好 Bolt 实例。

（2）在提交 Topology 实例给 Nimbus 的过程中，会调用 TopologyBuilder 实例的 createTopology（）方法，以获取定义的 Topology 实例。在运行 createTopology（）方法的过程中，会去调用 Bolt 上的 declareOutputFields（）方法和 getComponentConfiguration（）方法，declareOutputFields（）方法配置 Bolt 实例的输出域，getComponentConfiguration（）方法输出针对 Bolt 实例的配置项参数。Storm 会将上述流程中涉及的数据序列化，并将数据传输给 Nimbus。

（3）Worker 节点上的 Thread，接收 Nimbus 的序列化数据，并对其反序列化，从而获得 Bolt 实例，以及该实例对应的配置项等。

以上三点与 Spout 类似，Bolt 会在处理具体逻辑之前完成这些工作。

（4）当 Thread 获得一个 Bolt 实例及其配置后，它将先调用该 Bolt 实例的 prepare（）方法，这个方法需要一个 OutputCollector 实例作为参数传入，如果希望数据流被下游定义的 Bolt 组件处理，则需要使用该 OutputCollector 实例输出 Tuple，否则不会用到该 OutputCollector 实例。

（5）在 Thread 中按配置的 Task 数量新建 Task 集合，在每个 Task 中轮询调用线程池 Thread 对应的 Bolt 实例的 execute（）方法来处理来自上游的 Tuple。

（6）在关闭一个 Thread 时，Thread 对应的 Bolt 实例会调用 cleanup（）方法，我们可以在该方法中对一些资源进行释放操作。

Bolts 不仅可以接收消息，也可以像 Spout 一样发送多条消息流，还可以使用 OutputFieldsDeclarer.declareStream 定义输出 Stream，使用 OutputCollector.emit 来发送 Stream。编写 Bolt 组件时，最重要的方法就是 execute（）。该方法将从上游接收到的 Tuple 作为参数传入，可以在 execute（）方法中对 Tuple 进行业务逻辑处理，每个处理过的 Tuple 都必须调用 OutputCollector 的 ack（）方法，ack（）方法的作用是向上游通知，这个 Tuple 被处理完成，并最终会通知到该消息的数据源组件，即发送该消息的 Spout 组件。

综上，一个消息在 Bolt 中的处理过程是：Bolt 组件接收到 Tuple 并对 Tuple 进行业务处理，然后可以自由选择发送或不发送 Tuple，最后调用 OutputCollector 的 ack（）方法向上游通知消息已处理。

8.3.3　Topology（拓扑）

我们在第 8.2.3 节了解了 Topology 的基本概念，并在第 8.3.1 节和第 8.3.2 节学习了 Topology 中的重要组件，本节将详细介绍 Topology 的设计、提交、运行等过程。

所谓 Topology（拓扑），是由我们设计的众多 Spout/Bolt 组成的有向图。你需要在 Topology 中定义各组件之间交换数据的流程。Topology 的运行很简单，将我们开发的 Storm 程序及其依赖的第三方 jar 包打包成一个单独的 jar 包，然后提交到 Storm 集群中，并运行命令，如图 8-8 所示。

```
DESKTOP-HHRIUOG MINGW64 /e/myGit/acar-test/test-storm (master)
$ storm jar storm-test.jar com.test.commons.TopologyMain arg1 arg2
```

图 8-8　终端运行 Storm 程序

1. Topology 运行流程

Topology 运行流程包括以下几方面。

（1）提交 Storm 应用后，程序会被存储在 Nimbus 节点的 inbox 目录下，然后当前 Storm 运行的配置会被生成为一个 stormconf.ser 文件，并将该文件和序列化之后的 Topology 程序存储到 Nimbus 节点下的 stormdist 目录。

（2）在配置 Topology 中 Spouts 和 Bolts 的关系时，可以同时配置 Spouts 和 Bolts 的 Executor 及 Task 的数量，默认情况下，一个 Topology 的 Task 的总数等于 Executor 的总数。然后，系统会根据 Worker 的数量，尽可能均匀的分配 Task 的执行。这个过程中，Worker 在哪个 Supervisor 节点上运行是由 Storm 本身决定的。

（3）任务分配完成后，Nimbus 节点会把任务信息提交到 ZooKeeper 集群中，同时在 ZooKeeper 集群中有一种节点——Workerbeats，它维护此 Topology 的所有 Worker 进程的心跳信息 。

（4）Supervisor 节点通过轮询 ZooKeeper 的 Assignments 节点，来获得该节点中保存的 Topology 关键信息，并领取任务，然后启动 Worker 进程，运行领取到的任务 。

（5）Topology 运行开始后，会通过数据源组件 Spouts 不断地发送无界的消息流，这些消息流会被下游接收到消息的 Bolts 来处理。

Storm 中的一个 Topology 会持续运行，直到用户手动结束 Topology。

2. 定义 Topology

程序中构建 Topology 可以通过 org.apache.storm.topology 包下的 TopologyBuilder 类进行构建，如图 8-9 所示。

图 8-9 中的 TopologyBuilder 类提供了 setSpout、setBolt 方法来构建 Topology，并可以通过调用 setSpout、setBolt 的重载方法 setSpout（String id，IRichSpout spout，Number

```
public class TopologyBuilder {
    private Map<String, IRichBolt> _bolts = new HashMap();
    private Map<String, IRichSpout> _spouts = new HashMap();
    private Map<String, ComponentCommon> _commons = new HashMap();
    private Map<String, StateSpoutSpec> _stateSpouts = new HashMap();

    public TopologyBuilder() {...}

    public StormTopology createTopology() {...}

    public BoltDeclarer setBolt(String id, IRichBolt bolt) { return this.setBolt(id, (IRichBolt)bolt, (Number)null); }

    public BoltDeclarer setBolt(String id, IRichBolt bolt, Number parallelism_hint) {...}

    public BoltDeclarer setBolt(String id, IBasicBolt bolt) { return this.setBolt(id, (IBasicBolt)bolt, (Number)null); }

    public BoltDeclarer setBolt(String id, IBasicBolt bolt, Number parallelism_hint) {...}

    public SpoutDeclarer setSpout(String id, IRichSpout spout) { return this.setSpout(id, spout, (Number)null); }

    public SpoutDeclarer setSpout(String id, IRichSpout spout, Number parallelism_hint) {...}

    public void setStateSpout(String id, IRichStateSpout stateSpout) {...}

    public void setStateSpout(String id, IRichStateSpout stateSpout, Number parallelism_hint) {...}
```

图 8-9　TopologyBuilder 类构建方法

parallelism_hint)、setBolt（String id，IRichBolt bolt，Number parallelism_hint）来设置 Spout/Bolt 的并行度。

创建并提交 Topology 的步骤如下。

（1）实例化 TopologyBuilder 类，通过调用 setSpout 方法设置 Spout，接着调用 setBolt 方法设置 Bolt，以此确定 Topology 结构；

（2）实例化 org.apache.storm 下的 Config 类，并设置全局配置信息；

（3）调用 TopologyBuilder 对象的 createTopology 方法，并将返回的 StormTopology 对象作为输入参数，通过 StormSubmitter 类的 submitTopology 方法将 Topology 提交到集群中运行，如图 8-10 所示。

```
public class TopologyMain {
    public static void main(String[] args) {
        TopologyBuilder builder = new TopologyBuilder();
        builder.setSpout("spout_1", new SpoutDeamon());
        builder.setBolt("bolt_1", new BoltDeamon(), 2).shuffleGrouping("test");

        Config config = new Config();
        config.put("test", "hello");
        config.put(Config.TOPOLOGY_WORKERS, 3);
        config.put(Config.TOPOLOGY_DEBUG, false);

        try {
            StormSubmitter.submitTopology("topology_test", config, builder.createTopology());
        } catch (AlreadyAliveException | InvalidTopologyException e) {
            e.printStackTrace();
        }
    }
}
```

图 8-10　Topology 创建过程

3. 消息分组策略

在前面章节中我们提到了 Stream Grouping 的概念,这个概念是 Storm 中最重要的抽象概念,它的作用是控制 Spout/Bolt 对应的 Task 以什么样的方式来分发 Tuple,并将 Tuple 发射到目标 Spout/Bolt 对应的 Task,简言之,就是消息分组制定了每个 Bolt 消费哪些数据流和这些数据流怎样消费。

1) Shuffle Grouping(随机分组)

随机分组是最常用的数据流组。它将数据源组件(Spout/Bolt)的 ID 作为参数,并且上游会随机选择下游的 Bolt 实例,发送元组,尽可能保证每个下游 Bolt 实例收到元组数量平均,其程序如图 8-11 所示。

```
builder.setBolt("bolt_1", new BoltDeamon(), 2).shuffleGrouping("test");
```

图 8-11　Topology 中设置消息随机分组

上述程序块中,使用 TopologyBuilder 对象增加了一种 Bolt,并使用随机分组指定接收 ID 为 test 的数据流。

2) Fields Grouping(按字段分组)

这种分组方式允许你基于 Tuple 的多个域来控制如何把元组发送给 Bolt。这样,相同域组合的值的集合会被发送给同一个 Bolt,其程序如图 8-12 所示。

```
builder.setBolt("bolt_2", new BoltDeamon(), 2)
        .fieldsGrouping("bolt_1", new Fields("test"));
```

图 8-12　设置消息按字段分组

这里设置了按字段分组,那么 bolt_1 将只会把相同域名的 Tuple 发送给同一个 bolt_2 实例。

另外在使用这种分组时,Fields Grouping 中作用的域必须在源组件中声明,其程序如图 8-13 所示。

```
@Override
public void declareOutputFields(OutputFieldsDeclarer outputFieldsDeclarer) {
    outputFieldsDeclarer.declare(new Fields("test"));
}
```

图 8-13　Bolt 中声明输出域

3) All Grouping(广播分组、广播发送)

广播分组方式下,上游的消息发送者相当于把每个元组的一份独立的副本发送到下游接收消息的 Bolt 的所有实例上,即任一 Bolt 的所有 Task(也就是线程)都会收到。广播分组方式常被用来向 Bolt 发送信号,如果你的 Bolt 并行度设置成 n,那么每个信号会被 Bolt 处理 n 次。一般系统中有全局的数据同步和共享的需求才会选择这种分组方式,比如全局配置的更新操作；又比如，如果你需要定时刷新缓存数据，你可以发送一个刷新缓存信号到所有的 Bolt，通知其刷新缓存。其程序如图 8-14、图 8-15 所示。

```
builder.setSpout("spout_1", new SpoutDeamon());
builder.setBolt("bolt_3", new BoltDeamon()).allGrouping("spout_1", "refresh_cache");
```

图 8-14 Topology 中设置 bolt_3 接收从 spout_1 发送的广播分组的数据流

```
@Override
public void nextTuple() {
    this.spoutOutputCollector.emit("refresh_cache", new Values("refresh_cache"));
}
```

图 8-15 Spout 中发送 refresh_cache 数据流

4）Global Grouping（全局分组）

全局分组方法，处在上游的组件发送出来的 Tuple 会被分配到下游的一个 Bolt 的其中一个 Task，其程序如图 8-16 所示。默认情况下，Storm 会将 Tuple 分配给 ID 最低的那个 Task。

```
builder.setBolt("bolt_4", new BoltDeamon()).globalGrouping("spout_1");
```

图 8-16 Topology 中设置消息全局分组

5）Direct Grouping（直接分组）

这种分组方式常见于 Tuple 的发送方指定由下游的 Tuple 接收者的某个特定的 Task 处理这个消息，这种分组方法是比较特殊的方法。使用这种分组方式，需要将消息流声明为 Direct Stream。直接分组时，上游的组件需要使用 emitDirect() 方法将 Tuple 发送给下游，消息处理者可以通过 TopologyContext 来获取处理它的消息的 TaskID（OutputCollector.emit 方法也会返回 TaskID），其程序如图 8-17、图 8-18 所示。

```
builder.setBolt("bolt_direct", new BoltDeamon(), 2)
       .directGrouping("bolt_1");
```

图 8-17 Topology 中 bolt_direct 直接分组接收 bolt_1 的数据流

```
@Override
public void execute(Tuple tuple) {
    String str = tuple.getString(0);
    if (str != null && !str.isEmpty()) {
        this.outputCollector.emitDirect(0, new Values(str + "!"));
    }
}
```

图 8-18 bolt_1 中指定 TaskID 为 0 的 Task 处理这个消息

6）Non Grouping（不分组）

使用这种分组与 Shuffle Grouping 是一样的。换言之，当用这个分组时，数据流怎样分组是无所谓的。

8.3.4　Storm 并行度概念

通过前面章节的介绍，我们知道，一个运行中的拓扑由工作进程（Workers）、执行线程（Executors）和任务（Tasks）构成。三个部件的运行拓扑关系如图 8-19 所示。

本节讲述 Storm 拓扑中 Executor、Worker、Task 的并行度在代码中的配置方法。并行度有许多种配置方法，常用的一种方法就是代码配置，Storm 中并行度的配置优先级为 defaults. yaml ＜ storm. yaml ＜ 拓扑配置 ＜ 内置型组件信息配置 ＜ 外置型组件信息配置。

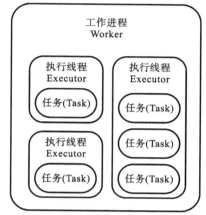

图 8-19　运行中组件关系

1）Worker 数量

Worker 数量即集群运行拓扑时的工作进程数，可以通过设置全局配置项 TOPOLOGY_WORKERS 来实现。

```
Config config=new Config();
config.put (Config.TOPOLOGY_WORKERS,3);
```

2）Executor 数量

Executor 数量即每个组件需要的执行线程数，在代码中通过 TopologyBuilder 配置拓扑时设置并行度。

设置 spout 并行度为 2：

```
builder,setSpout ("spout_1",new SpoutDeamon (),2);
```

设置 bolt 并行度为 2：

```
builder,setBolt ("bolt_1",new BoltDeamon (),2).shuffleGrouping("test");
```

注意：从 Storm 0.8 开始，parallelism_hint 参数代表 Executor 的数量，而不是 Task 的数量。

3）Task 数量

Task 数量即每个组件需要的执行任务的数量，可以在配置 Topology 时通过设置 TaskNum 来实现，示例代码如下：

```
builder,setBolt ("bolt_1",new BoltDeamon (),2)
          .setNumTasks(4)
          .shuffleGrouping("test");
```

在上面的代码中，我们为 BoltDeamon 配置了 2 个执行线程和 4 个关联任务。那么每个 Executor 会运行 2 个 Task。如果没有设置 Bolt 的 Task 数量,那么默认情况下每个 Executor 的 Task 数为 1。

　　4) 在运行中修改拓扑并行度

Storm 允许在 Topology 运行时,配置 Worker 或 Executor 的数量,而该过程不需要重启 Storm 集群或者 Topology。这种热插拔的方式在 Storm 中叫 Rebalance。

这里介绍使用客户端工具 CLI 改变并行度的方法,使用示例如下:

storm rebalance topology-test -n 5 -e spout_1＝3 -e bolt_1＝10

通过上面的命令,重新配置拓扑"topology-test",使得该拓扑拥有 5 个 Worker Processes,另外,配置名为"spout_1"的 Spout 使用 3 个 Executor;配置名为"bolt_1" 的 Bolt 使用 10 个 Executor。

8.4　Storm 集群安装部署

本节将概述 Storm 集群的安装部署步骤。步骤如下:

(1) 设置 ZooKeeper 集群。

(2) 在 Nimbus 和工作机上安装系统的依赖。

(3) 下载并解压 Storm,并安装到 Nimbus 及其他工作节点。

(4) 修改 Storm. yaml 配置文件。

(5) 使用 Storm 命令启动 Storm 服务。

前面已经介绍了 ZooKeeper 集群的安装步骤,这里不再赘述。

8.4.1　Storm 依赖环境

Storm 集群中 Nimbus 及其他工作节点均需要安装 Java 和 Python 环境。本书中 Storm 的版本为 1.0.2,对应的 Java 及 Python 版本如下。

- Java 8。
- Python 2.6.6。

前面已经介绍了 Java 环境的安装配置过程,故在此不再赘述其安装过程。

Python 环境安装过程如下。

(1) 使用如下命令下载 2.6.6 版本:

```
wget http://www.python.org/ftp/python/2.6.6/Python-2.6.6.tgz
```

(2) 解压并进入 Python 目录:

```
tar zxf Python-2.6.6.tgz
cd Python-2.6.6/
```

(3) 编译安装 Python:

```
./configure
make
make install
```

安装成功后输入 Python 命令，如图 8-20 所示则表示安装成功。

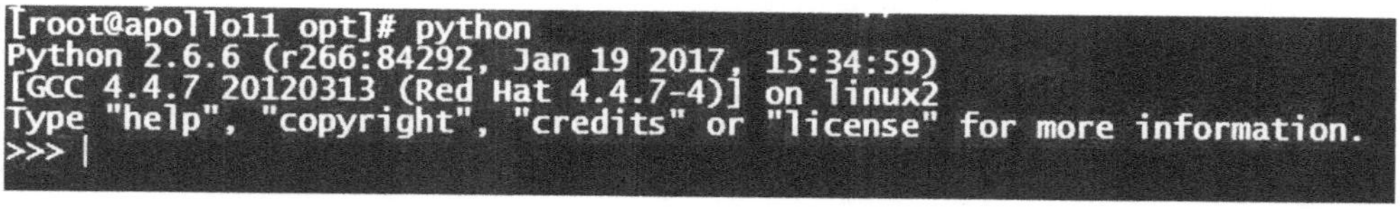

```
[root@apollo11 opt]# python
Python 2.6.6 (r266:84292, Jan 19 2017, 15:34:59)
[GCC 4.4.7 20120313 (Red Hat 4.4.7-4)] on linux2
Type "help", "copyright", "credits" or "license" for more information.
>>> |
```

图 8-20　Python 安装成功

8.4.2　Storm 配置

下面是安装 Storm 1.0.2 的步骤。

（1）下载 Storm 1.0.2 发行版本：

```
http://archive.apache.org/dist/storm/apache-storm-1.0.2/apache-storm-1.0.2.
tar.gz
```

（2）解压到安装目录下，本文中的安装目录为/opt/storm：

```
tar -zvxf apache-storm-1.0.2.tar.gz -C /opt/
ln -s /opt/apache-storm-1.0.2//opt/storm
```

（3）配置环境变量。

为了方便我们使用 Storm 命令开启集群、执行 jar 等操作，需要在/etc/profile 中设置环境变量：

```
vim /etc/profile
export STORM_HOME=/opt/storm
export PATH=$ STORM_HOME/bin:$ PATH
source /etc/profile
```

（4）修改 storm. yaml 配置文件。

解压 Storm 后，其目录下比较重要的文件是 conf/storm. yaml，它的作用是配置 Storm。conf/storm. yaml 中的配置选项将覆盖 defaults. yaml 中的默认配置。下面介绍必须配置的配置项：

```
cd /opt/storm/conf
vim storm.yaml
```

① storm. zookeeper. servers：Storm 集群使用的 ZooKeeper 集群地址，其格式如下：

```
storm.zookeeper.servers:
    - "master"
```

如果 ZooKeeper 集群使用的不是默认端口，那么还需要 storm. zookeeper. port 选项。

② storm. local. dir：Supervisor 以及 Nimbus 进程会存储少量状态，如 jars、confs 等的磁盘目录，这些目录需要提前创建，且赋予其访问权限。然后在 storm. yaml 中配置该目录，如：

```
mkdir -p /opt/storm/data
```

然后在 storm.yaml 中配置：

```
storm.local.dir: "/opt/storm/data"
```

③ nimbus.seeds 的作用是配置主控节点，可以配置多个地址，本文中只配置了 master 节点为主控节点：

```
nimbus.seeds:["master"]
```

（5）拷贝文件到其余主控节点及工作节点，假设存在两个工作节点 slave1、slave2：

```
scp -r /opt/storm/ root@slave1:/opt/
scp -r /opt/storm/ root@slave2:/opt/
```

8.4.3 启动 Storm 服务

Storm 集群中包含两类节点：主控节点（Master Node）和工作节点（Work Node）。其对应的角色如下。

主控节点上运行一个后台程序——Nimbus，它的职责是在 Storm 集群内分发可执行的代码程序，并给各个工作节点分配任务，而且还需监控整个集群的运行状态。

每个工作节点上运行一个后台程——Supervisor，它的职责是监听 Nimbus 分配来的任务，并根据任务启动或停止执行任务的 Worker 进程。每一个工作进程执行一个 Topology 的子集；一个运行中的 Topology 是由被分配到各个 Worker 上的子集组成。

1）启动主控节点

在 storm.yaml 中配置的主控节点上执行如下命令：

```
storm nimbus &
```

2）启动工作节点

在所有工作节点中执行如下命令：

```
storm supervisor &
```

3）启动 Web 管理页面

需要分别到每个节点启动服务。Web 管理服务——Storm UI 会运行在启动它的服务器上，并监听 8080 端口，其程序目录中 logs 文件夹中是日志文件，其命令如下：

```
Storm ui &
```

4）启动 drpc 服务

在 drpc 服务器上执行：

```
storm drpc &
```

至此，我们完成了 Storm 集群的部署及配置，编写 Topology 后即可向集群提交并运行。

这时在浏览器地址栏输入：http://{Nimbus 的 ip}:8080/index.html，可以看到集群的基本状况。

8.4.4　关于 Storm 集群的配置及启动问题

（1）修复/lib/ld-linux.so.2：bad ELF interpreter：No such file or directory 问题。

在 64 位操作系统中执行 32 位程序可能出现/lib/ld-linux.so.2：bad ELF interpreter：No such file or directory,安装下 glic 即可：

```
sudo yum install glibc.i686
```

注意在安装 uuid-dev 的时候,不同系统安装的名称不一样,使用 CenterOS 的学生需要安装 yum install libuuid-devel,使用 Ubuntu 的学生可以直接安装 uuid-dev：apt-get install uuid-dev。

（2）其他教程中 Storm 集群的搭建需要安装 jzmq。

本文采用 Storm 发行的版本 Storm-1.0.2。Storm-1.0.0 版本之后的版本都不需要依赖 jzmq,而在 1.0.0 之前的版本,集群安装过程中需要安装 jzmq,不然在启动时会报 no jzmq in java.library.path 的错误。

（3）YAML 配置不生效问题。

YAML 的文本编辑十分严格,我们在 conf/storm.yaml 中添加或修改配置的时候必须注意开始位置和冒号后面的空格等细节,否则配置无法生效。

（4）如何检查配置是否生效。

可以使用命令：storm localconfvalue。

（5）Storm 使用 JVM 参数。

在配置文件 storm.yaml 中,有：

```
# to nimbus
nimbus.childopts: "-Xmx1024m"
# to supervisor
supervisor.childopts: "-Xmx1024m"
# to worker
worker.childopts: "-Xmx768m"
```

若需要对运行时的 Worker 进程进行优化,可以通过配置 JVM 参数的方式：

```
worker.childopts:"-Dworker=worker -Xmx768m-Xdebug
-Xnoagent-Djava.compiler=NONE-Xrunjdwp:transport=dt_socket,address=8111,
suspend=y,server=y"
```

（6）关闭 storm 集群相关进程。

① 关闭 Nimbus 相关进程。

在 Nimbus 上或者通过远程连接打开终端,键入以下命令：

```
kill 'ps aux | egrep '(daemon\.nimbus)|(storm\.ui\.core)' |fgrep -v egrep | awk
'{print $ 2}''
```

② 关闭 supervisor 上所有 storm 进程：

```
kill 'ps aux | fgrep storm | fgrep -v 'fgrep' | awk '{print$ 2}''
```

另一种方法是在想要关闭 Storm 进程的机器上通过 jps 命令查看 pid,然后通过 kill -9 pid 的方式结束进程。

8.5　Storm 实战与进阶

8.5.1　使用 IDEA 和 Maven 开发 Storm 应用

本节将使用 IDEA 作为编辑工具,Maven 作为项目管理工具,基于 Java 8 和 storm 1.0.2 开发 WordCount 项目。我们将某一路径下的 words.txt 文件作为数据源,统计文件中各单词的出现次数。

words.txt 内容如下:

```
Storm test are great is an Storm simple application but very powerful really
Storm is great
```

(1) 创建 Maven 工程,File→New Project→Maven,如图 8-21 所示。

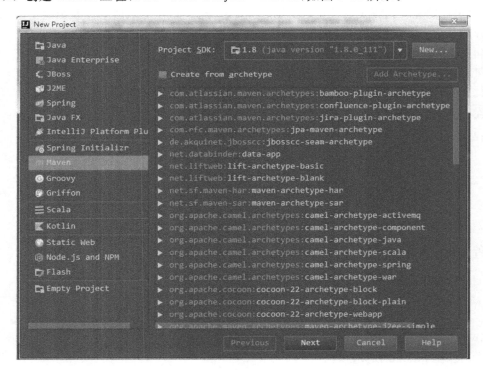

图 8-21　创建 Maven 工程

这里不使用 IDEA 自带的 Maven 模板,默认情况下直接点击"Next"按钮。

(2) 设定 Maven 项目的 GroupId 及 ArifactId,如图 8-22 所示。

(3) 创建项目的工程名称,点击"finish(完成)"按钮即可,如图 8-23 所示。

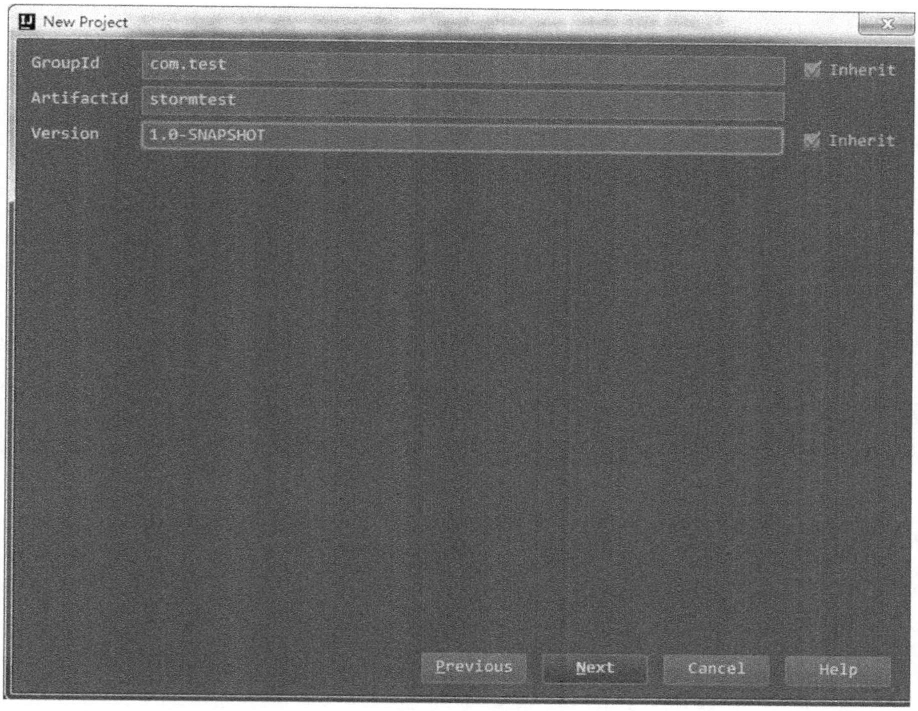

图 8-22　设定 Maven 项目的 GroupId 及 ArifactId

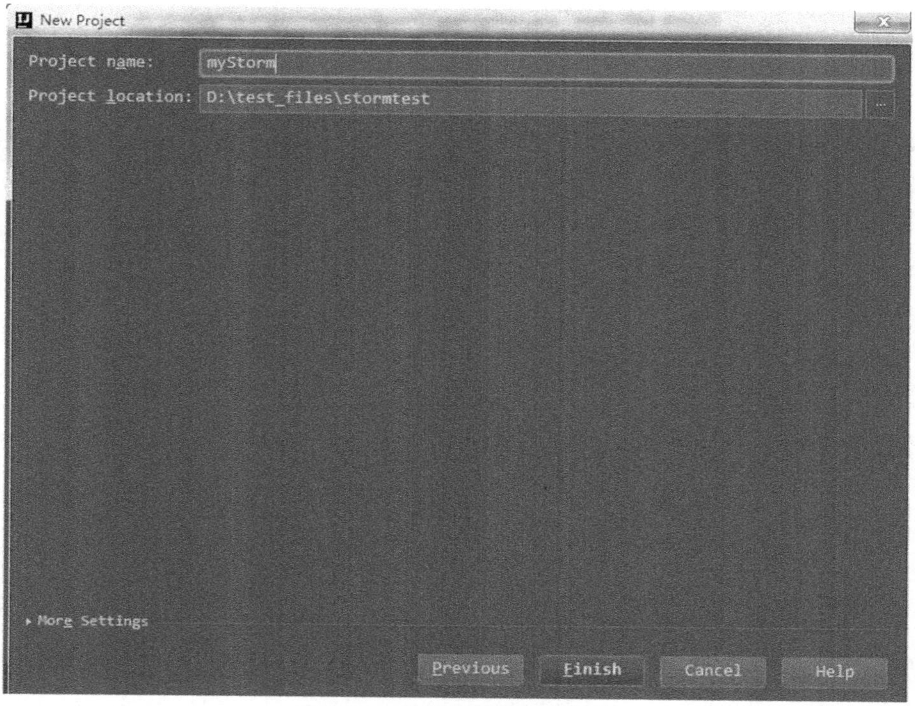

图 8-23　创建项目的工程名称

（4）修改 Maven 项目的 pom. xml 文件。

首先设置各依赖及插件的版本信息：

```
<!-- 依赖及插件版本配置 -->
<properties>
    <jar.name>myStorm</jar.name>
    <storm.version>1.0.2</storm.version>
    <kryo.version>2.17</kryo.version>
    <maven.compiler.source>8</maven.compiler.source>
    <maven.compiler.target>8</maven.compiler.target>
    <encoding>UTF-8</encoding>
</properties>
```

再加入 storm 仓库信息：

```
<!-- storm仓库 -->
<repositories>
    <repository>
        <id>clojars.org</id>
        <url>http://clojars.org/repo</url>
    </repository>
</repositories>
```

然后修改依赖项信息：

```
<!-- 依赖项 -->
<dependencies>
    <dependency>
        <groupId>org.apache.storm</groupId>
        <artifactId>storm-core</artifactId>
        <version>${storm.version}</version>
        <scope>provided</scope>
    </dependency>
    <dependency>
        <groupId>com.esotericsoftware.kryo</groupId>
        <artifactId>kryo</artifactId>
        <version>${kryo.version}</version>
    </dependency>
</dependencies>
```

最后添加项目编译构建及 Maven 插件配置：

```xml
<!-- 项目编译构建及maven插件配置 -->
<build>
    <finalName>${jar.name}</finalName>
    <plugins>
        <plugin>
            <groupId>org.apache.maven.plugins</groupId>
            <artifactId>maven-resources-plugin</artifactId>
            <version>2.7</version>
            <configuration>
                <encoding>${encoding}</encoding>
            </configuration>
        </plugin>
        <plugin>
            <groupId>org.apache.maven.plugins</groupId>
            <artifactId>maven-compiler-plugin</artifactId>
            <configuration>
                <source>${maven.compiler.source}</source>
                <target>${maven.compiler.target}</target>
                <encoding>${encoding}</encoding>
            </configuration>
        </plugin>
        <plugin>
            <artifactId>maven-assembly-plugin</artifactId>
            <version>3.0.0</version>
            <configuration>
                <archive>
                    <manifest>
                        <mainClass>com.test.wordcount.TopologyMain</mainClass>
                    </manifest>
                </archive>
                <descriptorRefs>
                    <descriptorRef>jar-with-dependencies</descriptorRef>
                </descriptorRefs>
            </configuration>
            <executions>
                <execution>
                    <id>make-assembly</id>
                    <phase>package</phase>
                    <goals>
                        <goal>single</goal>
                    </goals>
                </execution>
            </executions>
        <plugin>
    </plugins>
</build>
```

（5）开发 Spout 组件 WordReaderSpout 读取文件。

该组件用于读取 word. txt 文件，每读取一行就在 Line 这个消息流中不断发布 Tuple。
首先在工程的 src/main/java 下创建 com.test.wordcount 包，接下来在 com.test.word-

count 包下创建 WordReaderSpout 类并实现 IRichSpout 接口,并使用 IDEA 的自动补齐功能补齐接口方法。

```java
public class WordReaderSpout implements IRichSpout {
```

在类中加入如下属性:

```java
//SpoutOutputCollector负责发布Tuple
private SpoutOutputCollector spoutOutputCollector;
//FileReader负责读取文件流
private FileReader fileReader;
//标识文件读取是否完成
private boolean completed = false;
```

实现如下接口方法:

```java
@Override
public void open(Map map, TopologyContext topologyContext, SpoutOutputCollector spoutOutputCollector) {
    try {
        //我们会在Topology的配置过程中将需要读取得的文件路径作为全局配置参数
        this.fileReader = new FileReader((String) map.get("wordsFile"));
    } catch (IOException e) {
        e.printStackTrace();
    }
    this.spoutOutputCollector = spoutOutputCollector;
}
```

```java
@Override
public void nextTuple() {
    if(this.completed){
        try {
            Thread.sleep(1000);
        } catch (InterruptedException e) {
            //什么也不做
        }
        return;
    }

    try{
        String str;
        BufferedReader bufferedReader = new BufferedReader(this.fileReader);
        while ((str = bufferedReader.readLine()) != null){//读所有文本行
            this.spoutOutputCollector.emit(new Values(str), str);//每行发布一个消息
        }
    } catch(Exception e){
        throw new RuntimeException("Error reading tuple", e);
    } finally {
        this.completed = true;
    }
}

@Override
public void declareOutputFields(OutputFieldsDeclarer outputFieldsDeclarer) {
    //声明消息流的域名
    outputFieldsDeclarer.declare(new Fields("line"));
}
```

（6）开发 Bolt 组件 StringSplitBolt 分割文件行并发布单词消息。

StringSplitBolt 组件会接收 WordReaderSpout 发布的 Tuple,并将每一个 Tuple(即每一个句子)以空格为标记分割成单词,然后在 Word 消息流上发布 Tuple。

在 com. test. wordcount 包下创建 StringSplitBolt 类并实现 IRichBolt 接口,加入如下属性:

```
public class StringSplitBolt implements IRichBolt {
    private OutputCollector collector;
```

实现 prepare()、execute()、declareOutputFields()接口方法:

```
@Override
public void prepare(Map map, TopologyContext topologyContext, OutputCollector outputCollector) {
    this.collector = outputCollector;
}


@Override
public void execute(Tuple tuple) {
    String sentence = tuple.getString(0);
    String[] words = sentence.split(" ");
    for (String word: words) {
        this.collector.emit(new Values(word.toLowerCase()));
    }
    this.collector.ack(tuple);
}


@Override
public void declareOutputFields(OutputFieldsDeclarer outputFieldsDeclarer) {
    outputFieldsDeclarer.declare(new Fields("word"));
}
```

（7）开发 bolt 组件 WordCountBolt 统计单词出现次数。

WordCountBolt 接收 Word 消息流上的 Tuple,累加统计各单词出现的次数,并在本地集群关闭时将计数器里的统计结果打印到控制台中。

在 com. test. wordcount 包下创建 WordCountBolt 类并实现 IRichBolt 接口,加入如下属性:

```
public class WordCountBolt implements IRichBolt {
    private Integer id;//taskid
    private String name;//bolt name
    private Map<String,Integer> counters;//计数器
    private OutputCollector collector;//使用OutputCollector对消息进行应答
```

实现 prepare()、execute()、cleanup()接口方法:

```
@Override
public void prepare(Map map, TopologyContext topologyContext, OutputCollector outputCollector) {
    this.counters = new HashMap<>();
    this.collector = outputCollector;
    this.name = topologyContext.getThisComponentId();
    this.id = topologyContext.getThisTaskId();
}
```

```
@Override
public void execute(Tuple tuple) {
    String str = tuple.getString(0);

    //如果单词尚不存在于map，我们就创建一个，如果已在，我们就为它加1
    if(!counters.containsKey(str)){
        counters.put(str, 1);
    } else {
        Integer c = counters.get(str) + 1;
        counters.put(str, c);
    }
    //对元组作为应答
    collector.ack(tuple);
}
```

```
@Override
public void cleanup() {
    for(Map.Entry<String,Integer> entry : counters.entrySet()){
        System.out.println(entry.getKey()+": "+entry.getValue());
    }
}
```

（8）在本地集群上运行和测试 Topology。

我们给每个 Spout/Bolt 一个唯一的 ID，并以 ID 为标识，定义拓扑结构，然后将第一个输入参数作为 words.txt 的文件路径加入全局配置，最后实例化一个本地集群对象，在集群运行后 1 秒关闭集群，并将统计结果打印到控制台中，其程序如下：

```
public class TopologyMain {

    public static void main(String[] args) throws Exception {
        //定义拓扑结构
        TopologyBuilder builder = new TopologyBuilder();
        builder.setSpout("word-reader", new WordReaderSpout());
        builder.setBolt("string-split", new StringSplitBolt())
                .shuffleGrouping("word-reader");
        builder.setBolt("word-counter", new WordCountBolt(), 1)
                .fieldsGrouping("string-split", new Fields("word"));

        //全局配置项
        Config conf = new Config();
        conf.put("wordsFile", args[0]);//将文件路径加入配置项
        conf.setDebug(true);
        conf.put(Config.TOPOLOGY_MAX_SPOUT_PENDING, 1);

        //运行拓扑
        LocalCluster cluster = new LocalCluster();//实例化本地集群
        cluster.submitTopology("wordCount-topology", conf, builder.createTopology());
        Thread.sleep(1000);
        cluster.shutdown();//本地调试需要在代码中结束Topology线程
    }

}
```

实现 TopologyMain 类之后,就可以使用 IDEA 自带的 Debug 工具运行拓扑,如图 8-24
所示。

图 8-24　运行拓扑

然后在 windows 开发环境的 D:\test_files\下新建 words. txt 文件,文件内容如图
8-25、图 8-26 所示。

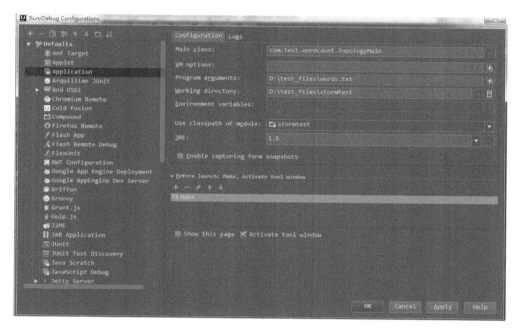

图 8-25　新建 word. txt 文件 1

图 8-26　新建 word. txt 文件 2

(9) 提交 Storm 集群运行 Topology。

在已经搭建好的 Storm 集群中运行 Topology,首先需要将前文运行拓扑的代码修改为
以下代码:

```
//运行拓扑
StormSubmitter.submitTopology("wordCount-topology", conf, builder.createTopology());
```

然后在命令行中进入项目根路径,使用 Maven 命令编译并打包项目:

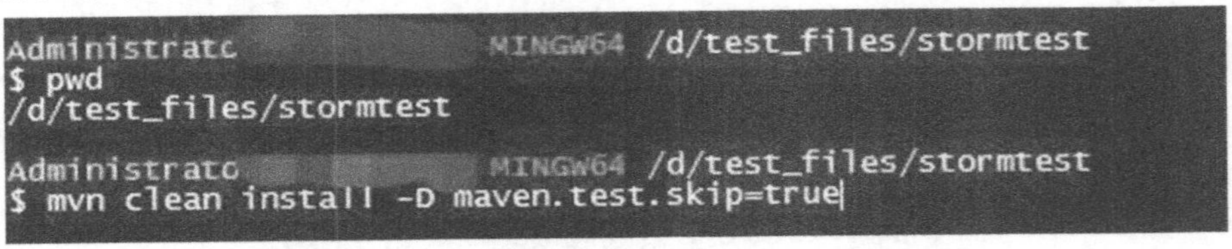

```
Administratc          MINGW64 /d/test_files/stormtest
$ pwd
/d/test_files/stormtest

Administratc          MINGW64 /d/test_files/stormtest
$ mvn clean install -D maven.test.skip=true
```

打包完成后,我们会在项目根路径下的 target/目录下找到 myStorm-jar-with-dependencies.jar 文件,将 jar 文件上传到集群的 nimbus 机器上:

```
scp ./target/myStorm-jar-with-dependencies.jar root@master:/opt/
```

并在 Nimbus 上的/opt 目录新建 words.txt 文件,然后执行 Storm 命令将 Topology 提交到集群执行:

```
storm jar myStorm-jar-with-dependencies.jar
com.test.wordcount.TopologyMain /opt/words.txt
```

拓扑提交后,打开浏览器,并在浏览器地址栏输入:

```
http://{Nimbus 的 ip}:8080/index.html
```

即可通过 Storm UI 监控拓扑运行状况,如图 8-27 所示。

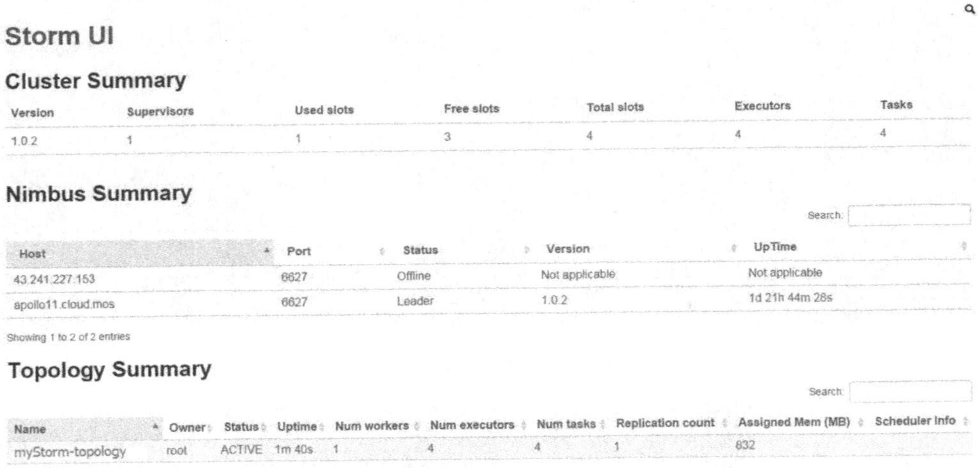

Storm UI

Cluster Summary

Version	Supervisors	Used slots	Free slots	Total slots	Executors	Tasks
1.0.2	1	1	3	4	4	4

Nimbus Summary

Host	Port	Status	Version	UpTime
43.241.227.153	6627	Offline	Not applicable	Not applicable
apollo11.cloud.mos	6627	Leader	1.0.2	1d 21h 44m 28s

Showing 1 to 2 of 2 entries

Topology Summary

Name	Owner	Status	Uptime	Num workers	Num executors	Num tasks	Replication count	Assigned Mem (MB)	Scheduler Info
myStorm-topology	root	ACTIVE	1m 40s	1	4	4	1	832	

图 8-27 Storm UI 监控拓扑运行

8.5.2 Storm 性能调优

Storm 应用的性能优化可以在多个方面进行。
(1) 合理地配置硬件资源;
(2) 优化代码的执行性能;
(3) 合理的配置并行度。
硬件资源的优化我们这里不做讨论。而代码的优化应该从算法层面、业务逻辑层面,以及技术层面进行优化。同样这也不在本小节的讨论范围内,本小节讨论的是拓扑层面的性能优化,即合理的配置并行度。

在第 8.3.4 节中,我们了解了配置 Topology 的并行度的几种方式。

(1) conf. setNumWorkers() 配置 Worker 的数量。

(2) builder. setBolt("NAME", new Bolt(),并行度) 设置 Executor 数量。

(3) spout/bolt. setNumTask() 设置 spout/bolt 的 Task 数量。

那么结合上面的 WordCount 实例,需要考虑以下几个问题。

(1) setNumWorkers 应该取多少? 取决于哪些因素?

(2) WordReaderSpout 的并行度应该取多少? 取决于哪些因素?

(3) StringSplitBolt 的并行度应该取多少? 取决于哪些因素?

(4) WordCountBolt 的并行度应该取多少? 取决于哪些因素?

(5) WordReaderSpout 用 shuffleGrouping 是最好的吗?

下面依次讨论上述问题。

第一个问题:Storm 实现并行化的主要配置项就是 Worker 的并行度配置,在不浪费硬件资源的前提下,配置更多的 Worker 数量,可以使集群性能得到更好的发挥。

配置 Worker 并行度时,可以按如下方法计算一个合适的数量。

首先要考虑整个集群中所有机器的内存情况,每个 Worker 默认需要分配 768 MB 内存,并且需要 64 MB 内存分配给 logwriter 进程,所以每个 Worker 需要至少 832 MB 内存。倘若我们的 Storm 集群包含 3 个节点,各节点的物理内存为 4 GB,除去 ZooKeeper、操作系统等需要的内存,剩余内存大概只有 2 GB 可供 Topology 运行。因此,集群中如果只有一个 Topology 需要运行,我们可以给该 Topology 配置 6 个 Worker。另外,我们还可以调节 Worker 的内存空间。这部分空间由该 Topology 所处理的数据量以及其 Bolt 单元的时间复杂度决定。倘若数据量非常大,计算代码的时间复杂度较大,则需要将各个 Worker 的工作内存调大。此外值得注意的是,一个 Worker 中的所有 Task 和 Executor 共享该 Worker 的内存,也就是假如一个 Worker 分配了 768 MB 内存,3 个 Executor,6 个 Task,那么这个 3 Executor 和 6 Task 其实是共用这 768 MB 内存的,该好处是可以充分利用多核 CPU 的运算性能。

总结起来,对于 Worker 的数量,其取值因素有:

● 节点数量,及其内存容量。

● 数据量的大小和代码执行时间。

● 机器的带宽、CPU 处理能力、磁盘读写能力等也影响 Storm 的计算性能,但 Worker 的并行度不需要参考这些因素。

另外还有一个问题值得注意,默认情况下,Storm 中一个 Supervisor 节点最多只允许 4 个 Worker 进程存在;倘若配置的 Worker 数量大于该值,则需要修改 Storm 的配置文件。

第二个问题:WordReaderSpout 的并行度取值可以参考 Storm UI 中 Topology 页面下 Spouts 中的一些参数。

● Emitted:已发射出去的 Tuple 数。

● Transferred:已转移到下一个 Bolt 的 Tuple 数。

- Complete latency（ms）：每个 Tuple 在 Tuple Tree 中完全处理所花费的平均时间。
- Acked：成功处理的 Tuple 数。
- Failed：处理失败或超时的 Tuple 数。

怎么看这几个参数呢？有几个技巧。

- 需要参考 Failed 的值，要是其值大于 0，则需要加大 Spout 的并行度。这是最重要的一个判断依据。
- Transferred、Acked 和 Emitted 的值不应该相差太多，如若相差过大，则说明 Spout 的负载较大，或下游组件的负载较大，此时可以调整 Spout 的并行度，也可以调整下游组件的并行度。
- Complete latency 的时间不应过长。它的时间受到 Bolt 组件的处理时间复杂度、服务器硬件性能等因素的影响。

注意，如果我们希望整体消息的处理是有序的，那么我们应该将 Spout 并行度设为 1。因为如果给 Spout 配置大于 1 的 Executor 时，各个分区消息会均匀地分发到不同的 Executor 上消费，那么消息的整体顺序性就难以保证了。

第三个问题：StringSplitBolt 的并行度取值可以参考 Storm UI 中 Topology 页面下 Bolts 中的一些参数。

- Capacity：其值要尽可能小，但是当其值趋近于 1 时，说明集群负载很大，此时需要适当加大并行度，一般调整在 0.0～0.2 较为正常。
- Process latency（ms）：单个 Tuple 的平均处理时间，其值越小越好，正常也是 0.0x 级别。

我们可以根据 Spout 的并行度及我们设计的 Bolt 组件的运行效率来设置 Bolt 的并行度，根据经验，设置为 Spout 组件的 1 到 3 倍较为合适。

第四个问题：WordCountBolt 的并行度同 StringSplitBolt。

第五个问题：普通情况下，我们默认选择 shuffleGrouping 就是最优的选择。

在进行并行度的优化时，需要参考 Storm UI 的数据来进行优化。

第9章 大数据案例之文华学院招生与就业系统

本项目拟采集文华学院历年来各学部学生的招生与就业数据，并使用关系型数据库、分布式数据库、数据仓库等工具清洗、加载、入库和存储数据。然后通过关联规则、决策树等数据挖掘算法对历年的招生就业数据进行分析，得出有用的规律，并对下一步学校的招生就业、学科专业建设等方面的决策提供数据支撑。

9.1 文华学院招生与就业大数据系统需求

本项目有五大功能模块：数据采集模块、数据访问鉴权及用户信息管理、招生模块、就业模块以及数据管理模块，如图9-1所示。

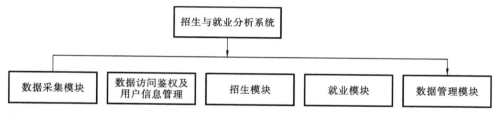

图9-1 五大功能模块

9.1.1 数据采集模块

文华学院招生与就业处将为本项目组提供文华学院历年来各学部的招生与就业的数据，同时项目组也计划通过建设一个爬虫系统在互联网上采集各省（市）历年的分数线、同类高校历年招生就业等数据信息，以此提供大数据平台所需的结构化、非结构化的各类数据源。

9.1.2 数据访问鉴权及用户信息管理

1）数据访问鉴权

数据访问鉴权即系统应用数据的访问控制。访问控制的主要目的是限制访问主体对客体的访问，从而保障数据资源在合法范围内得以有效使用和管理。为了达到上述目的，访问控制需要完成两个任务：识别和确认访问系统的用户；决定该用户可以对某一系统资源进行何种类型的访问。针对上述任务，系统采用访问控制列表（ACL）和基于角色的访问控制（RBAC）相结合的方式实现应用级数据访问防护。

2）用户信息管理及维护

系统访问用户的信息包括账号、密码、用户角色、登录环境、操作日志等。系统管理员将管理并维护系统所有访问用户的关键信息，同时维护系统中的应用数据。教师用户可自主管理个人账号、密码等个人信息。

9.1.3　招生模块

招生模块主要包括以下几部分。

（1）考生信息管理：将采集和清洗后的数据导入系统中，提供数据信息的管理功能。

（2）生源分布热力图：根据入校学生的生源地挖掘并分析出文华学院在全国34个省市的招生分布情况，对学校下一步招生起到良好的决策作用。

（3）考生录取概率预测：根据学生的高考分数对照互联网上采集的各个省市每一年的高考分数分段表，计算和分析出下一年文华学院在各个省市招生的高考分数排名，以便于提高文华学院招生的录取率。

（4）招生系统常规查询与搜索：利用 ElasticSearch（一个基于 Lucene 的分布式多用户能力的全文搜索引擎）根据关键字实时查询与搜索考生的相关信息。

（5）专业调整和专业方向设置：根据专业报考率和就业率分析和挖掘出热门专业和冷门专业，学校可以对专业和方向做一些调整。

9.1.4　就业模块

（1）毕业生信息管理：将采集和清洗后的数据导入系统中，提供数据信息的管理功能。

（2）影响毕业生就业率的因素研究：利用 Apriori 算法（关联规则挖掘算法）找出影响毕业生就业率的主要因素，对影响毕业生就业率的因素进行研究，它有助于提高对毕业生就业指导的实效性，实现毕业生更快更好的就业。

（3）毕业生就业数据统计分析：按学校、学部及专业三个级别统计分析出毕业生就业率，根据毕业学生的入职公司分析和挖掘出文华学院各个学部的学生毕业去向，可以对在校应届生的就业起到引导作用。

9.1.5　数据管理模块

系统将提供业务数据的收集、存储、处理、应用等功能，便于原始数据的修改、更新、扩充与计算，从而提高数据管理效率。业务数据包含学生入学、就业的原始数据，以及根据功能需求，经过 MapReduce 应用统计分析后的结果数据。

（1）原始数据的维护。

访问用户可以对原始数据进行浏览及维护管理操作，系统还将为系统管理员提供数据维护、管理和操作的审计功能。

（2）原始数据的批量导入。

允许将 Excel 中的原始数据以约定格式批量导入系统中，其导入过程是应用 Apache POI 技术对文件进行解析、校验，同时根据已有的数据计算模型对同一批次的原始数据进行统计分析,最后将原始数据及计算结果持久化到应用服务器的集群中。

（3）业务数据的导出。

访问用户可以在指定业务功能下,根据筛选信息对业务数据进行导出,系统提供 Excel 格式的报表及表格形式的 Email 导出服务。

9.2 文华学院招生与就业大数据系统总体设计

9.2.1 系统内容设计

文华学院招生就业大数据分析平台主要由数据采集、数据清洗、大数据仓库建设、数据对比分析和数据可视化五个模块如图 9-2 所示,五个模块层层递进,最终达到预期目标。

数据采集　数据清洗　大数据仓库建设　数据对比分析　数据可视化

图 9-2　五大业务模块

1. 数据采集

爬虫系统模块主要用于爬取国内及省内同类竞争高校的招生与就业分析数据,主要分为两个部分:人工数据源整理和数据爬取模块。首先采集人员通过 Baidu 或者 Google 负责采集国内及省内同类竞争高校的招生与就业分析数据的网站,并对这些网站进行分门别类,对于招生相关的网站,按照学校、生源地、高考分数排名进行划分;对于就业相关网站,按照学校、专业、就业地、性别、就业是否与所学专业相关及薪资待遇进行划分。然后将采集的相关网站的说明文档交给开发人员,由开发人员通过程序爬取所需的具体的内容。

数据爬取模块通过 Java、C++、PHP、Python 等程序设计语言爬取网站上的相关高校的招生就业信息,在这个模块中我们选取 Python 语言来爬取采集模块中所采集的网站,其主要步骤分为以下四步:

（1）确定所爬取的网站链接。

（2）获取该网站链接的所有内容。

（3）根据特定的标签爬取想要的数据。

（4）将爬取到的内容分析并保存到文件中。

2. 数据清洗

对校内招生就业数据源和网络爬虫数据进行清洗,发现并纠正数据文件中可识别的错误,针对学校需求制定对应的 ETL 数据清洗策略以保证数据质量,保障根据时间演进不断更新数据模式,从而确定数据实体及其之间的关系,最终将数据按照统一的格式进行存储,以便提供给上层及学校大数据专业用来进行数据分析和二次开发。

3. 大数据仓库建设

根据业务需要,采集后建立一个面向主题的、集成的、结构稳定的、随时间变化的数据集合。整合学校现有的信息化系统数据源,搭建与开发 Hadoop 集群模式的数据仓库。

使用 Hive 数据仓库管理数据,Hive 有四种导入数据的方式:

(1) 从本地文件系统中导入数据到 Hive 表中。

(2) 从 HDFS 中导入数据到 Hive 表中。

(3) 从其他表中查询出相应的数据并导入到 Hive 表中。

(4) 在创建表的时候通过从别的表中查询出相应的记录并插入到所创建的表中。

在招生与就业分析系统中,因为清洗后的数据存储在 HDFS 中,采用上述方式中的第二种方式:从 HDFS 中导入数据到 Hive 表中。数据清洗分析时有三组数据分别是生源省分布数据、生源市分布数据、生源学校分布数据,分三次从 HDFS 中导入到同一个 Hive 表中。

数据存储采取关系型数据库存储和大数据系统存储并行的策略。

(1) 元数据存储:采用 MySQL 数据库集群。

(2) 大数据数据库存储:采用 HBase 分布式数据库。

(3) 采用 HDFS 作为底层存储。

(4) 数据分析采用 MapReduce 或 Spark 计算框架。

(5) Hadoop 服务集群通过 ZooKeeper 来进行协调管理。

4. 数据对比分析

该模块是对抓取的招生与就业的数据进行分析后,与文华学院大数据分析系统中招生与就业的数据进行对比分析,并且通过前端 Web 网页将对比分析结果进行可视化展示。通过 Web 界面我们可直观的得出文华学院招生与就业的数据和国内同类竞争高校招生与就业的数据的分析对比结果。

5. 数据可视化

前端采用基于 JQuery、LayerUI、EChart.js 等组件库对 JavaEE 中间件处理后的数据进行展示,根据需求我们实现三级结构:首先在地图上显示全国 34 个省市的生源分布情况,然后在地图上点击具体的省显示这个省区各个市的生源分布情况,最后在地图上点击某一个市区显示这个市区的生源分布情况。

9.2.2 系统结构设计

如图 9-3 所示,在 Hadoop 集群中对数据进行处理。将数据上传到 Hadoop 集群上,Hadoop 集群使用 MapReduce 计算框架将海量数据清洗成结构化数据,并使用特定算法对数据进行分析处理,然后用 Hive 数据仓库工具将处理后的数据映射到 MySQL 数据库中。

如图 9-4 所示,系统采用 B/S 架构设计,数据库采用关系型 MySQL 数据库,服务端中间件采用先进的 J2EE 体系架构,使用时下最流行的 Spring MVC 服务框架模式,将整体业务分为 Model、View、Controller 三层,使得业务流程输入、处理和输出分开,让它们各自处理自己的任务。然后将处理后的数据生成 Json 数据交换格式部署在 Apache Tomcat 服务器上,应用层可通过 HTTP 协议访问 Json 数据并解析加载到应用界面上。

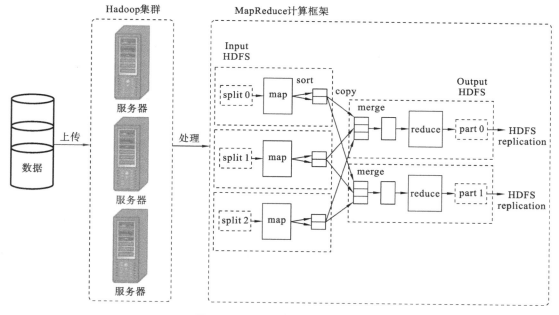

图 9-3　Hadoop **集群数据处理图**

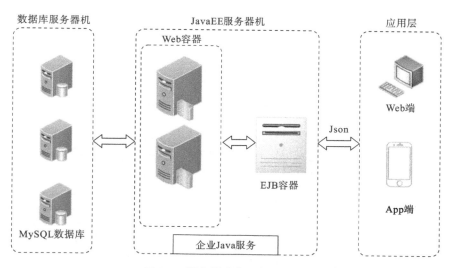

图 9-4　**服务端业务逻辑框架图**

9.3　文华学院招生与就业大数据处理流程

通过搭建 Hadoop 分布式集群,能够有效处理海量结构化或非结构化的数据,通过 MapReduce 计算框架能够从海量的招生数据中分析出各个省、市及学校招生人数,进而可以分析得到生源较多的省、市及学校作为优质生源地和优质生源校,并总结出该省市招生的经验与招生的措施。同时也可以分析得到生源较少的省、市及学校,找出该省市招生不足的原因然后再加以分析，总结经验与不足，从而制定并采取有针对性的招生方案。通过 MapReduce 计算框架能够从海量的毕业生工作去向数据中分析出文华学院各学部以及每年大学生的毕业去向情况，进而分析出薪资待遇比较高的专业及学部和薪资待遇偏低的专业及学部，分析出就业方向是本专业的占比还是非本专业占比，根据这些分析数据制定更加有效的培养计划。数据处理由 4 个 MapReduce 任务来完成，第一个 MapReduce 任务做数据清洗和分类，枚举出 34 个省市及其下属地级市的名字；第二个 MapReduce 任务计算各个省的数据总数；第三个 MapReduce 任务计算各个市的数据总数；第四个 MapReduce 任务计算和分析出生源中学校的分布情况。清洗前的数据如图 9-5 所示，Hive 处理后的数据如图 9-6 所示，清洗后的 Json 数据格式如图 9-7 所示。

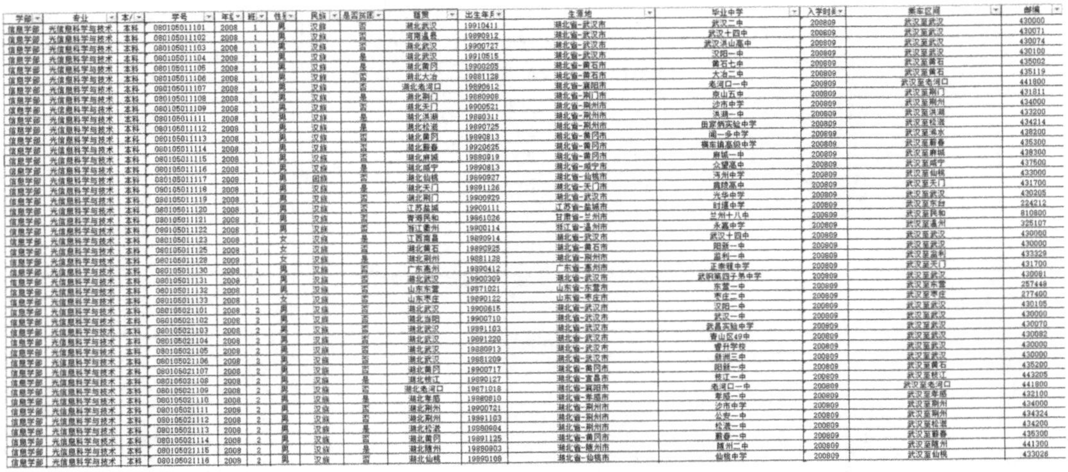

图 9-5　清洗前的以 Excel 表显示的原始数据

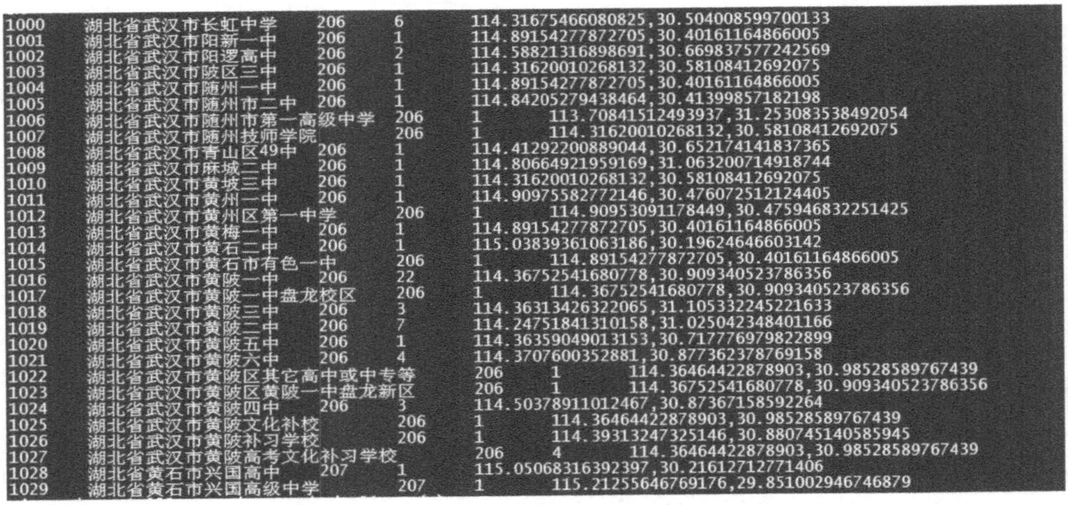

```
1000    湖北省武汉市长虹中学    206    6    114.31675466080825,30.504008599700133
1001    湖北省武汉市阳新一中    206    1    114.89154277872705,30.40161164866005
1002    湖北省武汉市阳逻高中    206    2    114.58821316898691,30.669837577242569
1003    湖北省武汉市陂区三中    206    1    114.31620010268132,30.58108412692075
1004    湖北省武汉市随州一中    206    1    114.89154277872705,30.40161164866005
1005    湖北省武汉市随州市二中    206    1    114.84205279438464,30.41399857182198
1006    湖北省武汉市随州市第一高级中学    206    1    113.70841512493937,31.253083538492054
1007    湖北省武汉市随州技师学院    206    1    114.3162001026813 2,30.58108412692075
1008    湖北省武汉市青山区49中    206    1    114.41292200889044,30.652174141837365
1009    湖北省武汉市麻城二中    206    1    114.80664921959169,31.063200714918744
1010    湖北省武汉市黄坡三中    206    1    114.3162001026813 2,30.58108412692075
1011    湖北省武汉市黄州一中    206    1    114.90975582772146,30.476072512124405
1012    湖北省武汉市黄州区第一中学    206    1    114.90953091178449,30.475946832251425
1013    湖北省武汉市黄梅一中    206    1    114.89154277872705,30.40161164866005
1014    湖北省武汉市黄石二中    206    1    115.03839361063186,30.19624646603142
1015    湖北省武汉市黄石市有色一中    206    1    114.89154277872705,30.40161164866005
1016    湖北省武汉市黄陂一中    206    22    114.36752541680778,30.909340523786356
1017    湖北省武汉市黄陂一中盘龙校区    206    1    114.36752541680778,30.909340523786356
1018    湖北省武汉市黄陂三中    206    3    114.36313426322065,31.105332245221633
1019    湖北省武汉市黄陂二中    206    7    114.24751841310158,31.025042348401166
1020    湖北省武汉市黄陂五中    206    1    114.36359049013153,30.717776979822899
1021    湖北省武汉市黄陂六中    206    4    114.3707600352881,30.877362378769158
1022    湖北省武汉市黄陂区其它高中或中专等    206    1    114.36464422878903,30.98528589767439
1023    湖北省武汉市黄陂区黄陂一中盘龙新区    206    1    114.36752541680778,30.909340523786356
1024    湖北省武汉市黄陂四中    206    3    114.50378911012467,30.87367158592264
1025    湖北省武汉市黄陂文化补校    206    1    114.36464422878903,30.98528589767439
1026    湖北省武汉市黄陂补习学校    206    1    114.39313247325146,30.880745140585945
1027    湖北省武汉市黄陂高考文化补习学校    206    4    114.36464422878903,30.98528589767439
1028    湖北省黄石市兴国高中    207    1    115.05068316392397,30.21612712771406
1029    湖北省黄石市兴国高级中学    207    1    115.21255646769176,29.851002946746879
```

图 9-6　Hive 处理后的数据

```
"id": "18",
"name": "湖北省",
"count": "24",
"citys": [
    {
        "id": "206",
        "name": "武汉市",
        "count": "3",
        "citys": [
            {
                "id": "383",
                "name": "湖北省武汉市武汉三中",
                "count": "1"
            },
            {
                "id": "384",
                "name": "湖北省武汉市武汉六中",
                "count": "1"
            },
            {
                "id": "385",
                "name": "湖北省武汉市洪山中学",
                "count": "1"
            }
        ]
    },
```

图 9-7　清洗后以 Json 数据格式显示的数据

9.4　文华学院招生与就业大数据系统可视化

系统经过指定算法和工具对原始招生、就业数据进行定量的计算和推演,将结果集持久化到存储系统中。由于结果集是一个多维的信息集合,不便于通过观察得到清晰的结论,因此,系统将构建以 Web 站点为基础的数据可视化平台,以数据图表、地图等形式,将数据以视觉形式呈现给访问用户,帮助用户了解数据的意义及价值。

9.4.1　项目概述

系统以 Java 语言为开发工具,前端界面采用 ECharts. js 和基于 JQuery、Bootstrap 构建的 UI 组件库——ZUI 进行开发,Web 服务端使用 SpringMVC,该框架基于 MVC 模式构建 Java Web 站点。业务数据存储 HBase 中,并使用 Redis 缓存模式构建快速访问缓存。

9.4.2　关键技术简介

1. ECharts. js

ECharts. js 是由百度资深前端团队开发的商业级数据图表组件,它可以实现各种业务场景下的 2D 报表需求,摒弃了过去使用 Flash 制作可视化报表的落后技术,运用当下正火热的 HTML5 商业技术实现了全新的轻量级 Canvas 类库,真正实现了轻量、灵活、自由定制图表和组件,并在移动端和 PC 端有良好的自适应效果,支持折线图、曲线图、柱状图、热力图等多种图表类型,使数据呈现方式更加个性化。ECharts. js 还提供了强大的数据交互能力,其成熟的技术及丰富的功能得到了业界诸多企业的认可,例如,在当今数据可视化领域,它被百度、腾讯等数百家企业采用。

ECharts.js 的使用方法详见官网 http://echarts. baidu. com/index. html,这里不做介绍。

2. ZUI

ZUI 是基于 Bootstrap 的前端 UI 组件,集成了 Bootstrap 的大部分基础内容,并在 Bootstrap 的基础上做了个性化定制和修改。在开发过程中,ZUI 提供了多种基础布局及基础组件,对样式和主题提供了统一的支持。而且 ZUI 中的核心组件采取按需加载的机制,文件体积更轻量,书写方式更加简洁,学习成本更低。目前已被禅道等多家企业采用,其有效性、可靠性均得到了证实。本系统将通过 ZUI 的帮助,快速构建美观、功能丰富的 Web 界面。

ZUI 的使用方法详见官网 http://zui. sexy/,这里不做介绍。

3. Spring MVC

Spring MVC 是当今 Java Web 领域应用最广泛的框架技术。它提供了高度可配置的接口策略,丰富多样的文件渲染引擎,利用 Spring MVC,我们可以快速构建灵活、松耦合的 Web 服务端应用,其中,系统将采用基于注解的使用方法构建 REST 风格的服务端业务架构,视图渲染引擎采用 Velocity 框架。

Spring MVC 的使用方法详见官网 http://spring. io/,这里不做介绍。

4. Redis

Redis 是一个基于内存的 Key-Value 对的存储系统,支持多种数据类型的存储,包括 String、List、Set、Hash 等,并支持丰富的原子操作,保证数据的完整性、读写效率。Redis 不仅是纯粹的内存存储系统,它还支持周期性的数据持久化到磁盘中,并实现了主从同步,从而大大避免了数据丢失等问题。作为一个成熟的存储系统,它还提供了 Java、C/C++ 等语言的客户端,方便操作 Redis 中的数据记录。本系统中,采用代理模式将 Redis Java 客户端 Jedis 封装成代理 Bean,并将代理 Bean 注册到 Spring IoC 容器中,以实现 Redis 缓存的访问和管理。

Redis 的使用方法详见官网 https://redis. io/,这里不做介绍。

9.4.3 系统架构

1. 功能模块

可视化平台主要由招生业务模块、就业业务模块、鉴权及用户信息管理模块、数据管理模块四个业务模块组成。

1)招生业务模块

招生业务模块将经过统计分析的结果集数据输出为 EChart. js 所需的 Json 数据,供前端界面调用,并渲染生成可视化图表,它实现的功能包括招生数据统计、招生数据预测和生源质量分析等。

2)就业业务模块

就业业务模块将实现学生素质画像、就业影响因素和就业情况统计等功能。

3）鉴权及用户信息管理模块

系统使用基于用户角色的权限管理和基于访问控制列表的权限管理方法实现系统功能和数据的访问验证，从而保证数据的安全性，并提供个人信息管理、角色信息管理和数据访问鉴权等功能辅助用户实现个人信息的管理。

4）数据管理模块

数据管理模块提供了原始数据的批量数据导入、原始数据修改和业务数据导出及邮件导出等功能，用户可以根据权限管理系统中已有的数据。

2. 可视化平台架构

根据前面的介绍，我们对可视化平台的基本功能有了一个大概的认识。下面给出可视化平台的业务架构图，如图 9-8 所示，以方便学生对平台的设计有更直观的认识。

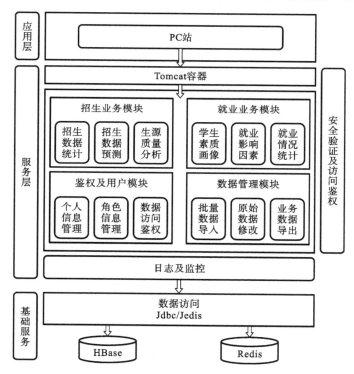

图 9-8 可视化系统业务架构图

9.4.4 关键代码

1. 数据清洗

1）学生信息拆分根据枚举数据添加父子 id
//定义枚举对象

```
public static enum LOG_PROCESSOR_COUNTER {
    BAD_RECORDS
```

```
};
// 枚举部分省份、城市、地区
public enum CityEnum {
```
北京市,天津市,河北省,山西省,内蒙古自治区,辽宁省,吉林省,黑龙江省,上海市,
江苏省,浙江省,安徽省,江西省,福建省,山东省,台湾省,河南省,湖北省,湖南省,
广东省,广西壮族自治区,海南省,香港特别行政区,澳门特别行政区,重庆市,四川省,
云南省,西藏自治区,贵州省,陕西省,甘肃省,青海省,宁夏回族自治区,新疆维吾尔自治区,
石家庄市,唐山市,秦皇岛市,邯郸市,邢台市,保定市,张家口市,承德市,沧州市,廊坊市,衡水市,定州市,辛集市,
太原市,大同市,阳泉市,长治市,晋城市,朔州市,晋中市,运城市,忻州市,临汾市,吕梁市,
呼和浩特市,包头市,乌海市,赤峰市,通辽市,鄂尔多斯市,呼伦贝尔市,巴彦淖尔市,乌兰察布市,兴安盟,锡林郭勒盟,阿拉善盟,
沈阳市,大连市,鞍山市,抚顺市,本溪市,丹东市,锦州市,营口市,阜新市,辽阳市,盘锦市,铁岭市,朝阳市,葫芦岛市,
长春市,吉林市,四平市,辽源市,通化市,白山市,白城市,松原市,延边朝鲜族自治州,吉林省长白山保护开发区,梅河口,公主岭,
哈尔滨市,齐齐哈尔市,鸡西市,鹤岗市,双鸭山市,大庆市,伊春市,佳木斯市,七台河市,牡丹江市,黑河市,绥化市,大兴安岭地区,
南京市,无锡市,徐州市,常州市,苏州市,南通市,连云港市,淮安市,盐城市,扬州市,镇江市,泰州市,宿迁市,
杭州市,宁波市,温州市,绍兴市,湖州市,嘉兴市,金华市,衢州市,台州市,丽水市,舟山市,
合肥市,芜湖市,蚌埠市,淮南市,马鞍山市,淮北市,铜陵市,安庆市,黄山市,阜阳市,宿州市,滁州市,六安市,宣城市,池州市,亳州市,
南昌市,九江市,上饶市,抚州市,宜春市,吉安市,赣州市,景德镇市,萍乡市,新余市,鹰潭市,
福州市,厦门市,漳州市,泉州市,三明市,莆田市,南平市,龙岩市,宁德市,平潭综合实验区,
济南市,青岛市,淄博市,枣庄市,东营市,烟台市,潍坊市,济宁市,泰安市,威海市,日照市,滨州市,德州市,聊城市,临沂市,菏泽市,莱芜市,
郑州市,开封市,洛阳市,平顶山市,安阳市,鹤壁市,新乡市,焦作市,濮阳市,许昌市,漯河市,三门峡市,商丘市,周口市,驻马店市,南阳市,信阳市,济源市,
武汉市,黄石市,十堰市,宜昌市,襄阳市,鄂州市,荆门市,孝感市,荆州市,黄冈市,咸宁市,随州市,恩施土家族苗族自治州,仙桃市,潜江市,天门市,神农架林区,
长沙市,株洲市,湘潭市,衡阳市,邵阳市,岳阳市,常德市,张家界市,益阳市,娄底市,郴州市,永州市,怀化市,湘西土家族苗族自治州,
广州市,深圳市,珠海市,汕头市,佛山市,韶关市,湛江市,肇庆市,江门市,茂名市,惠州市,梅州市,河源市,汕尾市,阳江市,清远市,东莞市,中山市,潮州市,揭阳市,云浮市,
南宁市,柳州市,桂林市,梧州市,北海市,防城港市,钦州市,贵港市,玉林市,百色市,贺州市,河池市,来宾市,崇左市,
海口市,三亚市,三沙市,儋州市,五指山市,文昌市,琼海市,万宁市,东方市,澄迈县,
成都市,绵阳市,自贡市,攀枝花市,泸州市,德阳市,广元市,遂宁市,内江市,乐山市,资阳市,宜宾市,南充市,达州市,雅安市,阿坝藏族羌族自治州,甘孜藏族自治州,凉山彝族自治州,广安市,巴中市,眉山市,
昆明市,曲靖市,玉溪市,昭通市,保山市,丽江市,普洱市,临沧市,德宏傣族景颇族自治州,怒江傈僳族自治州,迪庆藏族自治州,大理白族自治州,楚雄彝族自治州,红河哈尼族彝族自治州,文山壮族苗族自治州,西双版纳傣族自治州,

拉萨市,昌都市,日喀则市,林芝市,山南市,那曲市,阿里地区,

贵阳市,遵义市,六盘水市,安顺市,铜仁市,毕节市,黔西南布依族苗族自治州,黔东南苗族侗族
自治州,黔南布依族苗族自治州,

西安市,宝鸡市,咸阳市,渭南市,铜川市,延安市,榆林市,安康市,汉中市,商洛市,杨凌示范区,

兰州市,嘉峪关市,金昌市,白银市,天水市,酒泉市,张掖市,武威市,定西市,陇南市,平凉市,庆
阳市,临夏回族自治州,甘南藏族自治州,

西宁市,海东市,海北藏族自治州,黄南藏族自治州,海南藏族自治州,果洛藏族自治州,玉树藏族
自治州,海西蒙古族藏族自治州,

银川市,石嘴山市,吴忠市,固原市,中卫市,

乌鲁木齐市,克拉玛依市,吐鲁番市,哈密市,阿克苏地区,喀什地区,和田地区,昌吉回族自治
州,博尔塔拉蒙古自治州,巴音郭楞蒙古自治州,克孜勒苏柯尔克孜自治州,伊犁哈萨克自治州,
图木舒克市;

```
    }
//根据 name 得到 id
public static String getId(String nameStr){
    for(CityEnum color:CityEnum.values()){
        if(nameStr.equals(color.name())){
            int flag=color.ordinal();
            String str="";
            if(flag< =33){
                str=
color.ordinal()+ 1+ TAB_SEPARATOR+ nameStr+ TAB_SEPARATOR+ 0+ TAB_SEPARATOR;
            }else{
                str=
color.ordinal()+ 1+ TAB_SEPARATOR+ nameStr+ TAB_SEPARATOR+ (-1)+ TAB_SEPARATOR;
            }
            return str;
        }
    }
return "";
    }
//分割字符串加上 id
String line=value.toString();
//使用\t,分割数据
String[] tokens=line.split(TAB_SEPARATOR);
if(tokens.length==8){
    String pv=new String();
    pv=tokens[3]+ TAB_SEPARATOR+ tokens[4]+ TAB_SEPARATOR+ tokens[0];
    pkey.set(pv);
    context.write(pkey, new IntWritable(Integer.parseInt(tokens[7])));
}
```

2）MapReduce 运行的主方法
```
//MR 的主方法
```

```
public static void main(String[] args) throws Exception{
    //数据输入路径和输出路径
    String[] args0={
        "hdfs://yourIP:8020/wenhua/info/ ",
        "hdfs://yourIP:8020/wenhua/info/out/"
    };
    int ec=ToolRunner.run(new Configuration(), new ProvinceMr(), args0);
    System.exit(ec);
}

public int run(String[] arg0) throws Exception {
    // TODO Auto-generated method stub
    Configuration conf=new Configuration();
    Path myPath=new Path(arg0[1]);
    FileSystem hdfs=myPath.getFileSystem(conf);
    if(hdfs.isDirectory(myPath)){
        hdfs.delete(myPath, true);
    }
    // 新建一个任务
    Job job=new Job(conf,"ProvinceMR");
    //设置主类
    job.setJarByClass(ProvinceMR.class);
    //输入路径
    FileInputFormat.addInputPath(job, new Path(arg0[0]));
    //输出路径
    FileOutputFormat.setOutputPath(job, new Path(arg0[1]));
    //Mapper
    job.setMapperClass(ProvinceMapper.class);
    //Reducer
    job.setReducerClass(ProvinceReducer.class);

    job.setOutputKeyClass(Text.class);
    job.setOutputValueClass(IntWritable.class);

    //提交任务
    return job.waitForCompletion(true)? 0:1;
}
```

2. JavaEE 中间件

1) CityController 类：接收 Web 客户端请求参数

```
@RequestMapping(value="/citys/id/{id}", method=RequestMethod.GET, produces
="application/json;charset=UTF-8")
    @ResponseBody
```

```
public CityInfo getStudentInfoType (@ PathVariable(value="id") String id){
    CityInfo cityInfo=new CityInfo();
    cityInfo.setCitys(this.cityService.queryChildrenByParentId(id));
    cityInfo.setStatus("success");
    cityInfo.setInfo("ok");
    return cityInfo;
}
```

2）CityService 类：数据封装层

```
//根据父节点 id 找到所有孩子
public synchronized List<City> queryChildrenByParentId(String parentId) {
    if (cityMap_id_city==null) {
        this.reloadCityCache();
    }
    List<City> result=new ArrayList<> ();
    City parent=cityMap_id_city.get(parentId);
    if (parent==null) return result;
    for (City city: parent.getCitys()) {
        City tmp=new City();
        tmp.setId(city.getId());
        tmp.setName(city.getName());
        tmp.setParentid(city.getParentid());
        tmp.setJingweidu(city.getJingweidu());
        tmp.setCount(city.getCount());
        result.add(tmp);
    }
    return result;
}
```

3）CityDao 类：数据获取层

```
@Override
public List<City> getAllCitys(){
    City city=null;
    List<City> citys=new ArrayList<> ();
    System.out.println("citys");
    try{
        Connection conn=dataSource.getConnection();
        String sql="select  * from city_info";
        PreparedStatement st=conn.prepareStatement(sql);
        ResultSet rs=st.executeQuery();
        while(rs.next()){
            city=new City();
            city.setCount(rs.getInt("count"));
            city.setName(rs.getString("name"));
```

```
                    city.setId(rs.getString("id"));
                    city.setParentid(rs.getString("parentid"));
                    city.setJingweidu(rs.getString("jingweidu"));
                    citys.add(city);
                }
                st.close();
                conn.close();
            }catch (SQLException e){
                throw new RuntimeException(e);
            }catch (Exception e){
                e.printStackTrace();
            }
            return citys;
        }
```

3. 数据可视化

1) 主界面布局

```html
<body>
    <div>
        <ul class="layui-nav">
            <li class="layui-nav-item"> <a href=""> 文华学院</a> </li>
            <li id="招生" class="layui-nav-item"> <a onclick="clickTab
            ('招生');"> 招生</a> </li>
            <li id="就业" class="layui-nav-item"> <a onclick="clickTab
            ('就业');"> 就业</a> </li>
        </ul>
    </div>
    <div class="top"> </div>
    <div class="line-div">
        <div class="line-left"> </div>
        <div class="line-img color-1" id="img-1">
            <div class="img-word"> 基础学部</div>
        </div>
        <div class="line-img color-2" id="img-2">
            <div class="img-word"> 外语学部</div>
        </div>
        <div class="line-img color-3" id="img-3">
            <div class="img-word"> 经济管理学部</div>
        </div>
        <div class="line-right"> </div>
    </div>
    <div class="line-div">
        <div class="line-left"> </div>
        <div class="line-img color-4" id="img-4">
            <div class="img-word"> 信息科学与技术学部</div>
        </div>
        <div class="line-img color-5" id="img-5">
```

```
        <div class="img-word"> 人文社会科学学部</div>
    </div>
    <div class="line-img color-6" id="img-6">
        <div class="img-word"> 机械与电气工程学部</div>
    </div>
    <div class="line-right"> </div>
</div>
<div class="line-div">
    <div class="line-left"> </div>
    <div class="line-img color-7" id="img-7">
        <div class="img-word"> 城市建设工程学部</div>
    </div>
    <div class="line-right"> </div>
</div>

    < script type ="text/javascript" src ="/resources/js/jquery -2.2.0.min.js"> </
script>
    < script type ="text/javascript" src ="/resources/js/layui/layui.js"> </
script>
    <script src="/resources/js/layer/layer.js"> </script>
    <script type="text/javascript" src="/resources/js/index.js"> </script>
</body>
```

2）界面地图主要 JS 代码

```
<script type="text/javascript" src="/resources/js/jquery-2.2.0.min.js"> </script>
<script type="text/javascript" src="/resources/js/echarts.js"> </script>
<script type="text/javascript" src="/resources/js/china.js"> </script>
<script type="text/javascript" src="/resources/js/map/shanghai.js"> </script>
<script type="text/javascript" src="/resources/js/map/neimenggu.js"> </script>
<script type="text/javascript" src="/resources/js/map/xianggang.js"> </script>
<script type="text/javascript" src="/resources/js/map/aomen.js"> </script>
<script type="text/javascript" src="/resources/js/map/chongqing.js"> </script>
<script type="text/javascript" src="/resources/js/map/tianjin.js"> </script>
<script type="text/javascript" src="/resources/js/map/xinjiang.js"> </script>
<script type="text/javascript" src="/resources/js/map/beijing.js"> </script>
<script type="text/javascript" src="/resources/js/map/ningxia.js"> </script>
<script type="text/javascript" src="/resources/js/map/qinghai.js"> </script>
<script type="text/javascript" src="/resources/js/map/gansu.js"> </script>
<script type="text/javascript" src="/resources/js/map/guangxi.js"> </script>
<script type="text/javascript" src="/resources/js/map/hainan.js"> </script>
<script type="text/javascript" src="/resources/js/map/sichuan.js"> </script>
<script type="text/javascript" src="/resources/js/map/guizhou.js"> </script>
<script type="text/javascript" src="/resources/js/map/yunnan.js"> </script>
<script type="text/javascript" src="/resources/js/map/xizang.js"> </script>
<script type="text/javascript" src="/resources/js/map/shanxi1.js"> </script>
<script type="text/javascript" src="/resources/js/map/guangdong.js"> </script>
<script type="text/javascript" src="/resources/js/map/hunan.js"> </script>
<script type="text/javascript" src="/resources/js/map/hubei.js"> </script>
```

```
<script type="text/javascript" src="/resources/js/map/henan.js"> </script>
<script type="text/javascript" src="/resources/js/map/shandong.js"> </script>
<script type="text/javascript" src="/resources/js/map/jiangxi.js"> </script>
<script type="text/javascript" src="/resources/js/map/fujian.js"> </script>
<script type="text/javascript" src="/resources/js/map/liaoning.js"> </script>
<script type="text/javascript" src="/resources/js/map/jilin.js"> </script>
<script type="text/javascript" src="/resources/js/map/heilongjiang.js"> </script>
<script type="text/javascript" src="/resources/js/map/jiangsu.js"> </script>
<script type="text/javascript" src="/resources/js/map/zhejiang.js"> </script>
<script type="text/javascript" src="/resources/js/map/anhui.js"> </script>
<script type="text/javascript" src="/resources/js/map/shanxi.js"> </script>
<script type="text/javascript" src="/resources/js/map/hebei.js"> </script>
<script type="text/javascript" src="/resources/js/map/taiwan.js"> </script>
<script src="/resources/js/layer/layer.js"> </script>
<script src="/resources/js/map-china.js"> </script>
<script type="text/javascript">
    $ (document).ready(function(){
        $ ("# main").height(document.documentElement.clientHeight - 50);
        $ ("# main").width(document.documentElement.clientWidth - 50);
        var myChart=echarts.init(document.getElementById('china'));
        initChinaMap(myChart);
    });

</script>
```

9.4.5 系统演示

下面展示了本系统中的部分功能,包括招生热力图、分数线分析、优质生源分析、专业招生热度分析、分数线预测、分数统计分析及预警、专业人数分析以及学生画像分析,如图 9-9 至 9-16 所示。

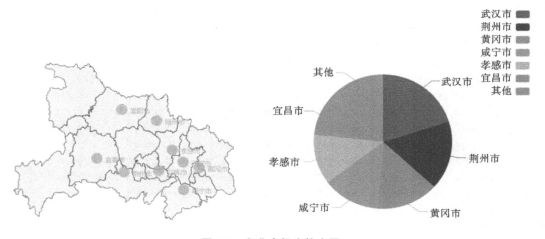

图 9-9 湖北省招生热力图

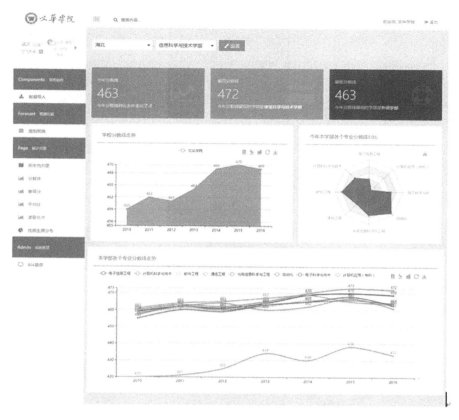

图 9-10 分数线分析

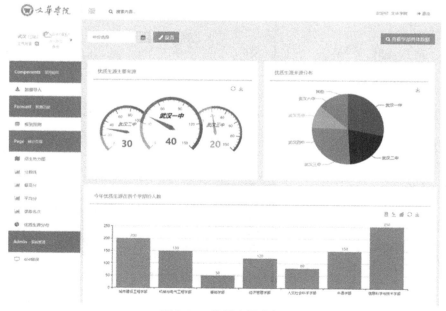

图 9-11 优质生源分析

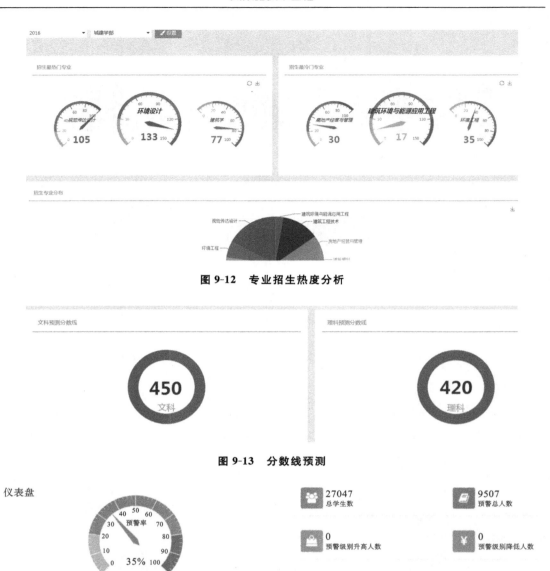

图 9-12　专业招生热度分析

图 9-13　分数线预测

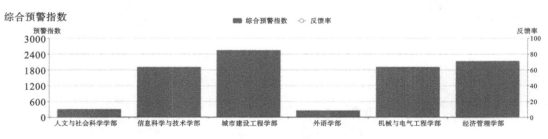

图 9-14　分数统计分析及预警

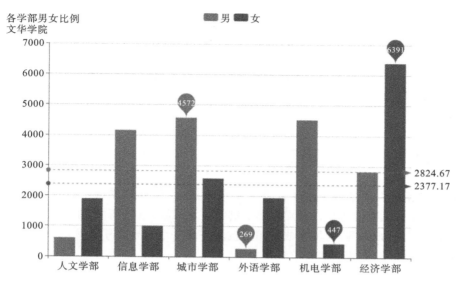

图 9-15　专业人数分析

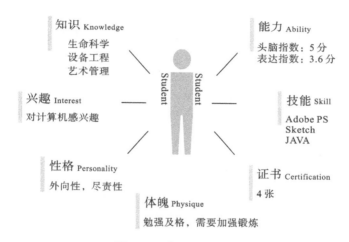

图 9-16　学生画像分析

第10章 大数据案例之手机销售数据统计分析系统

10.1 应用项目案例需求介绍

互联网技术的发展带动了电子商务的蓬勃发展,网络购物系统平台层出不穷,当今成熟、典型且强大的电商购物平台有阿里巴巴的淘宝和天猫、京东商城、亚马逊,等等。

下面以京东商城为例,利用大数据相关技术完成一个综合应用案例:京东手机销售数据统计分析系统。本案例的基本需求概述如下。

(1)手机评论:收集或采集京东商城系统中的各款手机评论,比如苹果、华为、小米、三星、联想、魅族,等等。

(2)用户购买行为分析:从用户评价信息中分析出用户的购买习惯与偏好。根据用户购买习惯与偏好,为用户推荐合适的产品,比如根据采集的手机评论来分析并推荐新手机给用户。

(3)手机画像:根据用户真实的使用评论数据统计出每一款手机的各种性能参数,比如外观好看、待机时间长等;从用户角度来为每一款手机画像;从用户的角度考虑问题,发现用户的潜在需求;根据需求精准营销,完善产品的搭建,从而带来更好的销售量。

10.2 需求功能分析与设计

根据上面给出的基本需求概述,再结合现实生活中的需求,尤其是购物者的需求,进行需求功能分析与设计。本案例系统的总体功能需求包括如下几个方面的内容。

1. 商城项目数据概览

根据采集的数据统计出电商平台数量、手机品牌数量、系统总数据量等信息。可以考虑使用仪表盘的图形形式直观给出。

2. 京东商品客户端来源统计

对采集的数据进行统计分析,可以使用饼图来显示商品的售后评价来源,清晰了解来自各个客户端的销售量、销售比例。评价来源大体包括:PC客户端、iPhone手机端、iPad客户端、Android客户端、手机QQ购物、微信购物,等等。

3. 按会员等级统计销售倾向与销售量

京东商城系统中一般有钻石会员、金牌会员、铜牌会员、银牌会员、企业会员、注册会员等不同会员级别的购物者。对采集到的数据进行统计分析,根据不同的会员等级,以柱状图的形式显示统计的销售倾向与销售量。

4. 用户购买印象

对采集的数据进行挖掘分析,统计购物者(买家)对商家销售手机的评价印象,比如:性价比高、电池耐用、外观漂亮、照相不错、反应快等,可以使用柱状图的形式显示了。根据统计的结果,可以帮助商家提高销售手机商品的质量,也可以帮助买家选择更合适的手机。

5. 全国区域产品销售量分布

对采集的数据进行挖掘分析,可以分析出手机商品的销售分布情况及其销售量等。可以考虑使用地图的形式显示,这将更直观、更清晰、更形象。

6. 手机运营商市场比例

对采集的数据进行挖掘分析,分别统计出移动、联通、电信三大运营商的手机销售市场比例情况,并以饼图区块显示,既一目了然,也非常清晰地反映出手机的销售与运营商之间的关系。

7. 手机画像

根据采集的评价数据或用户的购买需求,比如购买手机时的选择,或者搜索手机时的信息,可以综合分析出买家所期望的手机基本画像描述。

8. 手机品牌销量排名

选择某手机品牌,查看该品牌手机销量在前几名(比如前 5 名)的型号,可以给购买者提供参考。同样可以考虑用柱状图显示。

9. 会员等级价格区间销量

对采集的数据进行挖掘分析,根据不同的会员等级,以条状图的形式显示价格区间的销售量。

10.3　项目整体系统架构设计

根据前面的基本需求概述、需求功能分析与设计,我们重点解决三大模块的架构与设计。这三大模块分别为数据源层(包括分析与采集及数据格式定义)、数据存储与处理层、Web 前端显示。网络购物数据统计分析的系统架构设计图如图 10-1 所示。

本案例项目系统的架构设计图中,数据源层主要针对典型的电商购物平台。本案例选择以京东商城为主,从数据源采集或收集到的数据先直接存入关系型数据库 MySQL 中,再通过 ETL 层中的 Sqoop 转换工具将数据转存到 Hadoop 系统中。本案例选择 HBase 列族分布式数据库,当然也可以选择分布式文件系统 HDFS,或者再结合 Hive 数据仓库工具,由于手机等商品销售数据多且杂,选择列族存储比较方便处理。

由于 HBase 是列式存储数据库,其操作与传统关系型数据库不同,尤其是 HBase API 编程比较烦琐,因此 HBase 提供的原始 API 操作数据编程量较大。另外它与常见的关系型数据库 SQL 语句差别非常大,所以,在进行 HBase 数据操作编程上的工作量很大。针对这个问题,我们在将数据存储到 HBase 后,以及在数据可视化显示的两者之间增加操作 HBase 数据库的一种中间插件工具,比较典型的是 Phoenix HBase。利用 Phoenix 工具操

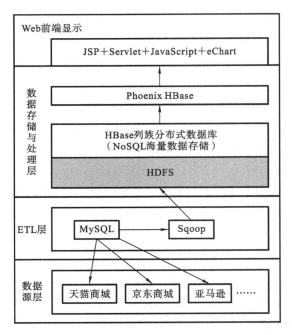

图 10-1　网络购物数据统计分析的系统架构设计图

作 HBase 数据库非常方便,如同操作常见的关系型数据库一样简单、直观。利用 Phoenix 提供的针对 HBase 数据库的 API,更容易处理算法编程。

10.4　Phoenix 的安装与使用

现有的 HBase 查询工具有很多,比如 Hive、Tez、Impala、Spark SQL、Phoenix 等。本节主要介绍 Phoenix。Phoenix 是由 saleforce.com 开源的一个项目,后来捐给了 Apache 基金会。它相当于一个 Java 中间件,提供 JDBC 连接并操作 HBase 数据表。但在实际应用中,它几乎不用于在线事务处理(OLTP)环境中,因为 OLTP 需要低延迟,而 Phoenix 在查询 HBase 时,虽然做了优化,但其延迟还是不小。所以它依然用在联机分析处理(OLAP)中。

Phoenix 工具可以看成是针对 HBase 列族分布式数据库的关系数据库层,它提供了将 SQL 语句转换为 HBase API 调用,并推送更多可能在集群上并行执行作业的查询引擎;还提供了访问存储在 HBase 表中的元数据存储;以及提供了客户端编程需要的 JDBC 驱动器。Phoenix 工具可以部署在 Hadoop 等典型的大数据平台中,其架构结构图如图 10-2 所示。

由图 10-2 可知,Phoenix 查询执行引擎部署在 HBase 之上,即 Phoenix jar 包安装在 HBase Region Server 的 CLASSPATH 路径中,而 Phoenix JDBC 驱动包安装在客户端(即 JDBC Client)。

1. 下载并安装 Phoenix

访问官方网站 http://phoenix.apache.org/,根据已经安装的 HBase 版本选择 Phoe-

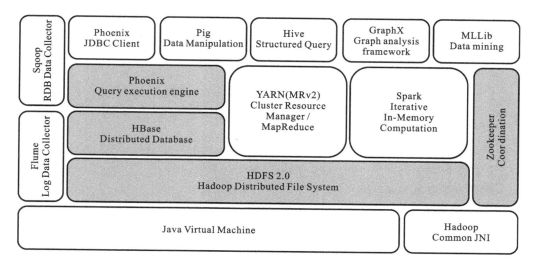

图 10-2　基于 Hadoop **的** HBase＋Phoenix **结构图**

nix 工具的版本,假设安装的 HBase 版本为 1.3.5,那么 Phoenix 版本选择 4.14.3-HBase-1.3。从官方网站上找到合适的站点下载,需要下载的文件为 apache-phoenix-4.14.3-HBase-1.3-bin.tar.gz。

1) 安装 Phoenix

将下载的 apache-phoenix-4.14.3-HBase-1.3-bin.tar.gz 文件上传到 HBase 集群的一个 Master 服务器节点上,解压缩、修改所有者与属主,命令如下:

```
sudo tar -zxvf apache-phoenix-4.14.3-HBase-1.3-bin.tar.gz -C /opt
sudo mv /opt/apache-phoenix-4.14.3-HBase-1.3-bin/ /opt/phoenix-4.14.3-HBase-1.3-bin
sudo chown -R hadoop:hadoop /opt/phoenix-4.14.3-HBase-1.3-bin
```

2) 修改环境变量

用编辑器打开/etc/profile 文件,增加 PHOENIX_HOME 环境变量,并添加 PATH 路径值。

```
export PHOENIX_HOME=/opt/phoenix-4.14.3-HBase-1.3-bin
export PATH=$ PATH: $ PHOENIX_HOME/bin
```

3) 配置 Phoenix

将 $ PHOENIX_HOME/下的几个 jar 文件拷贝到 HBase 的 lib 目录下,并复制到 HBase Region Server 的 CLASSPATH 中,主要是如下三个文件:phoenix-4.14.3-HBase-1.3-server.jar、phoenix-4.14.3-HBase-1.3-client.jar、phoenix-core-4.14.3-HBase-1.3.jar。

```
cp $ PHOENIX_HOME/phoenix-4.14.3-HBase-1.3-server.jar $ HBASE_HOME/lib/
cp $ PHOENIX_HOME/phoenix-4.14.3-HBase-1.3-client.jar $ HBASE_HOME/lib/
cp $ PHOENIX_HOME/phoenix-core-4.14.3-HBase-1.3.jar $ HBASE_HOME/lib/
scp $ PHOENIX _HOME/phoenix-4.14.3-HBase-1.3-server.jar hadoop @ BigData02:
$ HBASE_HOME/lib
```

```
scp $ PHOENIX _ HOME/phoenix-4. 14. 3-HBase-1. 3-client. jar hadoop @ BigData02:
$ HBASE_HOME/lib
scp $ PHOENIX_HOME/phoenix-core-4.14.3-HBase-1.3.jar hadoop@ BigData02:$ HBASE
_HOME/lib
```

将 HBase 的配置文件 hbase-site. xml 拷贝到 $ PHOENIX_HOME/bin 下。

```
cp $ HBASE_HOME/conf/hbase-site.xml $ PHOENIX_HOME/bin/
```

4）重启 HBase 使加入的 Phoenix jar 包生效

依次使用 HBase 的命令 stop-hbase. sh 和 start-hbase. sh。

5）测试是否安装成功

测试运行 Phoenix 非常简单，命令格式为 sqlline. py BigData01：2181，进入如下类似界面（见图 10-3）表示安装成功。

```
[hadoop@BigData01 ~]$ sqlline.py BigData01:2181
Setting property: [incremental, false]
Setting property: [isolation, TRANSACTION_READ_COMMITTED]
issuing: !connect jdbc:phoenix:BigData01:2181 none none org.apache.phoenix.jdbc.PhoenixDriver
Connecting to jdbc:phoenix:BigData01:2181
SLF4J: Class path contains multiple SLF4J bindings.
SLF4J: Found binding in [jar:file:/opt/phoenix-4.14.3-HBase-1.3-bin/phoenix-4.14.3-HBase-1.3-client.jar!/org/slf4
SLF4J: Found binding in [jar:file:/opt/hadoop-2.9.1/share/hadoop/common/lib/slf4j-log4j12-1.7.25.jar!/org/slf4j/i
SLF4J: See http://www.slf4j.org/codes.html#multiple_bindings for an explanation.
19/09/28 22:57:12 WARN util.NativeCodeLoader: Unable to load native-hadoop library for your platform... using bui
Connected to: Phoenix (version 4.14)
Driver: PhoenixEmbeddedDriver (version 4.14)
Autocommit status: true
Transaction isolation: TRANSACTION_READ_COMMITTED
Building list of tables and columns for tab-completion (set fastconnect to true to skip)...
133/133 (100%) Done
Done
sqlline version 1.2.0
0: jdbc:phoenix:BigData01:2181>
```

图 10-3　测试运行界面

2. Phoenix 的使用

安装配置好 Phoenix 后就可使用该工具操作 HBase 数据库了。Phoenix 的使用方式有四种：批处理方式、Shell 命令行方式、客户端 GUI 工具 SquirreL、使用 Phoenix JDBC 编程（即 JDBC 方式）。如果要使用 JDBC 方式，则需要将 Hadoop 集群与 HBase 集群中的配置文件 core-site. xml、hdfs-site. xml、hbase-site. xml 放入工程项目源目录下，还要将 Phoenix 的 jar 包文件（phoenix-core-4. 14. 3-HBase-1. 3. jar、phoenix-4. 14. 3-HBase-1. 3-client. jar）加入工程 Build Path 中。

本书以 Shell 命令行方式操作为主。Phoenix 提供两个常用的命令文件：psql. py 和 sqlline. py。它们都在 Phoenix 安装目录的 bin 下。使用前需要使用 sudo chmod 777 ＜文件＞将这两个文件的执行权限修改为 777。

1）使用 psql. py 建表和导入数据

可将建表语句存为 sql 文件，数据存为 csv 文件，使用如下类似命令建表及导入数据：

```
psql.py localhost:2181 ./stock.sql
psql.py -t STOCKSTAT localhost:2181 ./stockstat.csv
```

假设上面命令中的./stock.sql 是建表 SQL 语句文件,-t 后面是表名,./stockstat.csv 是 csv 数据(即逗号分隔的数据)。

2)使用 sqlline.py 进入 Phoenix Shell 命令

命令格式为

```
sqlline.py <Zookeeper 地址>
```

其中:Zookeeper 地址可以是单个地址,也可以是多个逗号分隔的地址,例如 sqlline.py Big-Data01,BigData02,BigData03:2181。进入命令行后,在提示符为 0:jdbc:phoenix:BigData01,BigData02,BigData03>下输入 help,可以查看一系列 Shell 命令,比较常用的有! tables、! describe、! columns、! quit,分别表示列出所有表、查看表结构、列出指定表的所有列、退出 Phoenix。

10.5　案例项目详细设计

1. 数据源

根据上述需求及其功能分析、架构设计,本案例项目的数据来源主要以京东商城为电商平台代表,以用户对手机商品评论信息为基础数据来源。在浏览器中访问京东商城官网 www.jd.com,点击"手机"按钮(即 shouji.jd.com),进入后再点击热门分类中的全部分类 (https://list.jd.com/list.html? cat=9987,653,655,如图 10-4 所示)或其他类别(比如 5G:https://list.jd.com/list.html? tid=1013344),即可进入手机搜索与销售页面。点击某款手机,即可进入该手机详细信息页面,比如 https://item.jd.com/100000287117.html 是苹果 iPhone XS Max 的手机页面,如图 10-5 所示。

图 10-4　京东商城手机销售页面

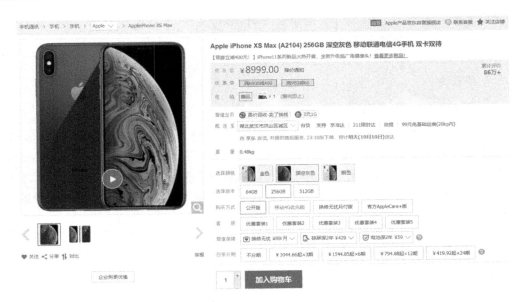

图 10-5　苹果 iPhone XS Max 销售页面

　　在京东商城手机销售页面中,有丰富的搜索过滤条件选择筛选、符合条件的手机列表,并在其中显示了手机的基本信息,比如价格、型号、尺寸、评价数量、商家店铺,等等。这些信息对于本案例项目而言都是非常重要的数据信息,如何由程序快速获取网页信息,以及如何分析网页信息,从而得到我们需要的数据信息内容就是当前数据源详细设计的重要内容。

　　1) 数据格式定义

　　结合前面的案例项目基本需求及需求功能设计,我们可以从这些网页数据信息中初步设计出数据存储的格式,也是需要从这些网页信息中采集或抓取的数据格式。下面以手机评论数据为基础,设计出数据存储或数据抓取的格式定义,如表 10-1 所示。

表 10-1　手机评论信息表

字 段 名 称	字 段 说 明	字 段 类 型	是否为空	备　　注
id	id	int	否	自增长,主键
platform	平台	varchar	是	
model	型号	varchar	是	
title	标题	varchar	是	
content	评论	text	是	
memeberLevel	会员等级	varchar	是	
fromPlatform	购买平台	varchar	是	
area	地区	varchar	是	
userImpression	用户印象	varchar	是	
color	颜色	varchar	是	

字 段 名 称	字 段 说 明	字 段 类 型	是 否 为 空	备　注
price	价格	varchar	是	
productSize	网络类型	varchar	是	
createTime	评价时间	varchar	是	
crawlTime	抓取时间	varchar	是	
lable	标签	varchar	是	

2）数据源分析与采集

对数据源网址进行分析,如京东手机分类页面 https://list.jd.com/list.html? cat＝9987,653,655,以及某款手机详细信息页面,如苹果手机页面 https://item.jd.com/100000287117.html,可找出规律,比如抓取手机价格的 URL 为 http://p.3.cn/prices/mgets? skuIds＝J_100000287117,而抓取手机评论 URL 为 http://club.jd.com/product-page/p-100000287117-s-0-t-3-p-0.html。其中 J_后的数字以及 p-xxxxxx-s 之间的数字是商品编号,而-p-0.html 中的数字 0 是分页显示多页评论的第一页,如果多页,则此处按页递增。商品编号可从手机分类页面(见图 10-4)中的“已有×××人评论”的链接获取,这样就可以遍历手机分类销售页面中的所有销售手机的价格及评论信息了。

下面使用 Java 爬虫技术框架 WebCollector 抓取所需信息,并存入 MySQL 数据库或本地文件。从 WebCollector 官方网站(https://github.com/CrawlScript/WebCollector)下载2.7.2 版,解压得到 webcollector-2.72-bin.zip。其中 lib 目录下所有的 jar 包文件是编程所需的支撑文件,利用其中核心包文件 WebCollector-2.72.jar 提供的基础爬虫框架进行爬取网页信息。

建立 Java 工程及加入所需 jar 包,并且设置 Build Path。分别建立三个爬虫类,即PriceCrawler、EvaluateCountCrawler、EvaluationInfoCrawler,分别为爬取某款手机的销售价、评价数及评价信息。

EvaluationInfoCrawler 类是主类,其中调用 PriceCrawler 类获取某商品的销售价格,以及调用 EvaluateCountCrawler 类获取该商品评论总数。主类中根据评论总数按照京东商城评论网页中每页 10 个评论进行深度爬取网页内容(即评论信息内容),并调用 JSON 解析类(自定义的 Parser 类)进行评论信息解析且同时存储数据库或本地文件。

最后将该工程生成 jar 文件 EvaluationCrawler.jar(注意选择生成能执行 Jar 文件,即包含 lib 目录下所有支撑 jar 包的文件),运行时使用 java -jar ＜jar 包文件＞命令,并带三个参数:第一个参数是商品编号 skid,第二个参数是手机型号,第三个参数是指定本地文件存储的目录。本程序可以同时保存数据库与本地文件,也可以根据情况自行修改如何存储解析后的评论信息。本程序可以改进为自动爬取手机全部分类网页中的商品编号及手机型号,再根据商品编号和手机型号爬取相应的评论信息。下面的代码只给出了手动输入参数来独立爬取指定商品与型号的评论信息。

```
public class PriceCrawler extends RamCrawler {//抓取手机价格
```

```
        private double price;                        //手机价格
        @Override
        public void visit(Page page, CrawlDatums next) {
            String doc=page.html();                  //抓取指定商品价格 JSON 包
            if(!doc.isEmpty()){
                JSONObject json=new JSONObject(doc.substring(1, doc.length()-2));
                price=Double.valueOf(json.optString("p"));   //获取价格
            }
        }
        public PriceCrawler(String skId) {
            //https://p.3.cn/prices/mgets? skuIds=J_100000287117
            //得到:[{"cbf":"0","id":"J_100000287117","m":"15000.00","op":"9599.00",
"p":"8999.00"}]
            String url_price="http://p.3.cn/prices/mgets? skuIds=J_" + skId;
            this.addSeed(url_price);
            try {
                this.start();
            } catch (Exception e) {
                e.printStackTrace();
            }
        }
        public double getPrice() { return price; }
}

    public class EvaluateCountCrawler extends RamCrawler { //抓取评价数
        private int number;        //评价数
        @Override
        public void visit(Page page, CrawlDatums next) {
            if(! page.html().isEmpty()){
                JSONObject json=new JSONObject(page.html());
                JSONObject evaluateNums_json = json.optJSONObject ("productCom-
mentSummary");
                number= Integer.valueOf (evaluateNums_json.optString ("comment-
Count"));
            }
        }
        public EvaluateCountCrawler(String skId) {
            String url_evaluate="http://club.jd.com/productpage/p-" + skId + "-s-0-
t-3-p-0.html";
            this.addSeed(url_evaluate);
            try {
                this.start();
            } catch (Exception e) {
                e.printStackTrace();
```

```
        }
    }
    public int getNumber() { return number; }
}


public class EvaluationInfoCrawler extends RamCrawler { //评论信息爬取并存储(主类)
    static List<String>  urlArr=new ArrayList<String> ();
    static String platform;
    static String model;
    static String crawlTime;
    static double price;
    static Parser infoParser;
    public EvaluationInfoCrawler(String url) {
        this.addSeed(url);
    }
    @Override
    public void visit(Page page, CrawlDatums next) {
        String doc=page.html();
        if(! doc.isEmpty()){
            JSONObject json=new JSONObject(doc);
            json.append("price", price);
             if ((! json.optString("comments").isEmpty()) && (! json.optJ-
SONArray("comments").isNull(0))) {
                WriteLocal.write(json.toString());
                infoParser.start(json.toString(), platform, model, crawlTime);
            }
        }
    }
    public static void main(String[] args) throws Exception {
        if(args.length != =3 && args.length != =4 && args.length != = 6){
            System.err.println("Usage: java -jar EvaluationCrawler.jar<skId>
<model> <localPath> ");
            System.err.println("java -jar EvaluationCrawler.jar<skId> <model> <
localPath> <dbSrvIP> ");
            System.err.println("java -jar EvaluationCrawler.jar<skId> <model> <
localPath> <dbSrvIP> <dbUser> <pwd> ");
            System.exit(2);
        }
        String skId=args[0];                //商品编号(商品 URL 的 skid)
        EvaluationInfoCrawler.model=args[1];  //手机型号
        String localDir=args[2];             //爬取数据解析存入本地位置
        File file=new File(localDir);
        if((! file.exists()) || file.isFile()){
            file.mkdirs();
```

```
        }
        EvaluationInfoCrawler.platform="京东";
        SimpleDateFormat dateFormat=new SimpleDateFormat("yyyyMMddHHmmss");
        EvaluationInfoCrawler.crawlTime=dateFormat.format(new Date());
        EvaluationInfoCrawler.infoParser=new Parser();
        EvaluationInfoCrawler.price=new PriceCrawler(skId).getPrice();
        int number=new EvaluateCountCrawler(skId).getNumber();
        if(args.length==3){
            SaveData.getConnection();
        }else if(args.length==4){ //srvIP
            SaveData.getConnection(args[3]);
        }else if(args.length==6){ //srvIP, user, pwd
            SaveData.getConnection(args[3], args[4], args[5]);
        }else{
            System.exit(2);
        }
        WriteLocal.setWriter(localDir+File.separator+EvaluationInfoCrawl-
er.crawlTime+"_json.txt");
        for(int page=0; page<=Math.ceil(number / 10.0) -1; page++) {//分页——
深度爬取
            String nextUrl="http://club.jd.com/productpage/p-"+ skId+ "-s-0-t-
3-p-"+page+".html";
            new EvaluationInfoCrawler(nextUrl).start();   //继续爬取下一页
        }
        if(urlArr.size()>0){
            for(String url:urlArr) {
                new EvaluationInfoCrawler(url).start();
            }
        }
        WriteLocal.close();
        SaveData.close();
        String source=EvaluationInfoCrawler.crawlTime+"\t"+skId+"\t"+Math.
ceil(number/10.0)+"\n";
        File flagFile=new File(localDir+"/SUCCESS");
        BufferedWriter bw=new BufferedWriter(new FileWriter(flagFile, true));
        bw.write(source);
        bw.flush();
        bw.close();
    }
}

public class Parser {
    boolean sign=true;
    public void start(String doc,String platform,String model,String crawlTime) {
```

```java
JSONObject json=new JSONObject(doc);
String price=json.optString("price");//价格——JSON 中"price":[8999]
price=price.substring(1, price.length()-1);
if(price.equals("-1")){
    price="0";
}
//label 为京东产品打好的标签,每个 URl 只写一次
if((!json.optString("comments").isEmpty())&&(!json.optJSONArray("com-
ments").isNull(0))){
    JSONArray value=json.optJSONArray("comments");
    for(String label_result="", int i=0; i<value.length(); i++) {
        if(sign){
            JSONArray labels=json.optJSONArray("hotCommentTagStatistics");
            String label="";
            if(labels != null){
                sign=false;
                for(int j=0; j<labels.length(); j++){
                    if(j==labels.length()-1){
                        label+=labels.getJSONObject(j).optString("name");
                    }else{
                        label+=labels.getJSONObject(j).optString("name") +",";
                    }
                }
                label_result=label.trim();
            }else{
                label_result="null";
            }
        }else{
            label_result="null";
        }
        //每个 result 为一条销售记录产生的数据
        JSONObject result=value.getJSONObject(i);
        String impression="null";        //用户印象
        if(result.has("commentTags"))  { //判断用户是否填写了用户印象
            JSONArray commentTags=result.optJSONArray("commentTags");
            for(String tagString="", int j=0; j<commentTags.length();j++){
                JSONObject impression_json=commentTags.optJSONObject(j);
                tagString+= (impression_json.optString("name").replaceAll("\
                t", " ")+" ");
            }
            impression=tagString.trim();
        }
        String content=result.optString("content").replaceAll("[\\t\
\n\\r]", " ").trim();
```

```
    if(! content.isEmpty()){ //判断评价是否为空
        String referenceName=result.optString("referenceName").
        replaceAll("\t", " ");
        String userLevelName=result.optString("userLevelName").
        replaceAll("\t", " ");
            String userClientShow = result. optString ("userClient-
            Show").replaceAll("\t", " ");
        if(! userClientShow.equals("")){
            userClientShow=userClientShow.substring(userClient-
            Show.indexOf('>')+3,
                userClientShow.lastIndexOf('<'));
            userClientShow=userClientShow.trim();
        }else{
            userClientShow="京东 PC 客户端";
        }
        String userProvince=result.optString("userProvince").re-
        placeAll("\t", " ");
        userProvince=userProvince.trim();
        if(userProvince.isEmpty()){
            userProvince="null";
        }
        String color=result.optString("productColor").trim();
        if(color.isEmpty()){
            color="null";
        }
        String productSize=result.optString("productSize").trim();
                                                    //网络类型
        if(productSize.isEmpty()){
            productSize="null";
        }
        String createTime=result.optString("creationTime").trim();
        //保存数据到 MySQL 数据库
        //平台、型号、title、comment、会员等级、购买平台、地区
        //用户印象、颜色、价格、网络类型、评价时间、抓取时间、标签
        try {
            SaveData.insertData (platform, model, referenceName.
            trim(), content,
                userLevelName.trim(), userClientShow, userProv-
                ince, impression,
                color, price, productSize, createTime, crawlTime,
                label_result);
        } catch (SQLException e) {
            e.printStackTrace();
        }
```

```
                    }
                }
            }
        }
    }
```

2. 数据存储与处理

按照数据格式,以及数据源分析与采集的定义,采集时将抓取的数据按照格式解析并初步存入关系型数据库 MySQL,再使用转换工具 Sqoop 转入 HBase 分布式数据库中。

1) 数据初步存储

在 Windows 系统中安装 MySQL 数据库,或者在 Hadoop 平台中的某节点上安装 MySQL 数据库。本案例采用后者,并在其中新建数据库 ShoppingDB,以及新建爬取评论数据表 ShoppingDB. spider,SQL 语句如下:

```
create database ShoppingDB;
use ShoppingDB;
CREATE TABLE spider (
    id int(11) NOT NULL AUTO_INCREMENT,
    platform varchar(255) DEFAULT NULL,
    model varchar(255) DEFAULT NULL,
    title varchar(255) DEFAULT NULL,
    content text DEFAULT NULL,
    memberLevel varchar(255) DEFAULT NULL,
    fromPlatform varchar(255) DEFAULT NULL,
    area varchar(255) DEFAULT NULL,
    userImpression varchar(255) DEFAULT NULL,
    color varchar(255) DEFAULT NULL,
    price varchar(255) DEFAULT NULL,
    productSize varchar(255) DEFAULT NULL,
    createTime varchar(255) DEFAULT NULL,
    crawlTime varchar(255) DEFAULT NULL,
    lable varchar(255) DEFAULT NULL,
    PRIMARY KEY (id)
) ENGINE= MyISAM DEFAULT CHARSET= utf8;
```

2) 在 HBase 中建立大表

在 HBase Shell 下建立对应的存储评论数据的大表,建表语句为

```
create EVALUATE.SPIDER, f1
```

注意表名需大写。

3) 简单处理数据

通过 Sqoop 转换工具将数据导入 HBase 数据库的表 EVALUATE. SPIDER 中,命令语句如下:

```
sqoop import --connect jdbc:mysql://192.168.235.128:3306/ShoppingDB --username
root --password 123456 --table spider --hbase-table EVALUATE.SPIDER --column-family
f1 --hbase-row-key id --hbase-create-table -m 1
```

//按条件"crawlTime>'20191001235959'"(即 2019.10.1 之后爬取的数据)将数据转移到
HBase 表中

```
    sqoop import --connect jdbc:mysql://192.168.235.128:3306/ShoppingDB --user-
name root --password 123456 --table spider --where "crawlTime>'20191001235959'"  \
--hbase-table EVALUATE.SPIDER --column-family f1 --hbase-row-key id --hbase-create-ta-
ble -m 1
```

3. Web 客户端展示

从数据采集到现在,数据已经过处理并存入 HBase 数据库中。下面针对需求功能进行分类统计,并展示 Web 客户端结果。关于 Web 客户端展示部分,后台采用 Servlet＋Phoenix JDBC＋HBase,前端采用 JSP＋JavaScript＋ECharts,Web 服务器使用 Apache Tomcat 部署。为了方便,假设 Web 服务器部署在 HBase 集群 Master 服务节点上。

1) 后台数据访问与处理

为了便于编程与操作 HBase 数据库,我们使用 Phoenix 提供的 JDBC Client 驱动包,并且需要在 Phoenix Shell 命令行下建立与 HBase 数据库表对应的映射表,Phoenix 中的建表语句如下:

```
create table EVALUATE.SPIDER(
    id  VARCHAR  primary key,
    "f1"."platform" VARCHAR,
    "f1"."model" VARCHAR,
    "f1"."title" VARCHAR,
    "f1"."content" VARCHAR,
    "f1"."memberLevel" VARCHAR,
    "f1"."fromPlatform" VARCHAR,
    "f1"."area" VARCHAR,
    "f1"."userImpression" VARCHAR,
    "f1"."color" VARCHAR,
    "f1"."price" VARCHAR,
    "f1"."productSize" VARCHAR,
    "f1"."createTime" VARCHAR,
    "f1"."crawlTime" VARCHAR,
    "f1"."lable" VARCHAR
) COLUMN_ENCODED_BYTES= 'NONE';
```

其中:EVALUATE. SPIDER 对应的是 HBase 中的表;f1 对应的是 HBase 中表的列族,而 id VARCHAR primary key 当作 HBase 表的 row key。表名、列族、列名如果需要保存原样或小写,则需要用双引号括起来。因为 HBase 是区分大小写的,如果不用双引号,那么 Phoenix 在创建表时自动将小写转换为大写字母(见图 10-6)。

```
0: jdbc:phoenix:BigData01:2181> create table EVALUATE.SPIDER( id  VARCHAR  primary key, "f1"."platform" VARCHAR, "f1"."model" VARCHAR, "f1"."title" VARCHAR,
"f1"."content" VARCHAR, "f1"."memberLevel" VARCHAR, "f1"."fromPlatform" VARCHAR, "f1"."area" VARCHAR, "f1"."userImpression" VARCHAR, "f1"."color" VARCHAR, "f
1"."price" VARCHAR, "f1"."productSize" VARCHAR, "f1"."createTime" VARCHAR, "f1"."crawlTime" VARCHAR, "f1"."lable" VARCHAR )COLUMN_ENCODED_BYTES='NONE';
No rows affected (7.678 seconds)
0: jdbc:phoenix:BigData01:2181> !tables
```

TABLE_CAT	TABLE_SCHEM	TABLE_NAME	TABLE_TYPE	REMARKS	TYPE_NAME	SELF_REFERENCING_COL_NAME	REF_GENERATION	INDEX_STATE	IMMUTABLE
	SYSTEM	CATALOG	SYSTEM TABLE						false
	SYSTEM	FUNCTION	SYSTEM TABLE						false
	SYSTEM	LOG	SYSTEM TABLE						true
	SYSTEM	SEQUENCE	SYSTEM TABLE						false
	SYSTEM	STATS	SYSTEM TABLE						false
		employee1	TABLE						false
		student	TABLE						false
		student1	TABLE						false
	EVALUATE	SPIDER	TABLE						false

```
0: jdbc:phoenix:BigData01:2181>
```

图 10-6　HBase 的启用

在命令行下输入 select count(*) from EVALUATE. SPIDER；可以通过映射表查看 HBase 表中对应表中的记录数，还可以输入！ describe EVALUATE. SPIDER 查看建立映射表的结构（见图 10-7）。

```
0: jdbc:phoenix:BigData01:2181> select count(*) from EVALUATE.SPIDER;
```

COUNT(1)
61100

```
1 row selected (0.264 seconds)
0: jdbc:phoenix:BigData01:2181> !describe EVALUATE.SPIDER;
```

TABLE_CAT	TABLE_SCHEM	TABLE_NAME	COLUMN_NAME	DATA_TYPE	TYPE_NAME	COLUMN_SIZE	BUFFER_LENGTH	DECIMAL_DIGITS	NUM_PREC_RADIX
	EVALUATE	SPIDER	ID	12	VARCHAR	null	null	null	null
	EVALUATE	SPIDER	platform	12	VARCHAR	null	null	null	null
	EVALUATE	SPIDER	model	12	VARCHAR	null	null	null	null
	EVALUATE	SPIDER	title	12	VARCHAR	null	null	null	null
	EVALUATE	SPIDER	content	12	VARCHAR	null	null	null	null
	EVALUATE	SPIDER	memberLevel	12	VARCHAR	null	null	null	null
	EVALUATE	SPIDER	fromPlatform	12	VARCHAR	null	null	null	null
	EVALUATE	SPIDER	area	12	VARCHAR	null	null	null	null
	EVALUATE	SPIDER	userImpression	12	VARCHAR	null	null	null	null
	EVALUATE	SPIDER	color	12	VARCHAR	null	null	null	null
	EVALUATE	SPIDER	price	12	VARCHAR	null	null	null	null
	EVALUATE	SPIDER	productSize	12	VARCHAR	null	null	null	null
	EVALUATE	SPIDER	createTime	12	VARCHAR	null	null	null	null
	EVALUATE	SPIDER	crawlTime	12	VARCHAR	null	null	null	null
	EVALUATE	SPIDER	lable	12	VARCHAR	null	null	null	null

```
0: jdbc:phoenix:BigData01:2181>
```

图 10-7　建立映射表的结构

2）建立 Java Web 工程

在 Windows 或 Linux 操作系统中安装 Eclipse 集成开发工具，打开并新建 Java Web 工程，比如 jd_evaluation。首先将 Phoenix 提供的三个 jar 包 phoenix-core-4.14.3-HBase-1.3.jar、phoenix-4.14.3-HBase-1.3-client.jar、phoenix-4.14.3-HBase-1.3-server.jar 拷贝到该 Web 工程的 lib 目录下（即 WEB-INF/lib），从 Hadoop 集群和 HBase 集群中拷贝 core-site.xml、hdfs-site.xml 及 hbase-site.xml 文件到工程 src 下。

（1）建立数据库工具类。

创建由 Phoenix 提供 JDBC Client 支撑的连接操作 HBase 数据库的工具类 PhoenixHbase。其代码如下：

```
package edu.wenhua.jdbc.util;
import java.sql.Connection;
import java.sql.DriverManager;
import java.sql.ResultSet;
import java.sql.SQLException;
import java.sql.Statement;
```

```
public class PhoenixHbase {
    private static final String DRIVER= "org.apache.phoenix.jdbc.Phoenix-
Driver";       //驱动程序名
    //URL 为访问 Zookeeper 地址(可单个或多个地址),引用三个参数(可省略):
    //hbase.zookeeper.quorum、hbase.zookeeper.property.clientPort、zookeep-
er.znode.paren
    private static final String URL="jdbc:phoenix:192.168.235.128:2181";
    private static Connection conn;

    public static Connection getConnection() throws SQLException{ //获取(建立)连接
        try {
            Class.forName(DRIVER);
            conn=DriverManager.getConnection(URL);
        } catch (ClassNotFoundException e) {
            e.printStackTrace();
        }
        return conn;
    }
    //断开连接
    public static void closeConnection (Connection conn, Statement stmt, Re-
sultSet rs){
        try {
            rs.close();
            stmt.close();
            conn.close();
        } catch (SQLException e) {
            e.printStackTrace();
        }
    }
}
```

(2) 建立读取 HBase 表中数据的 DAO 类及 Servlet 类。

根据需求定义与功能分析设计,我们需要从 HBase 表的 EVALUATE. SPIDER 中读取并统计如下信息:平台数、手机型号数、不同会员等级的记录数、商品购买(评论)来源、省/地区数、用户购买印象分类统计、按手机颜色统计记录数、按会员等级价格区间统计销量、按网络类型统计手机运营商、数据总条数、手机品牌销量排名(如前 5 名)、根据手机型号读取 Lable 标签,等等;并分别建立对应的 DAO 类:ReadPlatformNum、ReadPhoneModelNum、ReadMemberLevel、ReadUserPlatform、ReadArea、ReadImpression、ReadColor、ReadPrice、ReadTelecomSupplier、ReadDataNum、ReadSaleRank、ReadLable。下面只列出了 ReadTelecomSupplier 类的代码以及相应 Servlet 类的 ShowTelecomSupplier 的代码,其他 DAO 类及相应 Servlet 类的代码类似,重点按照对应数据书写各自的 Phoenix HBase 的 SQL 语句。

```java
package edu.wenhua.dao;
import java.sql.Connection;
import java.sql.PreparedStatement;
import java.sql.ResultSet;
import java.sql.SQLException;
import java.util.HashMap;
import java.util.Map;
import edu.wenhua.jdbc.util.PhoenixHbase;

public class ReadTelecomSupplier {      //根据网络类型统计运营商
    public static Map< String, Integer>  readdata() {
        Map< String, Integer>  map=new HashMap< String, Integer> ();
        try {
            Connection conn=PhoenixHbase.getConnection();
            String sql1="SELECT count(* ) FROM EVALUATE.SPIDER WHERE \"f1\".
                                \"productSize
                                \"LIKE'% 移动% '"+"OR\"f1\".\"productSize\"
                                ='全网通' OR \"f1\".\"productSize\"=
                                '公开版'"+"OR\"f1\".\"productSize\"='全球通'";
            PreparedStatement pstmt1=conn.prepareStatement(sql1);
            String sql2="SELECT count(* ) FROM EVALUATE.SPIDER WHERE \"f1\".\"
                                productSize\" LIKE '% 联通% '" +
                                " OR \"f1\".\"productSize\"= '全网通' OR \"f1
                                \".\"productSize\"= '公开版'";
            PreparedStatement pstmt2=conn.prepareStatement(sql2);
            String sql3="SELECT count(* ) FROM EVALUATE.SPIDER WHERE \"f1\".\"
                                productSize\" LIKE '% 电信% '" +
                                " OR \"f1\".\"productSize\"= '全网通' OR \"f1
                                \".\"productSize\"= '公开版'";
            PreparedStatement pstmt3=conn.prepareStatement(sql3);
            ResultSet resultSet1=pstmt1.executeQuery();
            ResultSet resultSet2=pstmt2.executeQuery();
            ResultSet resultSet3=pstmt3.executeQuery();
            String type=null;
            int number=0;
            while (resultSet1.next()) {
                type="移动";
                number=resultSet1.getInt(1);
                map.put(type, number);
            }
            while (resultSet2.next()) {
                type="联通";
```

```
                number=resultSet2.getInt(1);
                map.put(type, number);
            }
            while (resultSet3.next()) {
                type="电信";
                number=resultSet3.getInt(1);
                map.put(type, number);
            }
            PhoenixHbase.closeConnection(conn, pstmt1, resultSet1);
            PhoenixHbase.closeConnection(conn, pstmt2, resultSet2);
            PhoenixHbase.closeConnection(conn, pstmt3, resultSet3);
        } catch (SQLException e) { e.printStackTrace(); }
        return map;
    }
}
```

按网络类型统计手机运营商的 Servlet 类：ShowTelecomSupplier

```
package edu.wenhua.servlet;
import java.io.IOException;
import java.io.PrintWriter;
import java.util.ArrayList;
import java.util.List;
import java.util.Map;
import java.util.Map.Entry;
import javax.servlet.ServletException;
import javax.servlet.http.HttpServlet;
import javax.servlet.http.HttpServletRequest;
import javax.servlet.http.HttpServletResponse;
import edu.wenhua.dao.ReadTelecomSupplier;
import net.sf.json.JSONObject;
public class ShowTelecomSupplier extends HttpServlet {
    protected void doGet(HttpServletRequest request, HttpServletResponse response)
            throws ServletException, IOException {
        request.setCharacterEncoding("utf-8");
        response.setCharacterEncoding("utf-8");
        Map<String, Integer> map=ReadTelecomSupplier.readdata();
        ArrayList<String> list1=new ArrayList<String> ();
        ArrayList<Integer> list2=new ArrayList<Integer> ();
        for (Entry<String, Integer> entry:map.entrySet()) {
            list1.add(entry.getKey());
            list2.add(entry.getValue());
        }
```

```
Object[] name=list1.toArray();
Object[] value=list2.toArray();
List<JSONObject> list=new ArrayList<JSONObject>();
for (int i=0, j=0; i<list1.size() && j<list2.size(); i++ , j++ ) {
    JSONObject json=new JSONObject();
    json.put("name", name[i]);
    json.put("value", value[j]);
    list.add(json);
}
PrintWriter writer=response.getWriter();
writer.print(list);
}
protected void doPost(HttpServletRequest request, HttpServletResponse response)
        throws ServletException, IOException {
    doGet(request, response);
}
}
```

最后,必须在 web.xml 中配置各个 Servlet 的 URL 映射,为前端的网页界面提供接口。

(3) 前端网页页面。

前端网页页面是在 HTML 基础上使用 JSP 技术,结合 JavaScript、Ajax、jQuery、Echarts 等技术完成数据处理后的可视化展示。

ECharts 是一个纯 JavaScript 的图表库,可以流畅地运行在 PC 和移动设备上,兼容当前绝大部分浏览器。ECharts 具有丰富的图标类型,提供有常规的折线图 line、柱状图 bar、散点图 scatter、饼图 pie、K 线图、盒形图、用于地理数据可视化的地图 map、热力图 force、用于关系数据可视化的关系图、多维数据可视化的平行坐标、漏斗图 funnel、仪表盘 gauge 等,并且支持图与图之间的混搭使用。统计运营商比例的部分 JavaScript 代码如下:

```
<! -- 运营商市场占比情况 -->
<script type="text/javascript">
    require.config({
        paths:{ echarts:'js' }
    });
    function optclecs(data) {
        require([ 'echarts', 'echarts/chart/pie' ],
        function(ec) {
            var myChart=ec.init(document.getElementById('main'));
            var option={
                title:{
                    text:'运营商占比',
                    subtext:'数据来自京东商城(网络爬取)',
                    x:'right',
                    y:'bottom'
```

```
    },
    tooltip:{
        text:'item',
        formatter:"{a}<br/>{b}:{c}({d}% )"
    },
    legend:{
        orient:'vertical',
        x:'left',
        data:[ '移动', '联通', '电信' ]
    },
    toolbox:{
        show:true,
        feature:{
            dataView:{
                show:true,
                readOnly:false
            }
        }
    },
    calculable:false,
    series:(function() {
        var series=[];
        for (var i=0; i<30; i++) {
            series.push({
                name:'运营商',
                type:'pie',
                itemStyle:{
                    normal:{
                        label:{ show:i>28},
                        labelLine:{
                            show:i>28,
                            length:20
                        }
                    }
                },
                radius:[i*4+40,i*4+43],
                data:data
            })
        }
        series[0].markPoint={
            symbol:'emptyCircle',
            symbolSize:series[0].radius[0],
            effect:{
```

```
                            show:true,
                            scaleSize:12,
                            color:'rgba(250,225,50,0.8)',
                            shadowBlur:10,
                            period:30
                        },
                        data:[ {
                            x:'50% ',
                            y:'50% '  } ]
                    };
                    return series;
                }) ()
            };
            setTimeout(function() {
                var _ZR=myChart.getZrender();
                var TextShape=require('zrender/shape/Text');
                _ZR.addShape(new TextShape({
                    style:{
                        x:_ZR.getWidth()/2,
                        y:_ZR.getHeight()/2,
                        color:'# 666',
                        text:'网络更美好',
                        textAlign:'center'  }
                }));
                _ZR.refresh();
            }, 2000);
            myChart.setOption(option);
        });
    }

    $ .ajax({
        type:"POST",
        async:true,         //同步执行
        url:"supplier.do",
        dataType:"JSON",
        success:function(data) {
            optclecs(data);
        }
    });
</script>
```

（4）Web 程序发布与运行。

从 Apache 官方网站下载 Tomcat 压缩包（如 apache-tomcat-8.5.46.zip），并解压安装

即可。然后将开发完成的 Java Web 工程项目打包为 war 文件(如 jd_evaluation. war),且拷贝到集群中安装好的 Apache Tomcat 的 webapp 目录下,启动 tomcat 发布运行即可。

```
sudo unzip apache-tomcat-8.5.46.zip -d /opt
sudo chown -R hadoop:hadoop /opt/apache-tomcat-8.5.46
sudo chmod + x/opt/apache-tomcat-8.5.46/bin/*
```

在客户端浏览器中输入 URL 地址(如 http://<服务器 IP:8080>/jd_evaluation/index. jsp),即可显示网页。

10.6 销售数据分析客户端页面

在大数据平台启动 Tomcat 服务。可以考虑将销售数据的爬取、清洗解析设置成定期或定时任务,自动转入大数据平台后端数据存储,那么在 PC 客户端浏览器上即可访问销售数据分析客户端页面。可以通过 Web 客户端页面了解以下统计数据信息。由于数据爬取与存储转换处理等是一个长期过程,所以本文只列出部分页面的图形展示,如图 10-8～图 10-12 所示。

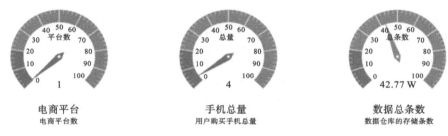

图 10-8　数据概览仪表盘

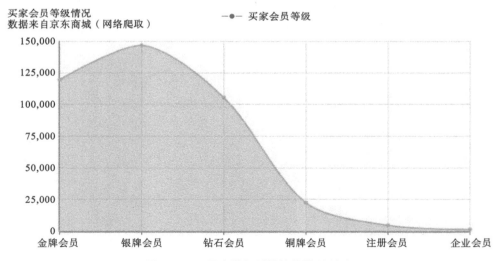

图 10-9　不同会员级别的销售量(倾向)

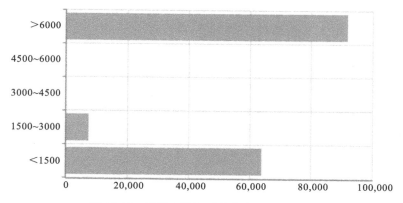

图 10-10　不同会员级别的价格区间销售量

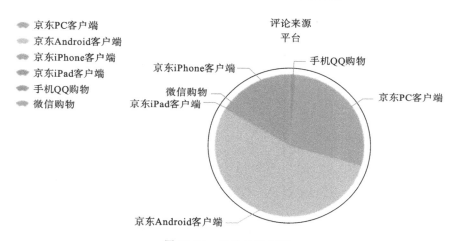

图 10-11　评论信息来源

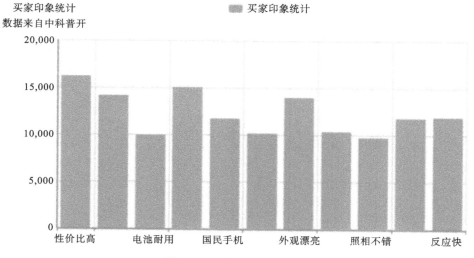

图 10-12　购买者印象统计

10.7　小结

　　本章以京东商城为例，使用大数据技术完成京东手机销售数据统计分析系统。从需求概述、需求分析与功能设计、项目详细设计到 Web 客户端展示。其中项目详细设计中涉及数据爬取与清洗处理等技术，比如基于 Java 的 WebCollector 框架，以及大数据技术中的分布式文件系统 HDFS、列族分布式数据库 HBase 等。本案例可以利用已经采集并初步处理的数据进行更深入的挖掘与分析，也可以进一步使用 Hive、SparkSQL 等技术进行分析统计处理。

　　本项目还有很多地方需要优化与改进。功能上可以加入根据用户对手机商品的评价信息，采用某推荐算法统计出更多更贴切的手机商品信息，方便用户选购手机。也可以使用 Python 语言技术、结合深度学习技术等，从用户评论数据中得到更多有价值的信息。

第 11 章　大数据案例之基于 HBase 的 对象存储服务

本案例主要用来设计一个基于 HBase 的对象存储服务,用于存储快速增量的文件,并且在存储之后希望可以通过接口实现快速查找。

对象存储,也叫基于对象的存储,是用来描述解决和处理离散单元的方法的通用术语。这些离散单元被称为对象。就像文件一样,对象包含数据,但是和文件不同的是,对象在一个层结构中不会再有层级结构。每个对象都在一个被称为存储池的扁平地址空间的同一级别里,一个对象不会属于另一个对象的下一级。

文件和对象都有与它们所包含的数据相关的元数据,但是对象是以扩展元数据为特征的。每个对象都被分配一个唯一的标识符,允许服务器或者最终用户来检索对象,而不必知道数据的物理地址。这种方法在云计算环境中对自动化和简化数据存储有帮助。

11.1　国内外知名对象存储服务

随着互联网、Web 2.0 的快速发展,Web 应用创建出了数百亿的小文件;人们上传海量的照片、视频、音乐,Facebook 每天新增数十亿条内容,人们每天发送数千亿封电子邮件。面对如此庞大的数据量,仅具备 PB 级扩展能力的块存储(SAN)和文件存储(NAS)显得有些无能为力。单个文件系统在最优性能的情况下支持的文件数量通常只在百万级别。人们需要一种全新架构的存储系统,这种存储系统需要具备极高的可扩展性,能够满足人们对存储容量从 TB 级到 EB 级规模的扩展需求。

2002 年,安然、世界通信等事件的接连爆发从而导致萨班斯法案推出,对象存储被用于政府法规要求数据长期保存金融服务、健康医疗等行业的数据归档场景。对象存储由此具备了备份归档的基因。

2006 年,Amazon 发布 AWS,S3 服务及其使用的 REST、SOAP 访问接口成为对象存储的事实标准。Amazon S3 成功为对象存储注入云服务基因。

11.1.1　Amazon S3

Amazon Simple Storage Service(Amazon S3)是一种对象存储服务,提供行业领先的可扩展性、数据可用性、安全性和性能。这意味着各种规模和行业的客户都可以使用它来存储和保护各种用例(如网站、移动应用程序、备份和还原、存档、企业应用程序、IoT 设备和大数据分析)的任意数量的数据(见图 11-1)。

常见使用场景如下。

1. 备份与恢复

利用 Amazon S3 和其他 AWS 服务(如 S3 Glacier、Amazon EFS 和 Amazon EBS)构

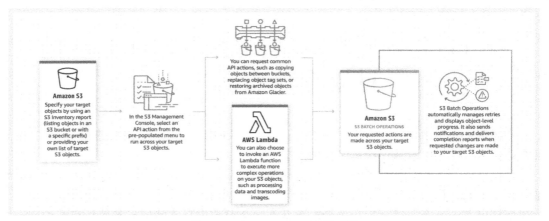

图 11-1　Amazon S3 工作原理图

建可扩展、持久且安全的备份和还原解决方案，以增强或取代现有的本地功能。AWS 和 APN 合作伙伴可帮助您达到恢复时间目标（RTO）、恢复点目标（RPO）和合规性要求。利用 AWS，您可以备份 AWS 云中已有的数据，或者使用混合存储服务 AWS Storage Gateway 将本地数据的备份发送到 AWS。

2. 灾难恢复（DR）

保护在 AWS 云中或本地环境中运行的关键数据、应用程序和 IT 系统，而不会产生另一个物理站点的费用。借助 Amazon S3 存储，S3 跨区域复制及其他 AWS 计算、联网和数据库服务，您可以创建 DR 架构以快速、轻松地从自然灾害、系统故障和人为错误导致的中断中恢复。

3. 存档

弃用物理基础设施，使用 S3 Glacier 和 S3 Glacier Deep Archive 对数据进行存档。这些 S3 存储类以最低的费率长期保留对象。只需创建一个 S3 生命周期策略，即可在对象的整个生命周期内对其进行存档，或者将对象直接上传到存档存储类。利用 S3 对象锁定，可以将保留日期应用于对象以防止删除它们，并满足合规性要求。与磁带库不同，S3 Glacier 可让您在短短一分钟内还原已存档对象以进行加急检索，以及在 3～5 小时内还原已存档对象以进行标准检索。S3 Glacier 中的批量数据还原以及 S3 Glacier Deep Archive 中的所有还原操作都在 12 小时内完成。

4. 数据湖和大数据分析

通过在 Amazon S3 中创建数据湖来加速创新，并使用就地查询、分析和机器学习工具提取有价值的信息。您还可以使用 AWS Lake Formation 快速创建数据湖，并集中定义和实施安全、监管和审核策略。该服务会收集数据库和 S3 资源中的数据，再将其移动到 Amazon S3 中的新数据湖，并使用机器学习算法对其进行清理和分类。所有 AWS 资源都可以向上扩展，以适应不断增大的数据存储——不需要前期投资。

5. 混合云存储

使用 AWS Storage Gateway 在本地应用程序和 Amazon S3 之间创建无缝连接以减少

数据中心的占用空间,并利用 AWS 的规模、可靠性和持久性,以及 AWS 的创新性机器学习和分析功能。您还可使用 AWS DataSync 让数据在本地存储与 Amazon S3 之间自动传输,其传输速度最多可以比开源工具的快 10 倍。启用混合云存储环境的另一种方法是与 APN 中的网关提供商合作。您还可使用 AWS Transfer for SFTP(一项实现与第三方的安全文件交换的完全托管服务)将文件直接传入和传出 Amazon S3。

6. 原生云应用程序数据

使用 AWS 服务和 Amazon S3 来存储生产数据,可以构建快速、经济高效、基于 Internet 的移动应用程序。利用 Amazon S3,您可以上传任意数量的数据,并能在任意位置访问它,以便更快地部署应用程序并接触更多的最终用户。在 Amazon S3 中存储数据,还意味着您可以访问用于机器学习和分析的最新 AWS 开发人员工具和服务,以便对原生云应用程序进行创新和优化。

11.1.2　阿里云对象存储服务

阿里云对象存储服务(Object Storage Service,OSS),是阿里云对外提供的海量、安全、低成本、高可靠的云存储服务。您可以通过本文档提供简单的 REST 接口,在任何时间、任何地点、任何互联网设备上上传和下载数据。基于 OSS,您可以搭建出各种多媒体分享网站、网盘、个人和企业数据备份等基于大规模数据的服务。它有如下应用场景。

1. 图片和音视频等应用的海量存储

OSS 可用于图片、音视频、日志等海量文件的存储(见图 11-2)。各种终端设备、Web 网站程序、移动应用可以直接向 OSS 写入或读取数据。OSS 支持流式写入和文件写入两种方式。

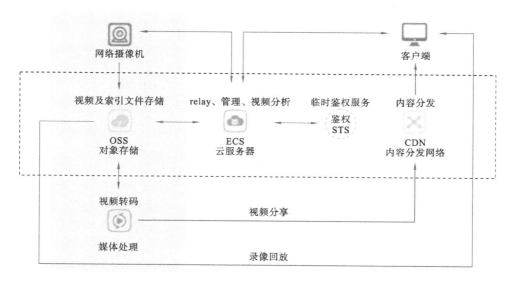

图 11-2　图片和音视频等应用的海量存储场景

2. 网页或者移动应用的静态和动态资源分离

利用 BGP 带宽,OSS 可以实现超低延时的数据直接下载。OSS 也可以配合阿里云

CDN 加速服务，为图片、音视频、移动应用的更新分发提供最佳体验（见图 11-3）。

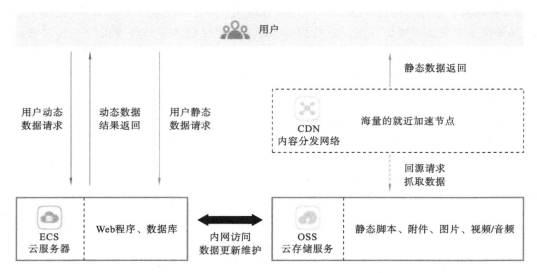

图 11-3　网页或者移动应用的静态资源和动态资源分离场景

3. 云端数据处理

上传文件到 OSS 后，可以配合媒体处理服务和图片处理服务进行云端的数据处理（见图 11-4）。

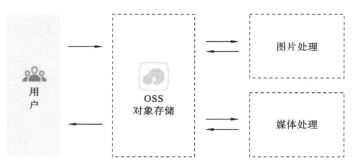

图 11-4　云端数据处理场景

11.1.3　开源对象存储服务 Minio

Minio 是在 Apache License v2.0 下发布的对象存储服务器。它与 Amazon S3 云存储服务兼容，是最适合存储的非结构化数据，如照片、视频、日志文件、备份和容器/VM 映像。其对象的大小可以从 kB 数量级到最大 5 TB。

Minio 服务器足够轻，可以与应用程序堆栈捆绑在一起，类似于 NodeJS、Redis 和 MySQL。其网址为 https://min.io/，如图 11-5 所示。

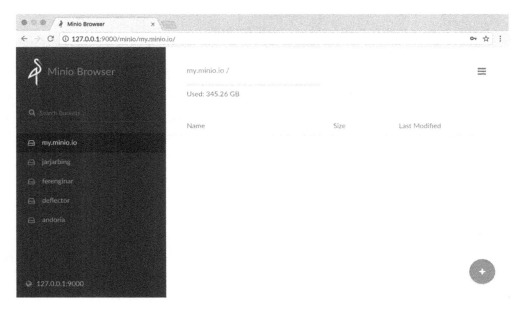

图 11-5 Minio

11.2　本项目基本需求

随着互联网、移动互联网等技术在社会生活、行业发展、企业运营等领域的深入应用,数字化变革以及企业的数字化转型已经成为必然趋势,特别是对于企业来说,不仅因其数字化转型而产生的数据量飞速增长,同时,数据类型也呈多元化发展趋势,随着网络技术的发展,非结构化数据的数量日趋增加。据 IDC 统计,当前非结构化数据的内容占据了数据海洋的 80%,并在 2020 年之前以 44 倍的速度迅猛增长。基于此,普通的存储方式已无法满足当前的企业基本需求。因此,数字化转型势在必行。

用户对新型存储服务的需求具体表现在以下方面。

(1) 应用数据存储。主要问题在于当业务爆发、用户产生内容突增时,如何根据请求和流量的需求自动扩展。

(2) 图像/视频数据处理。主要体现在对非结构化数据进行编辑、处理和审核操作。

(3) 内容分发。主要解决将经常变动和长期不变的动态资源和静态资源区分。

(4) 大数据分析。主要考虑如何利用大数据技术对多媒体文件进行进一步挖掘和分析处理,以获取数据的价值。

(5) 容灾与备份。表现在如何通过跨区域复制功能同时存储在多个指定区域,保证在某些意外丢失部分数据的情况下仍能通过冗余数据来查找并恢复完整数据。

基于以上理由,本项目的基本需求如下。

(1) 需要存取海量非结构化的文件数据,且会爆发式增长,需要具备易扩容性。

(2) 不需要复杂的文件管理与检索,但需要高吞吐量。

(3) 需要有基本权限控制能力。

（4）利用大数据技术对文件进行存储设计。

（5）有基本的文件管理功能，比如上传、下载、删除。

（6）有基本权限控制。

（7）对外提供 API 接口。

基于以上要求，本项目要实现的对象存储服务包括以下内容。

（1）数据作为单独的对象存储到容器中。

（2）应用通过唯一地址来识别单独的数据对象。

（3）支持海量数据、高性能、可扩展、高可用。

11.3　技术选型

针对文件在大数据的存储解决方案，主要有以下几种。

（1）通过 HDFS 存储。但是在存储的文件数量级很大时，单机 NameNode 内存消耗会急剧增大，易触发单机瓶颈。因此不适合小文件的存储。

（2）HAR 存储方案。HAR 熟称 Hadoop 归档文件，文件以 * . har 结尾。归档的意思就是将多个小文件归档为一个文件，归档文件中包含元数据信息和小文件内容，即在一定程度上将 NameNode 管理的元数据信息下沉到 DataNode 的归档文件中，避免元数据的膨胀。但是，archive 文件一旦创建，就不可修改，即不能 append（添加），如果其中某个小文件有问题，得解压处理完异常文件后重新生成新的 archive 文件；对小文件归档后，原文件并未删除，需要手工删除；创建 HAR 和解压 HAR 依赖 MapReduce，查询文件时耗很高；归档文件不支持压缩。

（3）SequenceFile 存储方案。SequenceFile 本质上是一种二进制文件格式，类似 key-value 存储，通过 map/reducer 的 input/output format 方式生成。它的缺点是需要一个合并文件的过程，依赖于 MapReduce，同时它是二进制文件，合并后不方便查看。

（4）CombinedFile 存储方案。其原理也是基于 Map/Reduce 将原文件进行转换，通过 CombineFileInputFormat 类将多个文件分别打包到一个 split 中，每个 mapper 处理一个 split，提高并发处理效率，对于有大量小文件的场景，通过这种方式能快速将小文件进行整合。最终的合并文件是将多个小文件内容整合到一个文件中，每一行开始包含每个小文件的完整 HDFS 路径名，这就会出现一个问题，如果要合并的小文件很多，那么最终合并的文件会包含过多的额外信息，浪费过多的空间，所以这种方案目前相对用得比较少。

（5）基于 HBase 的小文件存储方案。HBase 主要是 key/value 存储结构，一个 key 对应多个列族的多个列值。但从 2.0 版本开始，HBase 多了一个 MOB 的结构。

11.3.1　HBase

Apache HBase 是一个分布式、可扩展、高性能、一致的键值数据库，可以存储多种多样的二进制数据。它在存储小文件（小于 10 kB）方面十分出色，且读/写延迟低。但是存储文件大小在 100 kB 到 10 MB 之间时，由于压缩导致的持续增长的读/写压力，会导致性能下降。比如，交通摄像头每天产生 1 TB 的照片存到 HBase 里，每个文件的大小为 1 MB。一部分文件被多次压缩以达到最小化,数据因为压缩被重复写入。随着中等大小文件数量的积累,压缩产生的读/写压力会使压缩变慢,进一步阻塞 memstore 刷新,最终阻止更新。大量的 MOB 存储会触发频繁的 region 分割,相应地,region 的可用性将会下降。

为了解决这个问题,Cloudera 和 Intel 的工程师在 HBase 的分支实现了对 MOB 的支持功能。注意,这个特性并没有出现在 1.1 版本和 1.2 版本中,而是被并入到 2.0.0 版本。它可以在 CDH 5.4.×中获取,具体内容可以参考 HBase-11339。

1. MOB

HBase MOB 架构设计图如图 11-6 所示。

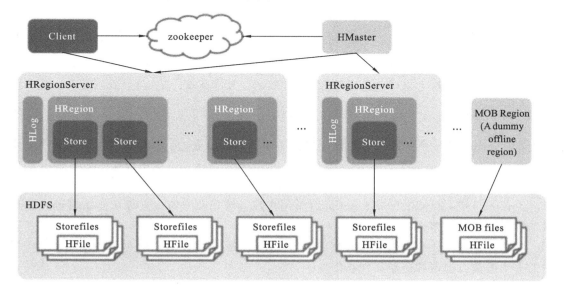

图 11-6　HBase MOB **架构设计图**

对 MOB 的操作通常集中在写入,很少更新或删除,且读取不频繁。MOB 通常跟元数据一起被存储。元数据相对 MOB 来说很小,通常用来统计分析,而 MOB 一般通过明确的 row key 来获取。MOB FILE 类似 StoreFile,它作为一个单独的对象存储小文件。

MOB 是由 StoreFile 和 MOB File 共同组成的。其中,StoreFile 存放的数据和 HBase 正常存储的数据一样,都是 key/value 结构,不过 value 中存储的是关于 MOB 文件的长度,存放路径等元数据信息;MOB File 存储的是具体的 MOB 文件内容,这样,通过 StoreFile 中的 key/value 可以找到 MOB 所存放的文件具体位置和大小,最终得到文件内容。

MOB 的出现大大提高了我们使用 HBase 存储小文件的效率,这样可无须关注底层 HDFS 是怎么存储的,只要关注上层逻辑即可,HBase 的强大优势也能保证存储的高可靠性和稳定性,管理也方便。

2. HBase 的优点

(1) HBase 能较好地支持非结构化数据的存储,且基于 HDFS 保证数据的可靠性。

(2) HBase 吞吐量非常高,可以支撑业务需求。

(3) HBase 基于 Hadoop 集群,不再需要额外重新维护其他数据的存储服务。

3．HBase 的缺点

（1）HBase 对小文件（小于 10 MB）支持较好，对大文件则需要寻找其他解决方案。

（2）HBase 进行文件存储时会频繁执行 compact 和 split 操作。

（3）HBase 本身是 NoSQL 的，不适合复杂的检索操作，功能上会有限制。

4．解决方案

（1）针对大文件，将其存储到 HDFS 中，只在 HBase 中存储索引信息。

（2）将 HBase 的 memstore 调大，避免文件上传频繁 flush。

（3）关闭自动 major compact 功能，改为手动合并。

（4）将 Region 的大小调大。

（5）建表时预先分区。

（6）HBase 本身根据字典排序，因此可以在文件夹的文件名上进行处理。

（7）通过 RowKey 设计使其支持起始文件索引，文件前缀匹配。

11.3.2　Zookeeper

ZooKeeper 是一个开放源码的分布式应用程序协调服务，是 Google 中 Chubby 的一个开源实现，是 Hadoop 和 Hbase 的重要组件。它是一个为分布式应用提供一致性服务的软件，提供的功能包括配置维护、域名服务、分布式同步、组服务等。

Apache HBase 使用 ZooKeeper 通过集中式配置管理和分布式互斥机制来帮助主机和区域服务器跟踪分布式数据的状态。

多个 ZooKeeper 服务器支持大型 Hadoop 集群。每个客户端机器与 ZooKeeper 服务器中的一个通信以检索和更新其同步信息。

分布式锁一般用在分布式系统或者多个应用中，用来控制同一任务是否执行或者任务的执行顺序。比如要把数据写入数据库，保证数据在同一时刻只有一台机器写入数据库。使用 Zookeeper 来实现分布式锁则相对简单，可靠性强，可使用临时节点，且失效时间容易控制。

11.3.3　Spring Boot

Spring Boot 是由 Pivotal 团队提供的全新框架，其设计目的是简化新 Spring 应用的初始搭建以及开发过程。该框架使用了特定的方式来进行配置，从而使开发人员不再需要定义样板化的配置。通过 Spring Boot 可以快速完成系统的构建。

11.4　功能模块设计

功能模式设计有以下几种。

（1）用户管理。

（2）权限管理。

① 用户可以添加 Token，并设置 Token 的过期时间。

② 用户可以将 Bucket 的访问权限授权给某个 Token。

③ 用户创建 Bucket 时,默认将自己的 ID 作为 Token 对自己授权。

（3）文件管理。

① Bucket 信息存储到 MySQL,文件和文件夹存储到 HBase。

② 文件存储基于 HBase,可以快速地读取指定 RowKey 的文件。

③ 可以基于 HBase 过滤器实现文件的过滤操作。

（4）接口模块。

11.5　数据库设计

11.5.1　MySQL 表设计

MySQL 表设计有以下几种。

（1）用户管理表结构设计（见表 11-1）。

表 11-1　用户表

名　称	类　型	描　述
USER_ID	VARCHAR(32)	主键
USER_NAME	VARCHAR(32)	用户名,唯一
PASSWORD	VARCHAR(64)	密码,MD5 加密
DETAIL	VARCHAR(256)	描述信息
CREATE_TIME	TIMESTAMP	创建时间

（2）Token 表结构设计（见表 11-2）。

表 11.2　Token 表

名　称	类　型	描　述
TOKEN	VARCHAR(32)	主键
EXPIRE_TIME	INT(11)	过期时间
REFRESH_TIME	TIMESTAMP	刷新日期
ACTIVE	TINYINT	是否可用
CREATOR	VARCHAR(32)	创建用户
CREATE_TIME	TIMESTAMP	创建时间

（3）权限表结构设计（见表 11-3）。

表 11-3　权限表

名　称	类　型	描　述
BUCKET_NAME	VARCHAR(32)	Bucket 名称
TARGET_TOKEN	VARCHAR(32)	被授权的 Token
AUTH_TIME	TIMESTAMP	授权时间

（4）文件管理 Bucket 表结构（见表 11-4）。

表 11-4　Bucket 表

名　　称	类　　型	描　　述
BUCKET_ID	VARCHAR(32)	主键
BUCKET_NAME	VARCHAR(32)	Bucket 名字
DETAIL	VARCHAR(256)	描述信息
CREATOR	VARCHAR(32)	创建者名称
CREATE_TIME	TIMESTAMP	创建时间

11.5.2　HBase 表设计

HBase 数据模型和关系型数据库是显然不同的。它是一个稀疏的、分布式的、持久化的、多维的、排序的映射，其索引可通过行键、列键以及时间戳来实现。

针对本案例项目的基本需求，做出如下设计。

（1）RowKey：一条数据的唯一标识就是 Rowkey，那么这条数据存储在哪个分区，取决于 Rowkey 处于哪一个预分区的区间内，设计 Rowkey 的主要目的就是让数据均匀地分布于所有的 Region 中，在一定程度上防止数据倾斜。

（2）RowKey 的设计要防止热点问题、保证检索效率，散列原则按照字典序存储，将经常一起读取的数据存储到一块，将最近可能会被访问的数据放在一块。因此不可以使用文件全路径。

（3）列簇：目前 HBase 官方建议不超过 2—3 个 column family 这一范围。因为某个 column family 在 flush 的时候，它邻近的 column family 也会因关联效应被触发 flush，最终导致系统产生更多的 I/O。因此将所有相关性很强的 key-value 都放在同一个列簇下，这样既能做到查询效率最高，也能保持尽可能少的访问不同的磁盘文件。其名称尽可能短，不同类型的数据分开，不超过两个列簇。

（4）基于上述理由，本项目将目录和文件分开存储，并通过 seqId 解决热点问题，同时提高检索能力，还可以对文件进行过滤操作。

（5）文件上传操作步骤如下：

- 判断有无需要上传到的文件夹，无则新建；
- 新建文件夹需要在目录表中插入一条记录，还需要添加到父目录的列；
- 获取目标文件夹的 seqId，构造文件表的 RowKey 存储文件。

（6）文件下载操作步骤如下：

- 根据目录地址获取 seqId，构造文件的 RowKey；
- 根据 RowKey 快速找到这个文件并读取内容。

（7）文件的浏览过滤操作步骤如下：

- 先读取文件夹下子文件夹的数据；
- 然后读取子文件数据；

- 接着进行数据展示。

最终 HBase 表的设计如下。

（1）目录表结构：

- RowKey 为目录的全路径；
- sub 列簇内为子目录名称；
- cf 列簇为目录的详细信息，包含创建者和 seqid。

目录表如表 11-5 所示。

表 11-5　目录表

RowKey	Column：Qualifier
/dir1	sub：dir2＝1 cf：creator＝admin　　cf：seqid＝0001
/dir1/dir2	cf：creator＝admin　　cf：seqid＝0002

（2）文件表结构：

- RowKey 为文件所在目录 seqId＋_＋文件名；
- C 列簇内为文件的内容；
- cf 列簇为文件的详细信息。

文件表如表 11-6 所示。

表 11-6　文件表

RowKey	Column：Qualifier
0001_file1	c：content＝bytes cf：creator＝admin　　cf：size　　cf. type
0002_file1	c：content＝bytes cf：creator＝admin　　cf：size　　cf. type

设计的优点如下。

（1）这样的设计避免了一部分热点问题。

（2）分成两个列簇的设计针对只想获取文件信息而不是内容的用户查询效率会有所提高。

11.6　HBase 优化

Region 的大小是一个棘手的问题，需要考虑如下几个因素。

Region 是 HBase 中分布式存储和负载均衡的最小单元。不同的 Region 分布到不同的 RegionServer 上，但并不是存储的最小单元。

Region 由一个或者多个 Store 组成，每个 Store 保存一个 columns family，每个 Strore 又由一个 memStore 和 0 个至多个 StoreFile 组成。memStore 存储在内存中，StoreFile 存储在 HDFS 上。

编辑 hbase-site. xml,并做出如下配置:

```
<! —设置 region 大小为 100G -->
<property>
        <name> hbase.hregion.max.filesize</name>
        <value> 107374182400</value>
</property>
<! —设置 memstore 大小为 256MB -->
<property>
        <name> hbase.hregion.memstore.flush.size</name>
        <value> 268435456</value>
</property>
<! —关闭 majorcompation -->
<property>
        <name> hbase.hregion.majorcompation</name>
        <value> 0</value>
</property>
```

启动 HBase,如图 11-7 所示。

图 11-7　启动 HBase

11.7　代码

代码文件如图 11-8 所示。

其中,common:代表各个模块公用类;core:代表用户管理和权限管理;mybatis:代表对底层 MySQL 数据库进行访问;sdk:代表提供 sdk 服务;serer:代表 bucket 和文件管理;web:代表提供 Rest API。

部分代码如下所示。

(1) Bucket 的创建:

```
public boolean addBucket(UserInfo userInfo, String bucketName, String detail)
{
     BucketModel bucketModel = new BucketModel(bucketName, userInfo.getUser-
Name(), detail);
     bucketMapper.addBucket(bucketModel);
```

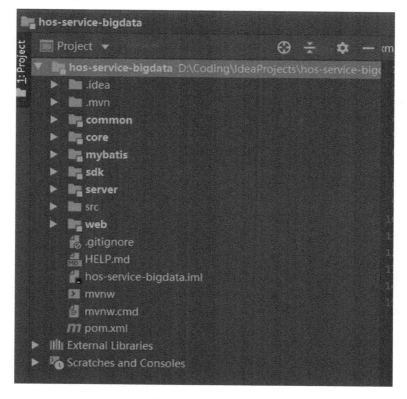

图 11-8　代码文件

```
ServiceAuth serviceAuth=new ServiceAuth();
serviceAuth.setBucketName(bucketName);
serviceAuth.setTargetToken(userInfo.getUserId());
authService.addAuth(serviceAuth);
return true;
}
```

（2）HBase 的建表：

```
public static boolean createTable(Connection connection, String tableName,
String[] cfs,
    byte[][] splitKeys) {
try (HBaseAdmin admin= (HBaseAdmin) connection.getAdmin()) {
    if (admin.tableExists(tableName)) {
      return false;
    }
    HTableDescriptor tableDesc=new HTableDescriptor(TableName.valueOf(ta-
bleName));
      for (int i=0; i <cfs.length; i++) {
        HColumnDescriptor hcolumnDesc=new HColumnDescriptor(cfs[i]);
        hcolumnDesc.setMaxVersions(1);
```

```
          tableDesc.addFamily(hcolumnDesc);
        }
        admin.createTable(tableDesc, splitKeys);
    } catch (Exception e) {
        String msg=String.format("create table=% s error. msg=% s", tableName,
e.getMessage());
        throw new HosServerException(ErrorCodes.ERROR_HBASE, msg);
    }
    return true;
}
public static boolean createTable(Connection connection, String tableName,
String[] cfs) {
    try (HBaseAdmin admin=(HBaseAdmin) connection.getAdmin()) {
        if (admin.tableExists(tableName)) {
            return false;
        }
        HTableDescriptor tableDesc=new HTableDescriptor(TableName.valueOf(ta-
bleName));
        for (int i=0; i <cfs.length; i++) {
            HColumnDescriptor hcolumnDescriptor=new HColumnDescriptor(cfs[i]);
            hcolumnDescriptor.setMaxVersions(1);
            tableDesc.addFamily(hcolumnDescriptor);
        }
        admin.createTable(tableDesc);
    } catch (Exception e) {
        String msg=String.format("create table=% s error. msg=% s", tableName,
e.getMessage());
        throw new HosServerException(ErrorCodes.ERROR_HBASE, msg);
    }
    return true;
}
```

（3）大文件存储的代码如下：

```
public void saveFile(String dir, String name,
    InputStream input, long length, short replication) throws IOException {
    Path dirPath=new Path(dir);
    try {
        if (! fileSystem.exists(dirPath)) {
            boolean succ=fileSystem.mkdirs(dirPath, FsPermission.getDirDefault());
            logger.info("create dir"+ dirPath+ "success"+ succ);
            if (! succ) {
                throw new IOException("dir create failed:"+ dir);
            }
        }
```

```
    } catch (FileExistsException ex) {
      //do nothing
    }
    Path path=new Path(dir+ "/"+ name);
    long blockSize=length <=initBlockSize ? initBlockSize:defaultBlockSize;
    FSDataOutputStream outputStream =
        fileSystem.create(path, true, 512 * 1024, replication, blockSize);
    try {
      fileSystem.setPermission(path, FsPermission.getFileDefault());
      byte[] buffer=new byte[512 * 1024];
      int len=-1;
      while ((len=input.read(buffer))> 0) {
        outputStream.write(buffer, 0, len);
      }
    } finally {
      input.close();
      outputStream.close();
    }
  }
```

（4）HBase 的文件查找代码如下：

```
public static ResultScanner scanner(Connection connection, String tableName,
byte[] startRowKey,
        byte[] stopRowKey) {
    ResultScanner results=null;
    try (Table table=connection.getTable(TableName.valueOf(tableName))) {
      Scan scan=new Scan();
      scan.setStartRow(startRowKey);
      scan.setStopRow(stopRowKey);
      scan.setCaching(1000);
      results=table.getScanner(scan);
    } catch (IOException e) {
      String msg=String
          .format("scan table=%s error. msg=%s", tableName, e.getMessage());
      throw new HosServerException(ErrorCodes.ERROR_HBASE, msg);
    }
    return results;
  }
```

（5）存入数据的代码如下：

```
public static boolean putRow(Connection connection, String tableName, String row,
      String columnFamily,
      String qualifier, String data) {
    try {
```

```
        Put put=new Put(Bytes.toBytes(row));
        put.addColumn(Bytes.toBytes(columnFamily), Bytes.toBytes(qualifier),
            Bytes.toBytes(data));
        putRows(connection, tableName, Arrays.asList(put));
    } catch (Exception e) {
        String msg=String
            .format("put row from table=%s error. msg=%s", tableName, e.getMes-
sage());
        throw new HosServerException(ErrorCodes.ERROR_HBASE, msg);
    }
    return true;
}


public static boolean putRow(Connection connection, String tableName, Put put) {
    try {
        putRows(connection, tableName, Arrays.asList(put));
    } catch (Exception e) {
        String msg=String
            .format("put row from table=%s error. msg=%s", tableName, e.getMes-
sage());
        throw new HosServerException(ErrorCodes.ERROR_HBASE, msg);
    }
    return true;
}
```

（6）查看文件夹列表的代码如下：

```
public ObjectListResult listDir(String bucket, String dir, String start, int
maxCount)
    throws IOException {
    if (start==null) {
        start="";
    }
    Get get=new Get(Bytes.toBytes(dir));
    get.addFamily(HosUtil.DIR_SUBDIR_CF_BYTES);
    if (start.length()> 0) {
        get.setFilter(new QualifierFilter(CompareOp.GREATER_OR_EQUAL,
            new BinaryComparator(Bytes.toBytes(start))));
    }
    int maxCount1=maxCount+ 2;
    Result dirResult=HBaseService
        .getRow(connection, HosUtil.getDirTableName(bucket), get);
    List<HosObjectSummary> subDirs=null;
    if (! dirResult.isEmpty()) {
        subDirs=new ArrayList< > ();
```

```
  for (Cell cell:dirResult.rawCells()) {
    HosObjectSummary summary=new HosObjectSummary();
    byte[] qualifierBytes=new byte[cell.getQualifierLength()];
    CellUtil.copyQualifierTo(cell, qualifierBytes, 0);
    String name=Bytes.toString(qualifierBytes);
    summary.setKey(dir+ name+ "/");
    summary.setName(name);
    summary.setLastModifyTime(cell.getTimestamp());
    summary.setMediaType("");
    summary.setBucket(bucket);
    summary.setLength(0);
    subDirs.add(summary);
    if (subDirs.size() > = maxCount1) {
      break;
    }
  }
}

String dirSeq=this.getDirSeqId(bucket, dir);
byte[] objStart=Bytes.toBytes(dirSeq+ "_"+ start);
Scan objScan=new Scan();
objScan.setRowPrefixFilter(Bytes.toBytes(dirSeq+ "_"));
objScan.setFilter(new PageFilter(maxCount+1));
objScan.setStartRow(objStart);
objScan.setMaxResultsPerColumnFamily(maxCount1);
objScan.addFamily(HosUtil.OBJ_META_CF_BYTES);
logger.info("scan start: "+ Bytes.toString(objStart)+ "-");
ResultScanner objScanner=HBaseService
    .scanner(connection, HosUtil.getObjTableName(bucket), objScan);
List< HosObjectSummary> objectSummaryList=new ArrayList< > ();
Result result=null;
while (objectSummaryList.size() <maxCount1 && (result=objScanner.next())
!=null) {
    HosObjectSummary summary=this.resultToObjectSummary(result, bucket, dir);
    objectSummaryList.add(summary);
}
if (objScanner !=null) {
  objScanner.close();
}
logger.info("scan complete:"+ Bytes.toString(objStart)+ "-");
if (subDirs!=null && subDirs.size()> 0) {
  objectSummaryList.addAll(subDirs);
}
Collections.sort(objectSummaryList);
```

```
    ObjectListResult listResult=new ObjectListResult();
    HosObjectSummary nextMarkerObj=
        objectSummaryList.size()> maxCount ? objectSummaryList.get(object-
SummaryList.size()-1)
            : null;
    if (nextMarkerObj!=null) {
      listResult.setNextMarker(nextMarkerObj.getKey());
    }
    if (objectSummaryList.size()> maxCount) {
      objectSummaryList=objectSummaryList.subList(0, maxCount);
    }
    listResult.setMaxKeyNumber(maxCount);
    if (objectSummaryList.size()> 0) {
      listResult.setMinKey(objectSummaryList.get(0).getKey());
  listResult.setMaxKey(objectSummaryList.get(objectSummaryList.size()-1).
getKey());
    }
    listResult.setObjectCount(objectSummaryList.size());
    listResult.setObjectList(objectSummaryList);
    listResult.setBucket(bucket);

    return listResult;
  }
```

（7）查看文件列表的代码如下：

```
  public ObjectListResult listByPrefix(String bucket, String dir, String key-
Prefix, String start,
      int maxCount) throws IOException {
    if (start==null) {
      start="";
    }
    FilterList filterList=new FilterList(Operator.MUST_PASS_ALL);
    filterList.addFilter(new ColumnPrefixFilter(keyPrefix.getBytes()));
    if (start.length()> 0) {
      filterList.addFilter(new QualifierFilter(CompareOp.GREATER_OR_EQUAL,
          new BinaryComparator(Bytes.toBytes(start))));
    }
    int maxCount1=maxCount+ 2;
    Result dirResult=HBaseService
        .getRow(connection, HosUtil.getDirTableName(bucket), dir, filterList);
    List<HosObjectSummary> subDirs=null;
    if (! dirResult.isEmpty()) {
      subDirs=new ArrayList< >();
      for (Cell cell:dirResult.rawCells()) {
```

```
        HosObjectSummary summary=new HosObjectSummary();
        byte[] qualifierBytes=new byte[cell.getQualifierLength()];
        CellUtil.copyQualifierTo(cell, qualifierBytes, 0);
        String name=Bytes.toString(qualifierBytes);
        summary.setKey(dir+ name+ "/");
        summary.setName(name);
        summary.setLastModifyTime(cell.getTimestamp());
        summary.setMediaType("");
        summary.setBucket(bucket);
        summary.setLength(0);
        subDirs.add(summary);
        if (subDirs.size()> =maxCount1) {
          break;
        }
      }
    }

    String dirSeq=this.getDirSeqId(bucket, dir);
    byte[] objStart=Bytes.toBytes(dirSeq+ "_"+ start);
    Scan objScan=new Scan();
    objScan.setRowPrefixFilter(Bytes.toBytes(dirSeq+ "_"+ keyPrefix));
    objScan.setFilter(new PageFilter(maxCount+ 1));
    objScan.setStartRow(objStart);
    objScan.setMaxResultsPerColumnFamily(maxCount1);
    objScan.addFamily(HosUtil.OBJ_META_CF_BYTES);
    logger.info("scan start:"+ Bytes.toString(objStart)+ "- ");
    ResultScanner objScanner=HBaseService
        .scanner(connection, HosUtil.getObjTableName(bucket), objScan);
    List<HosObjectSummary> objectSummaryList=new ArrayList< > ();
    Result result=null;
    while (objectSummaryList.size() <maxCount1 && (result=objScanner.next()) !=
null) {
        HosObjectSummary summary=this.resultToObjectSummary(result, bucket, dir);
        objectSummaryList.add(summary);
    }
    if (objScanner!=null) {
      objScanner.close();
    }
    logger.info("scan complete:"+ Bytes.toString(objStart)+ "- ");
    if (subDirs!=null && subDirs.size() > 0) {
      objectSummaryList.addAll(subDirs);
    }
    Collections.sort(objectSummaryList);
    ObjectListResult listResult=new ObjectListResult();
```

```
        HosObjectSummary nextMarkerObj =
            objectSummaryList.size()> maxCount ? objectSummaryList.get(object-
    SummaryList.size()-1)
                : null;
        if (nextMarkerObj !=null) {
          listResult.setNextMarker(nextMarkerObj.getKey());
        }
        if (objectSummaryList.size()> maxCount) {
          objectSummaryList=objectSummaryList.subList(0, maxCount);
        }
        listResult.setMaxKeyNumber(maxCount);
        if (objectSummaryList.size()> 0) {
          listResult.setMinKey(objectSummaryList.get(0).getKey());
          listResult.setMaxKey(objectSummaryList.get(objectSummaryList.size()
    -1).getKey());
        }
        listResult.setObjectCount(objectSummaryList.size());
        listResult.setObjectList(objectSummaryList);
        listResult.setBucket(bucket);

        return listResult;
    }
```

11.8　测试

　　用户在开发或调试网络程序或网页 B/S 模式程序时是需要一些方法来跟踪网页请求的。本项目使用 Postman 做基本的 Restful API 测试。Postman 是一款功能超级强大的用于发送 HTTP 请求的软件测试工具,它不仅可以调试 css、html、脚本等简单的网页基本信息,还可以发送几乎所有类型的 HTTP 请求。

11.8.1　用户管理测试

　　(1) 增加用户,如图 11-9 所示。
　　(2) 登录用户。
　　① 错误密码如图 11-10 所示。
　　② 正确密码如图 11-11 所示。
　　(3) 查询个人信息如图 11-12 所示。

11.8.2　token 测试

　　(1) 添加 token,如图 11-13 所示。
　　(2) 查看 tocken,如图 11-14 所示。

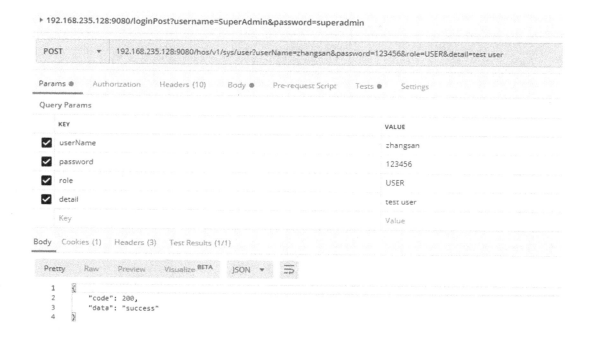

▶ 192.168.235.128:9080/loginPost?username=SuperAdmin&password=superadmin

图 11-9　增加用户

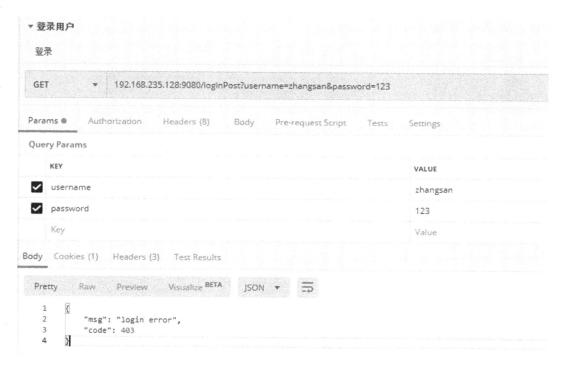

图 11-10　错误密码

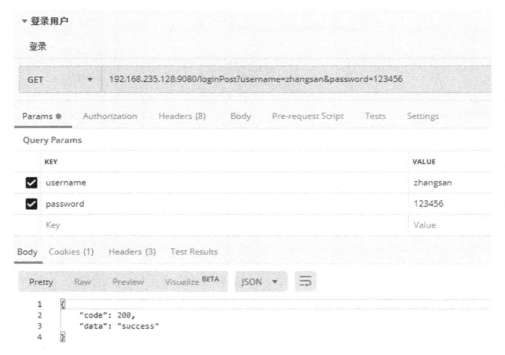

图 11-11 正确密码

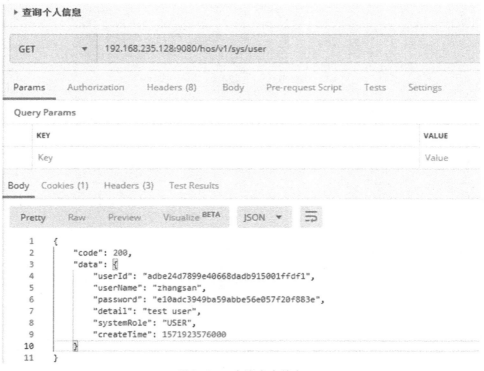

图 11-12 查询个人信息

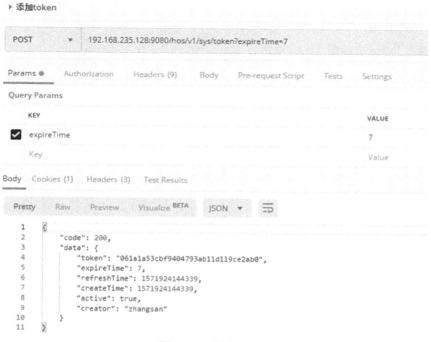

图 11-13　添加 token

图 11-14　查看 token

11.8.3 bucket 管理

（1）创建 bucket，如图 11-15 所示。

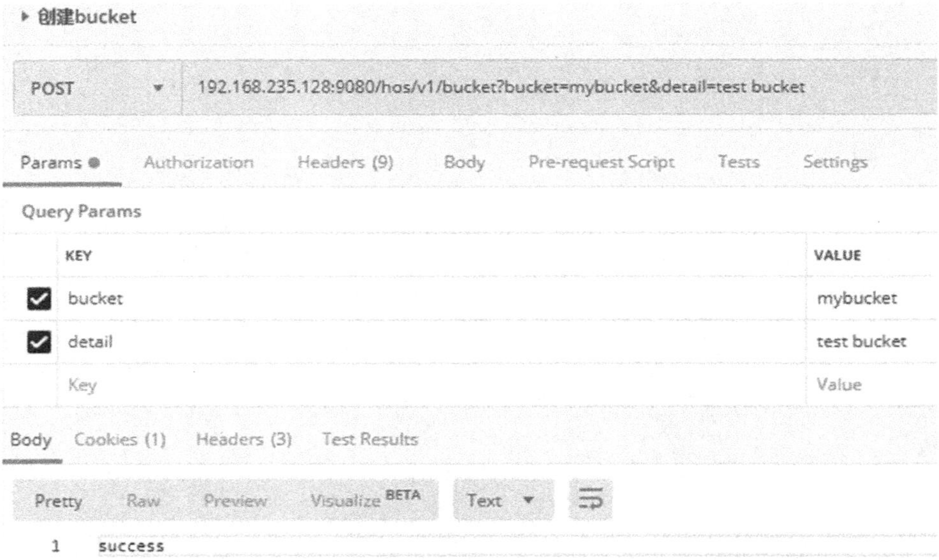

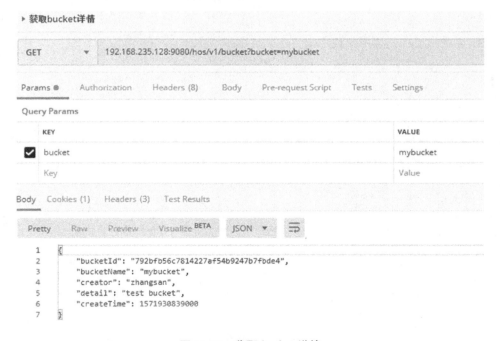

图 11-15 创建 bucket

（2）获取 bucket 详情，如图 11-16 所示。

```
1  {
2     "bucketId": "792bfb56c7814227af54b9247b7fbde4",
3     "bucketName": "mybucket",
4     "creator": "zhangsan",
5     "detail": "test bucket",
6     "createTime": 1571930839000
7  }
```

图 11-16 获取 bucket 详情

11.8.4　文件管理

（1）上传文件，如图 11-17 所示。

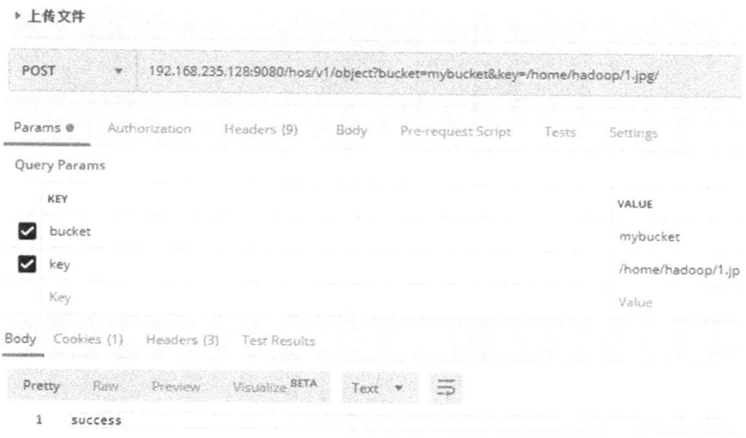

图 11-17　上传文件

（2）列出文件，如图 11-18 所示。

图 11-18　列出文件

（3）按文件名检索，如图 11-19 所示。

图 11-19　按文件名检索

11.9　小结

本章通过以设计存储服务为例，讲解了如何利用 Hadoop 生态体系的技术解决实际问题。本章首先介绍了国内外的知名存储服务，然后对整个系统从需求概述、需求分析、技术选型、功能设计以及数据库设计做了一个完整系统的讲解。读者需要熟练掌握系统架构以及业务流程，熟练使用 Hadoop 生态体系相关技术，完善本项目的其他功能模块，这样不但可以将本项目融入其他的系统中，还能将本书的知识体系融会贯通。

参 考 文 献

[1] 张引，陈敏，廖小飞. 大数据应用的现状与展望[J]. 计算机研究与发展，2013，50
（S2）：216-233.

[2] 刘竹沛. 浅谈云计算和大数据与博物馆的关系[J]. 中国电子商务，2013（5）：32.

[3] 周均，赵志刚. 大数据时代突发事件报道研究[J]. 传媒评论，2015（1）：17-19.

[4] 刘宇雄. "大数据"时代下的冲击[J]. 珠江水运，2014（5）：8-9.

[5] 李建中，刘显敏. 大数据的一个重要方面：数据可用性[J]. 计算机研究与发展，2013，
50（6）：1147-1162.

[6] 李红芳. 大数据技术的总结[J]. 移动信息，2015（7）：49.

[7] 黄欣荣. 大数据的语义、特征与本质[J]. 长沙理工大学学报（社会科学版），2015（6）：5-
11.

[8] 维克托·迈尔-舍恩伯格. 大数据时代[M]. 浙江：浙江人民出版社：2012.

[9] 陈颖. 大数据发展历程综述[J]. 当代经济，2015（8）：13-15.

[10] 王晓明，岳峰. 发达国家推行大数据战略的经验及启示[J]. 产业经济评论，2014（4）：
15-21.